A História da
MATEMÁTICA

A História
dos GRANDES
MATEMÁTICOS

Dados de Catalogação na Publicação

Flood, Raymond.
Os Grandes Matemáticos: as Descobertas e a Propagação do Conhecimento através das Vidas dos Grandes Matemáticos/Raymond Flood e Robin Wilson.
2013 – São Paulo – SP – M.Books do Brasil Editora Ltda.

ISBN: 978-85-7680-216-7

1. História Geral   2. História   3. Matemática

Do original: The Great Mathematicians – Unravelling the mysteries of the universe
Publicado originalmente em inglês pela Arcturus Publishing Limited.
©2011 Arcturus Publishing Limited

Editor
MILTON MIRA DE ASSUMPÇÃO FILHO

Tradução
Maria Beatriz de Medina

Produção Editorial
Lucimara Leal

Coordenação Gráfica
Silas Camargo

Editoração e Capa
Crontec

2013
Direitos exclusivos cedidos à M.Books do Brasil Editora Ltda.
Proibida a reprodução total ou parcial.
Os infratores serão punidos na forma da lei.

A História da MATEMÁTICA

A História dos GRANDES MATEMÁTICOS

AS DESCOBERTAS E A PROPAGAÇÃO DO CONHECIMENTO ATRAVÉS DAS VIDAS DOS GRANDES MATEMÁTICOS

RAYMOND FLOOD
ROBIN WILSON

M.Books do Brasil Editora Ltda.
Rua Jorge Americano, 61 - Alto da Lapa
05083-130 - São Paulo - SP - Telefones: (11) 3645-0409/(11) 3645-0410
Fax: (11) 3832-0335 - e-mail: vendas@mbooks.com.br

Raymond Flood é professor emérito e ex-vice-presidente do Kellogg College da Universidade de Oxford, na Inglaterra, e antes foi professor de Matemática e Estudos da Computação do Departamento de Educação Continuada da mesma universidade. Os seus principais temas de pesquisa são estatística e história da matemática, e ele foi presidente da Sociedade Britânica de História da Matemática.

Robin Wilson é professor emérito de Matemática Pura da Open University, professor emérito de Geometria do Gresham College, em Londres, e ex-professor do Keble College, da Universidade de Oxford. Atualmente, dá aulas no Pembroke College, em Oxford, e é presidente eleito da Sociedade Britânica de História da Matemática. Dedica-se à popularização e à divulgação da matemática e, em 2005, ganhou o prêmio Pólya da Associação Matemática da América por "extraordinários textos expositivos".

PREFÁCIO

Este livro visa a apresentar o "lado humano" da matemática e enaltecer as suas realizações no contexto histórico. Traz uma seleção pessoal de vários matemáticos cuja vida e trabalho nos interessam, apresentados com o mínimo possível de pano de fundo técnico. Devido às limitações de espaço e ao formato de página dupla, tivemos de omitir vários matemáticos que gostaríamos de incluir e dissemos menos do que gostaríamos sobre os que apresentamos, mas esperamos que o leitor ache o resultado interessante e que o livro desperte o seu apetite por mais leituras; incluímos algumas sugestões no final.

Este não é um livro sobre história da matemática, um tema vasto que exige tratamento bem diferente. Os matemáticos que apresentamos estão organizados em ordem cronológica, com uma cronologia matemática e alguns mapas no início do livro. Na obra inteira, tentamos apresentar ideias e resultados em terminologia e notação modernas, de modo a torná-los mais acessíveis, e os trechos citados foram traduzidos em vez de aparecer na língua original.

Queremos agradecer a June Barrow-Green, Jacqueline Stedall, George Bitsakakis e Benjamin Wardhaugh pela leitura e pelos comentários feitos a partes do manuscrito e também a Nigel Matheson e aos seus colegas da editora Arcturus Publishing.

Finalmente, é inevitável que um livro com essa abrangência contenha erros e omissões. Cada autor quer deixar bem claro que a culpa é totalmente do outro autor.

Raymond Flood e Robin Wilson

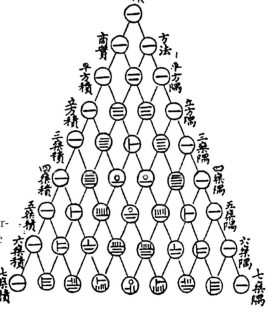

Um triângulo aritmético (mais tarde conhecido como triângulo de Pascal) de *Siyuan yujian* (Precioso espelho dos quatro elementos), de Ju Shijie, de 1303.

SUMÁRIO

INTRODUÇÃO **8**
  Mapas 10
  Cronologia 12

1 MATEMÁTICOS ANTIGOS **14**
  Os Egípcios 16
  Os Mesopotâmios 18
  Tales 20
  Pitágoras 22
  Platão e Aristóteles 24
  Euclides 26
  Arquimedes 28
  Apolônio 30
  Hiparco e Ptolomeu 32
  Diofanto 34
  Papus e Hipácia 36
  Nicômaco e Boécio 38
  Os Chineses 40
  Os Indianos 42
  Os Maias 44
  Al-Karismi 46
  Alhazen e Omar Khayam 48

2 PRIMEIROS MATEMÁTICOS
   EUROPEUS **50**
  Gerbert 52
  Fibonacci 54
  Primeiros Matemáticos de Oxford ... 56
  Oresme 58
  Regiomontanus 60

Pintores de Perspectiva 62
Pacioli e Da Vinci 64
Recorde 66
Cardano e Tartaglia 68
Bombelli 70
Mercator 72
Copérnico e Galileu 74
Kepler 76
Viète 78
Harriot 80
Mersenne e Kircher 82
Desargues 84

3 DESPERTAR E ILUMINISMO **86**
  Napier e Briggs 88
  Fermat 90
  Descartes 92
  Pascal 94
  Cavalieri e Roberval 96
  Huygens 98
  Wallis 100
  Newton 102
  Wren, Hooke e Halley 104
  Leibniz 106
  Jacob Bernoulli 108
  Johann Bernoulli 110
  Sucessores de Newton 112
  D'alembert 114
  Euler 116
  Lagrange 118
  Laplace 120

4 A ERA DAS REVOLUÇÕES 122

Gauss 124
Germain 126
Monge e Poncelet 128
Cauchy 130
Fourier e Poisson 132
Abel e Galois 134
Möbius 136
Bolyai e Lobatchevski 138
Babbage e Lovelace 140
Hamilton 142
Boole 144
Green e Stokes 146
Thomson e Tait 148
Maxwell 150
Kirkman 152
Cayley e Sylvester 154
Tchebyshev 156
Nightingale 158
Riemann 160
Dodgson 162
Cantor 164

Kovalevskaia 166
Klein 168

5 A ERA MODERNA 170

Hilbert 172
Poincaré 174
Russell e Gödel 176
Einstein e Minkowski 178
Hardy, Littlewood e Ramanujan 180
Noether 182
Von Neumann 184
Turing 186
Bourbaki 188
Robinson e Matiassevitch 190
Appel e Haken 192
Mandelbrot 194
Wiles 196
Perelman 198
Medalhistas de Fields 200

Leituras Adicionais 202
Créditos das Imagens 205
Índice Remissivo 206

INTRODUÇÃO

Muitos conhecem a história da maçã de Isaac Newton e a de Arquimedes correndo nu pela rua a gritar "Eureca!". Mas que matemáticos respondem às seguintes perguntas?
• Quem foi morto num duelo?
• Quem publicou livros mas não existia?
• Quem foi eleito Papa?
• Quem eram o Dr. Mirabilis e o Dr. Profundus?
• Quem aprendeu a fazer cálculo no papel de parede do seu quarto quando criança?
• Quem se empolgou com o número de um táxi?
• Quem mediu o peito de 5.732 soldados escoceses?
E o que o poeta Geoffrey Chaucer, o escritor Christopher Wren, Napoleão, a enfermeira Florence Nightingale e o escritor Lewis Carroll têm a ver com a matemática?

Como indicam essas perguntas e como mostrarão as páginas deste livro, a matemática sempre foi uma realização humana, conforme os indivíduos se viam às voltas com uma grande variedade de problemas práticos e teóricos. A disciplina tem uma história tão longa e interessante quanto a literatura, a música ou a pintura, e a sua origem foi ao mesmo tempo internacional e multicultural.

Para muitos que se lembram da matemática dos tempos de escola como uma matéria sem graça e empoeirada, quase sempre incompreensível e irrelevante na vida cotidiana, a visão deste livro pode surpreender. Com demasiada frequência, a disciplina é apresentada como uma coletânea de regras a serem aprendidas e técnicas a serem aplicadas, não permitindo o entendimento dos princípios subjacentes nem a apreciação da natureza do tema como um todo; é como ensinar escalas e intervalos musicais sem nunca tocar uma peça.

Afinal, para onde quer que olhemos, a matemática permeia a nossa vida cotidiana. A segurança dos cartões de crédito e dos segredos da defesa do país é assegurada por métodos de criptografia baseados em números primos, e a matemática está intimamente envolvida sempre que alguém voa de avião, dá a partida no carro, liga a televisão, prevê o tempo, marca as férias pela internet, programa um computador, dirige no tráfego pesado, analisa uma pilha de dados estatísticos ou busca a cura de uma doença. Sem a matemática como base, não haveria ciência.

É comum descrever os matemáticos como "buscadores de padrões", quer estudem padrões abstratos em números e formas, quer busquem simetria no mundo natural à nossa volta. As leis matemáticas configuram o padrão das sementes no miolo dos girassóis e guiam o sistema solar onde vivemos. Os matemáticos analisam a estrutura minúscula do átomo e a extensão imensa do universo.

Mas tudo isso também pode ser muito divertido. O pensamento lógico e as técnicas de solução de problemas que aprendemos na escola podem igualmente ter uso recreativo. O xadrez, em essência, é um jogo matemático; muita

"Isaac Newton", de William Blake

gente gosta de resolver quebra-cabeças lógicos com base em ideias matemáticas; e milhares de pessoas vão para o trabalho todo dia lutando com os seus problemas de sudoku, passatempo que nasce da análise combinatória.

A matemática se desenvolve em ritmo crescente; na verdade, descobriu-se mais matemática nova depois da Segunda Guerra Mundial do que tudo o que se conhecia até então. Um resultado de toda essa atividade foram os Congressos Internacionais de Matemáticos, realizados de quatro em quatro anos para apresentar e discutir os avanços mais recentes.

Mas nada disso teria acontecido se não fossem os matemáticos que criaram o tema do seu estudo.

Neste livro, você conhecerá medidores do tempo como os maias e Huygens, lógicos como Aristóteles e Russell, astrônomos como Ptolomeu e Halley, escritores de livros didáticos como Euclides e Bourbaki, geômetras como Apolônio e Lobatchevski, estatísticos como Bernoulli e Nightingale, arquitetos como Brunelleschi e Wren, professores como Hipácia e Dodgson, aritméticos como Pitágoras e al-Karismi, teóricos dos números como Fermat e Ramanujan, matemáticos aplicados como Poisson e Maxwell, algebristas como Viète e Galois e calculadores como Napier e Babbage. Esperamos que você ache a vida e as realizações deles tão fascinantes quanto nós.

MAPAS

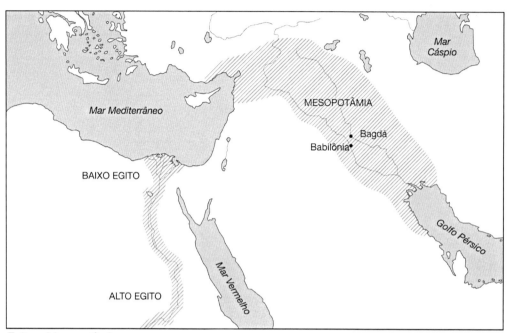
Egito e Mesopotâmia

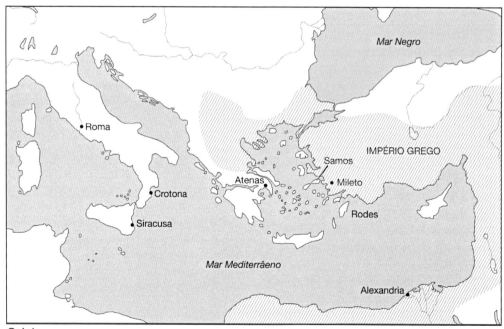
Grécia

Cidades Europeias

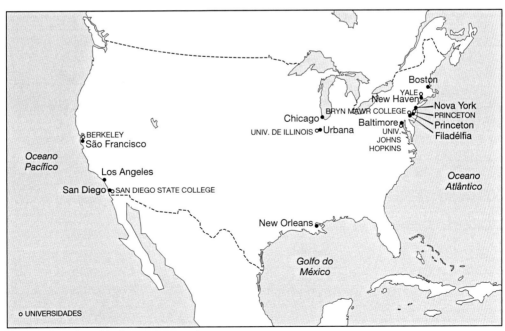
Cidades e universidades norte-americanas

CRONOLOGIA

a.C.

c.1850	Papiro de Moscou, Egito
c.1800	Antigos matemáticos babilônios
c.1650	Papiro de Rhind, Egito
c.624-c.546	Tales
c.570-490	Pitágoras
429-347	Platão
384-322	Aristóteles
c.300	Euclides
c.287-212	Arquimedes
c.262-c.190	Apolônio
c.200?	*Jiu zhang suan shu*
190-120	Hiparco
c.100?	*Zhou bi suan jing*

d.C.

c.60-120	Nicômaco de Gerasa
c.100-c.170	Ptolomeu de Alexandria
c.250	Diofanto
c.290-c.350	Papus
c.360-415	Hipácia
n. 476	Ariabata, o Velho
c. 480-524	Boécio
598-670	Brahmagupta
c.783-c.850	al-Karismi
c.940-1003	Gerbert de Aurillac
965-1039	Alhazen (ibn al-Haitham)
1048-1131	Omar Khayam
c.1170-1240	Leonardo de Pisa (Fibonacci)
c.1175-1253	Bispo Grosseteste
c.1200	Códice maia de Dresden

c.1214-1294	Roger Bacon
c.1290-1349	Thomas Bradwardine
1292-1336	Richard de Wallingford
c.1323-1382	Nicole Oresme
1342-1400	Geoffrey Chaucer
1377-1446	Filipo Brunelleschi
1404-1472	Leon Battista Alberti
c.1415-1492	Piero della Francesca
1447-1517	Luca Pacioli
1452-1519	Leonardo da Vinci
1471-1528	Albrecht Dürer
1473-1543	Nicolau Copérnico
c.1500-1557	Niccolò de Brescia (Tartaglia)
1501-1576	Gerolamo Cardano
1510-1558	Robert Recorde
1512-1594	Gerardus Mercator
c.1526-1572	Rafael Bombelli
1540-1603	François Viète
1550-1617	John Napier
1560-1621	Thomas Harriot
1561-1630	Henry Briggs
1564-1642	Galileu Galilei
1571-1630	Johannes Kepler
1588-1648	Marin Mersenne
1591-1661	Girard Desargues
1596-1650	René Descartes
1598-1647	Bonaventura Cavalieri
1601-1665	Pierre de Fermat
1601-1680	Athanasius Kircher
1602-1675	Gilles Personne de Roberval
1616-1703	John Wallis
1623-1662	Blaise Pascal

1629-1695	Christiaan Huygens
1632-1723	Christopher Wren
1635-1703	Robert Hooke
1642-1727	Isaac Newton
1646-1716	Gottfried Leibniz
1654-1705	Jacob Bernoulli
1656-1742	Edmond Halley
1667-1748	Johann Bernoulli
1706-1749	Emilie du Châtelet
1707-1783	Leonhard Euler
1717-1783	Jean le Rond d'Alembert
1736-1813	Joseph-Louis Lagrange
1746-1818	Gaspard Monge
1749-1827	Pierre-Simon Laplace
1768-1830	Joseph Fourier
1776-1831	Sophie Germain
1777-1855	Carl Friedrich Gauss
1781-1840	Simeon Denis Poisson
1788-1867	Jean Victor Poncelet
1789-1857	Augustin-Louis Cauchy
1790-1868	August Möbius
1791-1871	Charles Babbage
1792-1856	Nikolai Lobatchevski
1793-1841	George Green
1802-1829	Niels Henrik Abel
1802-1860	János Bolyai
1816-1852	Ada, condessa de Lovelace
1805-1865	William Rowan Hamilton
1806-1895	Thomas Penyngton Kirkman
1811-1832	Évariste Galois
1814-1897	James Joseph Sylvester
1815-1864	George Boole
1819-1903	George Gabriel Stokes
1820-1910	Florence Nightingale
1821-1894	Pafnuti Tchebyshev
1821-1895	Arthur Cayley
1824-1907	William Thomson (Lord Kelvin)
1826-1866	Bernhard Riemann
1831-1879	James Clerk Maxwell
1831-1901	Peter Guthrie Tait
1832-1898	Charles Dodgson
1845-1918	Georg Cantor
1849-1925	Felix Klein
1850-1891	Sonia Kovalevskaia
1854-1912	Henri Poincaré
1862-1943	David Hilbert
1864-1909	Hermann Minkowski
1872-1970	Bertrand Russell
1877-1947	Godfrey Harold Hardy
1879-1955	Albert Einstein
1882-1935	Emmy Noether
1885-1977	John Edensor Littlewood
1887-1920	Srinivasa Ramanujan
1903-1957	John von Neumann
1906-1978	Kurt Gödel
1912-1954	Alan Turing
1919-1985	Julia Robinson
1924-2010	Benoît Mandelbrot
n. 1928	Wolfgang Haken
n. 1932	Kenneth Appel
n. 1934	Nicolas Bourbaki
1936	Primeiros medalhistas de Fields
n. 1947	Iuri Matiassevitch
n. 1953	Andrew Wiles
n. 1966	Grigori Perelman

CAPÍTULO 1
MATEMÁTICOS ANTIGOS

A matemática é antiga e multicultural. Vários exemplos de utensílios primitivos de contagem de osso (como varinhas de cálculo) sobreviveram, e alguns exemplos muito antigos de escrita (de 5000 a.C., mais ou menos) eram registros financeiros envolvendo números. Também se empregou muita engenhosidade e pensamento matemático na construção de edifícios como as grandes pirâmides, os círculos de pedra de Stonehenge e o Partenon de Atenas.

Neste capítulo, descrevemos as contribuições matemáticas de várias culturas antigas: Egito, Mesopotâmia, Grécia, China, Índia e América Central. A matemática desenvolvida em cada cultura dependia da necessidade, que podia ter inspiração prática (por exemplo, agrícola, administrativa, financeira ou militar), acadêmica (educativa ou filosófica) ou uma mistura de ambas.

FONTES

Muito do que sabemos de uma cultura depende da disponibilidade de fontes primárias apropriadas.

No caso dos mesopotâmios, temos muitos milhares de placas de argila matemáticas que trazem inúmeras informações úteis. Por outro lado, os egípcios e os gregos escreviam em papiro feito de juncos, material que raramente sobrevive à devastação dos séculos, embora tenhamos dois substanciais papiros matemáticos egípcios e um punhado de trechos gregos. Os chineses registravam a sua matemática em bambu e papel, dos quais pouco sobreviveu. Os maias escreviam em pilares de pedra chamados *estelas* que contêm material útil. Também produziram códices feitos de papel de cortiça, dos quais ainda existem alguns, mas a maioria foi destruída muitos séculos depois, durante a conquista espanhola.

Uma placa de argila mesopotâmica

Fora isso, temos de nos basear em comentários e traduções. No caso dos textos gregos clássicos, temos comentários de alguns matemáticos gregos posteriores e também um número substancial de traduções e comentários em árabe de estudiosos islâmicos. Também há traduções posteriores para o latim, embora a fidelidade delas ao original continue a ser motivo de especulações.

SISTEMAS DE CONTAGEM

Todas as civilizações precisavam ser capazes de contar, fosse com propósitos domésticos simples, fosse em atividades mais substanciais como a construção de prédios ou o cultivo dos campos.

Como veremos, os sistemas de numeração desenvolvidos por culturas diferentes variaram consideravelmente. Os egípcios usavam um sistema decimal com símbolos diferentes para 1, 10, 100, 1.000 etc. Os gregos usavam letras gregas diferentes para as unidades de 1 a 9, as dezenas de 10 a 90 e as centenas de 100 a 900. Outras culturas desenvolveram sistemas de contagem posicional com um número limitado de símbolos: neles, o mesmo símbolo pode ter papéis diferentes, como os dois 3 de 3.835 (referindo-se a 3.000 e 30). Os chineses usavam um sistema decimal posicional, enquanto os mesopotâmios tinham um sistema de base 60 e os maias desenvolveram um sistema de base principal 20.

Todo sistema posicional precisa do conceito de zero; por exemplo, escrevemos 207 com um zero no lugar das dezenas para distingui-lo de 27. Às vezes, o posicionamento do zero ficava claro pelo contexto. Outras vezes, deixava-se uma lacuna, como nas tábuas de contagem chinesas, ou criava-se especificamente um símbolo para o zero, como no sistema maia.

O uso do zero em sistemas posicionais de base 10 acabou surgindo na Índia e em outros locais e criaram-se regras para calcular com ele. O sistema de contagem indiano foi desenvolvido mais tarde por matemáticos islâmicos e deu origem aos chamados algarismos indo-arábicos, sistema que usamos hoje.

Assim, a partir dos números naturais 1, 2, 3, ..., gerações de matemáticos obtiveram todos os *inteiros* — os números positivos e negativos e o zero. Foi um processo prolongado que levou milhares de anos para se completar.

Estela da América Central mostrando números maias em forma de cabeça

OS EGÍPCIOS

As magníficas pirâmides de Guizé, datadas de cerca de 2600 a.C., atestam a apuradíssima capacidade de medição dos egípcios. Em especial, a Grande Pirâmide de Quéops, construída com mais de dois milhões de blocos com duas toneladas de peso em média, tem impressionantes 140 metros de altura e uma base quadrada cujos lados de 230 metros de comprimento são congruentes, com margem de erro menor do que 0,01%.

O nosso conhecimento sobre a matemática egípcia posterior é escasso e vem principalmente de duas fontes primárias: o "papiro de Rhind" (c.1650 a.C.), de cinco metros de comprimento, que recebeu o nome do comprador vitoriano Henry Rhind e está guardado no Museu Britânico, e o "papiro de Moscou" (c. 1850 a.C.), atualmente guardado num museu moscovita.

Esses papiros contêm tabelas de frações e a solução de várias dezenas de problemas de aritmética e geometria. Tais exercícios eram usados no treinamento de escribas e variam de problemas sobre a divisão de pães numa proporção específica àqueles que pedem o volume de um celeiro cilíndrico de diâmetro e altura dados.

O SISTEMA DE CONTAGEM EGÍPCIO

Os egípcios usavam um sistema decimal, mas símbolos diferentes (chamados *hieróglifos*) para 1 (uma vara vertical), 10 (um osso do calcanhar), 100 (uma corda enrolada), 1.000 (uma flor de lótus) etc.

Cada número aparecia com a repetição apropriada de cada símbolo, escrita da direita para a esquerda; por exemplo, o número 2.658 era

Os egípcios calculavam com *frações unitárias* (ou recíprocas), frações com 1 no numerador, como $1/8$, $1/52$ ou $1/104$ (também usavam a fração $2/3$); por exemplo, escreviam $1/8$ $1/52$ $1/104$ em vez de $2/13$, já que $1/8 + 1/52 + 1/104 = 2/13$.

Para auxiliar esses cálculos, o papiro de Rhind contém uma tabela de frações unitárias para cada uma das frações $2/5$, $2/7$, $2/9$, ..., $2/101$.

A capacidade notável dos egípcios de calcular com essas frações unitárias pode ser constatada no Problema 31 do papiro de Rhind:

As pirâmides de Guizé

A ÁREA DO CÍRCULO

Vários problemas do papiro de Rhind envolvem círculos com diâmetro dado. Talvez você se lembre que *a área de um círculo de raio r é* πr^2.

Como o diâmetro $d = 2r$, essa área também pode ser escrita como $1/4\ \pi d^2$.

O número que hoje representamos por π também aparece na fórmula da circunferência: *a circunferência de um círculo de raio r e diâmetro d é* $2\pi r = \pi d$.

O valor de π é próximo de $22/7$ (= $3\ 1/7$), e uma aproximação mais exata é 3,1415926; no entanto, π não pode ser escrito exatamente porque a sua expansão decimal nunca termina.

O Problema 50 do papiro Rhind pede a área de um círculo de diâmetro 9:
Exemplo de um campo redondo de diâmetro 9 khet. Qual é a área?
Resposta: Tire $1/9$ do diâmetro, ou seja, 1; o resto é 8. Multiplique 8 vezes 8; dá 64. Portanto, ele contém 64 setat de terra.

Por experiência, os egípcios descobriram que podiam aproximar a área de um círculo de diâmetro *d* tirando um nono de *d* e elevando o resultado ao quadrado. Assim, aqui, com $d = 9$, reduziram *d* em um nono (resultando em 8) e depois elevaram o resultado ao quadrado (obtendo 64).

O seu método corresponde a um valor de $3\ 13/81$ para π, ou seja, cerca de 3,16, a 1% do valor correto.

Uma quantidade, os seus $2/3$, o seu $1/2$ e o seu $1/7$ somados se tornam 33. Qual é a quantidade?

Para resolver esse problema com a nossa notação algébrica moderna, podemos chamar a quantidade desconhecida de x e obter a equação:

$$x + 2/3\ x + 1/2\ x + 1/7\ x = 33.$$

Então, resolveríamos a equação e encontraríamos $x = 14\ 28/97$. Mas a resposta dada pelos egípcios, expressa em frações unitárias, foi $14\ 1/4\ 1/56\ 1/97\ 1/194\ 1/388\ 1/679\ 1/776$ – uma façanha de cálculo verdadeiramente impressionante.

PROBLEMAS DE DISTRIBUIÇÃO

Vários problemas do papiro de Rhind envolvem a distribuição de alguma mercadoria, como pão ou cerveja. Por exemplo, o Problema 65 pergunta:

Exemplo de dividir 100 pães entre 10 homens, inclusive um barqueiro, um capataz e um porteiro, que recebem porções duplas. Qual o quinhão de cada um?

Para resolver, o escriba substituiu cada homem que recebia porção dupla por duas pessoas:

A solução. Acrescente 3 ao número de homens por aqueles com porção dupla; isso dá 13. Multiplique 13 para obter 100; o resultado é $7\ 2/3\ 1/39$. Essa, então, é a ração para sete homens, o barqueiro, o capataz e o porteiro recebem porção dupla [= $15\ 1/3\ 1/26\ 1/78$].

Parte do papiro de Rhind

OS MESOPOTÂMIOS

Os matemáticos mesopotâmios (ou babilônios) se desenvolveram durante mais de 3.000 anos numa vasta região, mas os problemas que analisamos aqui datam principalmente do antigo período babilônico (por volta de 1800 a.C.). A palavra *Mesopotâmia* vem do grego, significando "entre os rios" e se refere à área entre os rios Tigre e Eufrates do atual Iraque.

A fonte primária é muito diferente, em forma e conteúdo, da dos egípcios do mesmo período. Com um estilete em forma de cunha, os mesopotâmios imprimiam os seus símbolos em argila mole, na chamada *escrita cuneiforme*, e a placa era posta para secar ao sol. Sobreviveram muitos milhares de placas matemáticas de argila.

O SISTEMA SEXAGESIMAL

Escrevemos os números com um sistema posicional de base 10, com colunas separadas para unidades, dezenas, centenas etc. conforme avançamos da direita para a esquerda. Cada posição tem um valor dez vezes maior que a anterior; por exemplo, 3.235 significa
$(3 \times 1000) + (2 \times 100) + (3 \times 10) + (5 \times 1)$.

Os mesopotâmios também usavam um sistema posicional, mas a base era "sexagesimal", ou seja, 60: cada posição tinha um valor sessenta vezes maior que a anterior. Havia dois símbolos, que escrevemos aqui como Y para 1 e < para 10:
- 32 se escrevia <<<YY;
- 870 se escrevia <YYYY <<<, porque $870 = 840 + 24 = (14 \times 60) + 30$;
- 8.492 era escrito YY <<Y <<<YY, porque $8.492 = (2 \times 60^2) + (21 \times 60) + 32$.

Remanescentes do sistema sexagesimal sobrevivem na nossa medição do tempo (60 segundos num minuto, 60 minutos numa hora) e dos ângulos. Os mesopotâmios desenvolveram a capacidade de calcular com grandes números sexagesimais e os usaram para mapear os ciclos da Lua e construir um calendário confiável.

TIPOS DE PLACA

Em essência, havia três tipos de placa de argila matemática. Algumas têm tabelas de números para uso em cálculos e são chamadas de *placas de tabelas*: um exemplo é a tabela de multiplicação por 9 abaixo.

Outras placas de argila, chamadas *placas de problemas*, contêm proble-

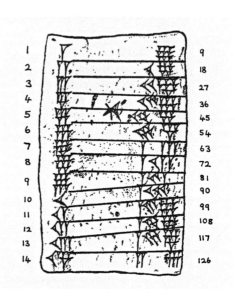

Desenho de uma placa de tabelas

A RAIZ QUADRADA DE 2

Uma placa bastante incomum que ilustra a notável capacidade dos mesopotâmios de calcular com grande exatidão exibe um quadrado com as duas diagonais e os números sexagesimais 30, 1;24,51,10 e 42;25,35. Esses números se referem ao lado do quadrado (de comprimento 30), à raiz quadrada de 2 e à diagonal (de comprimento 30√2).

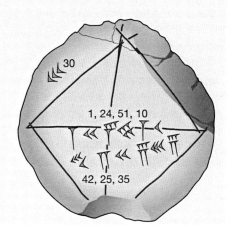

A exatidão espantosa do valor que encontraram para a raiz quadrada,
   1;24,51,10
   = 1 + $^{24}/_{60}$ + $^{51}/_{3600}$ + $^{10}/_{216000}$
   (= 1,4142128... na notação decimal),
fica visível quando a elevamos ao quadrado; obtemos
   1;59,59,59,38,1,40
   (= 1.999995... na notação decimal).
Isso difere de 2 em cerca de 5 partes num milhão.

mas matemáticos propostos e resolvidos. Um terceiro tipo pode ser descrito como *rascunho*, criado por alunos durante o aprendizado.

A seguir, um exemplo de problema mesopotâmico sobre o peso de uma pedra: está numa placa de argila que apresenta 23 problemas do mesmo tipo, que deve ter sido usada com objetivo didático.

Encontrei uma pedra e não a pesei; depois de pesar 8 vezes o seu peso, somei 3 gin e acrescentei um terço de um treze avos multiplicado por 21, e pesei: 1 ma-na. Qual era o peso original da pedra? O peso original era 4 $^1/_3$ gin.

É claro que esse não é um problema prático; se queríamos o peso da pedra, por que não pesá-la de uma vez? Infelizmente, não sabemos como o escriba resolveu o problema; só temos a resposta.

O próximo exemplo é mais complicado, e há uma dúzia de problemas parecidos na mesma placa:

Subtraí da área o lado do meu quadrado: 14,30. Escreves 1, o coeficiente. Divides metade de 1. 0;30 e 0;30, multiplicas. Somas 0;15 com 14,30. Resultado 14,30;15. Esse é o quadrado de 29;30. Somas 0;30, que multiplicaste, a 29;30. Resultado: 30, o lado do quadrado.

Essa é uma equação quadrática: $x^2 - x = 870$, na notação algébrica moderna. Aqui, x é o lado do quadrado, x^2 é a área e 14;30, o nosso número decimal 870. Os passos da solução acima dão, sucessivamente,
   1, $^1/_2$, $(^1/_2)^2 = ^1/_4$, 870 $^1/_4$, 29 $^1/_2$, 30.

O método desse exemplo se chama "completar o quadrado" e, em essência, é o que usamos hoje, 4.000 anos depois.

TALES

Pouco se sabe sobre Tales (*c*. 624 – *c*. 546 a.C.). De acordo com a lenda, ele veio da cidade jônica grega de Mileto, no litoral oeste da Ásia Menor, atual Turquia. Fizeram-se várias afirmações sobre ele: que visitou o Egito e calculou a altura das pirâmides, que previu um eclipse solar em 585 a.C., que mostrou que esfregar penas com uma pedra produz eletricidade e que criou a expressão "conhece-te a ti mesmo".

Os Sete Sábios da Grécia: xilogravura de *A crônica de Nuremberg* (1493); Tales está à esquerda.

Tales é considerado geralmente o primeiro matemático grego importante. Bertrand Russell afirmou que "a filosofia ocidental começa com Tales", e, na verdade, Tales era considerado um dos Sete Sábios da Grécia, título conferido por tradição a sete extraordinários filósofos gregos do século VI a.C.

FONTES MATEMÁTICAS GREGAS

Ao contrário do Antigo Egito, do qual há alguns papiros bem preservados, e da Mesopotâmia, onde muitos milhares de placas de argila sobreviveram, temos pouquíssimas fontes primárias gregas. Como no Egito, os gregos escreviam em papiro, que não sobreviveu aos séculos, e houve desastres como o incêndio da biblioteca de Alexandria nos quais muitas fontes primárias pereceram.

Tales de Mileto

Portanto, temos de nos basear principalmente em comentários e versões posteriores. O comentador mais conhecido da matemática grega foi Proclo (século V d.C.), que supostamente tirou o seu material de comentários mais antigos (hoje perdidos) de Eudemo de Rodes (século IV a.C.). Mas Proclo viveu mil anos depois de Tales e, assim, temos de tratar os seus comentários com cautela, embora reconhecendo que são tudo o que temos.

GEOMETRIA

O estilo matemático desenvolvido pelos antigos gregos diferia de forma marcante de tudo o que havia antes. Das suas muitas contribuições à matemática e à geometria em especial, as ideias do raciocínio dedutivo e da prova matemática

A PROVA POR CONTRADIÇÃO

Na sua geometria, os gregos usavam vários métodos de prova. Para o resultado a seguir, Tales ofereceu uma *prova por contradição (ou redução ao absurdo)*, em que supunha que o resultado desejado fosse falso e depois deduzia uma consequência que contradizia esse pressuposto, de modo que o resultado era verdadeiro.

TODO CÍRCULO É BISSETADO PELO DIÂMETRO
Ao escrever sobre os *Elementos* de Euclides, Proclo observou:
Dizem que o famoso Tales foi o primeiro a demonstrar que o círculo é bissetado pelo diâmetro.

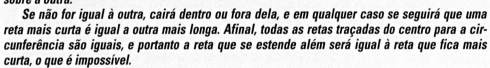

Quem quiser demonstrar matematicamente, que imagine o diâmetro traçado e uma parte do círculo encaixada sobre a outra.

Se não for igual à outra, cairá dentro ou fora dela, e em qualquer caso se seguirá que uma reta mais curta é igual a outra mais longa. Afinal, todas as retas traçadas do centro para a circunferência são iguais, e portanto a reta que se estende além será igual à reta que fica mais curta, o que é impossível.

A contradição prova o resultado.

são as mais fundamentais. A partir de pressupostos iniciais chamados *axiomas* ou *postulados*, eles faziam deduções simples, depois outras mais complicadas e assim por diante, terminando por derivar uma grande hierarquia de resultados, cada um deles dependente dos anteriores.

OS TEOREMAS DE TALES
Alguns resultados geométricos foram atribuídos a Tales por vários comentadores:

O ÂNGULO INSCRITO NUM SEMICÍRCULO
Se AB é o diâmetro de um círculo e P é qualquer outro ponto do círculo, então o ângulo APB é reto.

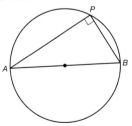

O TEOREMA DA INTERCESSÃO
Que duas retas se cruzem no ponto P e que duas retas paralelas as cortem nos pontos A, B e C, D, como mostrado ao lado. Então PA / AB = PC / CD.

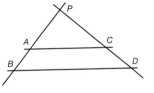

OS ÂNGULOS DA BASE DE UM TRIÂNGULO ISÓSCELES
Um triângulo é *isósceles* quando tem dois lados iguais. O comentarista Eudemo atribuiu a Tales a descoberta de que *os ângulos da base de um triângulo isósceles são iguais.*

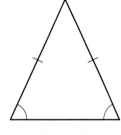

Mais tarde, este último resultado ficou conhecido como *pons asinorum* (ponte dos asnos). Nas universidades medievais, costumava ser até aí que os alunos chegavam: quem conseguisse atravessar a ponte dos asnos poderia avançar rumo a todos os tesouros que ficavam além!

PITÁGORAS

O quase lendário Pitágoras (*c.* 570-490 a.C.) nasceu na ilha de Samos, no Mar Egeu. Na juventude, estudou matemática, astronomia, filosofia e música. Possivelmente por volta de 520 a.C., partiu de Samos e foi para o porto grego de Crotona (hoje no sul da Itália) e criou uma escola filosófica hoje conhecida como *pitagórica*.

Parece que o círculo interno dos pitagóricos (os *mathematikoi*) obedecia a um regime estrito, sem posses pessoais e comendo apenas alimentos vegetais (a não ser feijão); a seita era aberta a homens e mulheres.

Os pitagóricos estudavam matemática, astronomia e filosofia. Acreditavam que *tudo é criado a partir de números inteiros* e que tudo o que merecia ser estudado podia ser quantificado. Dizia-se

Pitágoras no afresco *Escola de Atenas*, de Rafael.

PADRÕES NUMÉRICOS

Para os pitagóricos, "aritmética" significava estudar os números inteiros que, às vezes, representavam de forma genérica; por exemplo, consideravam *números quadrados* aqueles formados por padrões quadrados de pontos ou seixos.

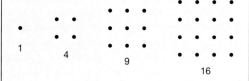

Com essas imagens, eles podiam demonstrar que os números quadrados podem ser obtidos pela soma de números ímpares consecutivos, a partir de 1 – por exemplo, $16 = 1 + 3 + 5 + 7$.

Também estudaram os *números triangulares*, formados por padrões triangulares de pontos. Os primeiros números triangulares são 1, 3, 6, 10, 15 e 21.

Observe que $3 = 1 + 2$, $6 = 1 + 2 + 3$, $10 = 1 + 2 + 3 + 4$, etc.

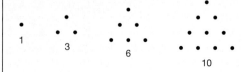

Com essas imagens, eles podiam demonstrar que a soma de quaisquer dois números triangulares consecutivos é um número quadrado – por exemplo, $10 + 15 = 25$.

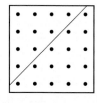

O TEOREMA DE PITÁGORAS

Os *triângulos retângulos*, nos quais um dos ângulos tem 90°, são importantes na geometria; um exemplo é o triângulo com lados que medem 3, 4 e 5 unidades.

O resultado mais importante relativo a eles é conhecido como *teorema de Pitágoras*, apesar de não haver provas históricas contemporâneas que o liguem ao próprio Pitágoras. Embora fosse conhecido pelos mesopotâmios mil anos antes, provavelmente os gregos foram os primeiros a prová-lo.

Em termos geométricos, o teorema de Pitágoras diz que, se tomamos um triângulo retângulo e desenharmos quadrados em cada lado dele, *a área do quadrado do lado mais comprido é igual à soma das áreas dos quadrados dos dois outros lados* isto é, (área de Z) = (área de X) + (área de Y)

Assim, num triângulo retângulo cujos lados meçam *a*, *b* e *c* (onde *c* é o comprimento do lado maior), temos que $a^2 + b^2 = c^2$; por exemplo, no triângulo de lados 3, 4 e 5,
$3^2 + 4^2 = 9 + 16 = 25 = 5^2$.
Outros exemplos são os triângulos retângulos de lados 5, 12, 13 e 8, 15, 17.

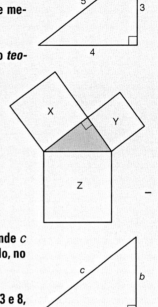

que subdividiram as ciências matemáticas em quatro: *aritmética*, *geometria*, *astronomia* e *música* (que, mais tarde, foram chamadas de *quadrivium*). Essas disciplinas, combinadas ao *trivium* (as artes da gramática, da retórica e da lógica), compunham as "artes liberais", currículo de academias e universidades nos próximos dois mil anos.

MATEMÁTICA E MÚSICA

Os Pitagóricos também faziam experiências com música, principalmente ligações entre certos intervalos musicais e razões simples entre números pequenos.

É provável que tenham descoberto essas razões tangendo cordas de comprimento diferente e comparando as notas produzidas; por exemplo, o intervalo harmonioso de uma *oitava* resulta de reduzir à metade o comprimento da corda, dando uma razão de 2 para 1 entre as frequências, enquanto outro intervalo harmônico, a *quinta justa*, resulta de reduzir a corda a dois terços do comprimento, com uma razão de 3 para 2.

Xilogravura de 1492 mostrando algumas experiências musicais de Pitágoras.

PLATÃO E ARISTÓTELES

Platão e Aristóteles no afresco *A escola de Atenas*, de Rafael

Entre 500 e 300 a.C., Atenas se tornou o centro intelectual mais importante da Grécia, contando entre os seus estudiosos Sócrates, Platão (429-347 a.C.) e Aristóteles (384-322 a.C.). Embora nenhum deles seja lembrado primariamente como matemático, todos ajudaram a armar o palco para a "época de ouro da matemática grega" em Alexandria.

A ACADEMIA DE PLATÃO

A próxima grande era da matemática grega concentrou-se em Atenas com a fundação da Academia de Platão, por volta de 387 a.C., num subúrbio de Atenas chamado "Academia" (de onde vem o nome). Ali Platão escrevia e orientava os estudos, e logo a Academia se tornou um ponto de atração das atividades matemáticas e filosóficas.

Platão acreditava que o estudo dessas disciplinas era a melhor forma de educação para os que ocupariam cargos de responsabilidade no Estado e, na *República*, discutiu extensamente a importância de cada uma das quatro artes matemáticas — aritmética, geometria, astronomia e música — para o "governante-filósofo". É significativo que, sobre a entrada, houvesse a inscrição:

Que aqui não entre nenhum ignorante de geometria.

OS SÓLIDOS DE PLATÃO

O *Timeu*, de Platão, também tem interesse matemático e inclui uma discussão dos cinco sólidos regulares:

tetraedro, cubo, octaedro, dodecaedro e icosaedro.

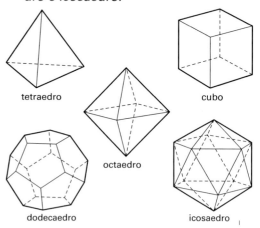

Os cinco sólidos regulares

Nesses sólidos (ou *poliedros*, que significa "muitas faces"), todas as faces são polígonos regulares do mesmo tipo (triângulos, quadrados ou pentágonos) e, em cada vértice, o arranjo de polígonos é o mesmo: por exemplo, o cubo tem seis faces quadradas e três delas se encontram em cada vértice, e o icosaedro tem vinte faces triangulares com cinco se encontrando em cada vértice.

No *Timeu*, Platão ligou o universo ao dodecaedro e atribuiu os outros quatro poliedros aos elementos gregos: terra, ar, fogo e água. Em consequência, os poliedros regulares costumam ser chamados de *sólidos platônicos*.

SÓCRATES E O MENINO ESCRAVO

No curto diálogo *Meno*, Platão conta que Sócrates desenhou na areia um quadrado de lado 2 e área 4. Depois, perguntou a um menino escravo como desenhar um quadrado com o dobro da área (8).

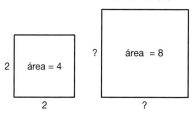

O menino sugeriu primeiro dobrar o lado do quadrado para quatro, mas isso resultava no quádruplo da área (16). Depois, propôs um quadrado de lado 3, mas essa área também era grande demais (9). Finalmente, depois de muita discussão, ele propôs o quadrado baseado na *diagonal* do quadrado original; esse tem a área 8, como exigido.

O diálogo de Meno é um exemplo maravilhoso de ensino pela formulação de perguntas e era bem diferente de tudo já visto no Egito e na Mesopotâmia.

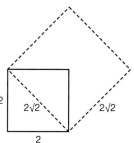

ARISTÓTELES

Aristóteles se tornou aluno da Academia aos 17 anos e lá ficou mais vinte anos até a morte de Platão.

Era fascinado por perguntas lógicas e sistematizou o estudo da lógica e do raciocínio dedutivo. Especificamente, estudou a natureza da prova matemática e examinou deduções (conhecidas como *silogismos*), como

> *Todos os homens são mortais.*
> *Sócrates é homem.*
> *Portanto, Sócrates é mortal.*

Aristóteles também aludiu a uma prova de que a razão entre a diagonal do quadrado e um dos lados (ou seja, $\sqrt{2}$) não pode ser escrita como uma fração p/q na qual p e q sejam números inteiros.

$\sqrt{2}$ NÃO PODE SER ESCRITO COMO FRAÇÃO p/q

A prova é por contradição: pressupomos que $\sqrt{2}$ *possa* ser escrita como fração p/q e mostramos que isso leva a uma contradição.

- *Podemos pressupor que essa fração seja escrita nos seus termos mínimos – isto é, que p e q não tenham fatores comuns (com exceção de 1).*
- *Elevando ao quadrado, podemos reescrever a equação $\sqrt{2} = p/q$ como $2 = p^2/q^2$, e assim $p^2 = 2q^2$. Isso significa que p^2 tem de ser um número par (porque é o dobro de q^2) e, portanto, p também tem de ser par (porque, se p fosse ímpar, p^2 também seria ímpar).*
- *Como p é par, podemos escrever $p = 2k$ para algum número inteiro k. Assim, $p^2 = 2q^2 = 4k^2$, o que resulta em $q^2 = 2k^2$. Segue-se que q^2 é um número par, logo q também é par.*
- *Mas isso leva à contradição exigida: p e q são ambos pares, logo ambos têm o fator comum 2. Isso contradiz o fato de p e q não terem fator comum.*

A contradição vem do nosso pressuposto original de que $\sqrt{2}$ possa ser escrito como fração p/q; portanto, esse pressuposto tem de estar errado: $\sqrt{2}$ não pode ser escrito como fração.

EUCLIDES

Por volta de 300 a.C., com a chegada ao poder de Ptolomeu I, a atividade matemática se deslocou para a parte egípcia do império grego. Em Alexandria, Ptolomeu fundou uma universidade que se tornou o centro intelectual da erudição grega durante mais de 800 anos. Ele também deu início à famosa biblioteca que chegou a guardar mais de meio milhão de manuscritos antes de ser destruída pelo fogo. O Farol de Alexandria foi uma das sete maravilhas do mundo antigo.

OS *ELEMENTOS*

O primeiro matemático importante associado a Alexandria foi Euclides (c. 300 a.C.), a quem se atribuem textos de geometria, óptica e astronomia. Mas ele é mais lembrado por uma obra: os *Elementos*, o livro de matemática mais lido e influente de todos os tempos. Foi usado durante mais de 2.000 anos e, depois da Bíblia, talvez tenha sido o livro mais impresso do mundo.

Os *Elementos* de Euclides, um modelo de raciocínio dedutivo, era uma compilação de resultados conhecidos organizados em ordem lógica. Começava com axiomas e postulados iniciais e usava regras de dedução para derivar cada nova proposição de maneira sistemática. Não foi a primeira dessas obras, mas a mais importante.

Os *Elementos* consistem de 13 seções, geralmente chamadas "Livros" embora tenham sido escritas em rolos de papiro. Dividem-se tradicionalmente em três partes principais: geometria plana, aritmética e geometria dos sólidos.

GEOMETRIA PLANA

A parte geométrica (Livros I a VI) começa com definições de termos básicos como *ponto*, *reta* e *círculo*, seguidas de alguns axiomas (ou postulados) que nos permitem executar determinadas construções geométricas com uma régua não milimetrada e um compasso, como:
- desenhar uma reta a partir de um ponto dado a outro qualquer;
- desenhar um círculo com quaisquer centro e raio dados.

Euclides então apresenta o seu primeiro resultado, que permite a construção de um triângulo equilátero (triângulo com os três lados iguais):

> Dado o segmento de reta AB, construa um triângulo equilátero com AB como base.

Para isso, ele usou a segunda construção abaixo para traçar dois círculos, um com centro *A* e raio *AB* e outro com centro *B* e raio *AB*. Esses círculos se encontram em dois pontos *C* e *D*, e o triângulo *ABC* (ou *ABD*) é, portanto, o triângulo equilátero pedido.

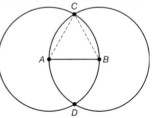

Euclides explicou por que essa construção sempre resulta num triângulo equilátero. Em cada estágio da prova, fez referência a uma definição ou postulado apropriado.

O Livro I continua com resultados sobre triângulos congruentes (aqueles de mesmo tamanho e formato) e retas paralelas. Euclides também provou o "teorema da soma dos ângulos":

GEOMETRIA DOS SÓLIDOS

Os três últimos livros dos *Elementos* de Euclides tratam de aspectos da geometria tridimensional. Deles, o Livro XIII é o mais notável. Aqui Euclides examina os cinco sólidos regulares (tetraedro, cubo, octaedro, dodecaedro e icosaedro) e mostra como construí-los.

Os *Elementos* terminam com a prova de que esses são os únicos sólidos regulares possíveis; não pode haver outros. Esse, o primeiro "teorema de classificação" da matemática, constitui um clímax adequado para essa grande obra.

Os ângulos de qualquer triângulo somam 180°, e provou o teorema de Pitágoras.

O Livro II inclui vários resultados sobre retângulos, como a construção de um retângulo com a mesma área de um triângulo dado, e o Livro III apresenta propriedades dos círculos, como o teorema de Tales sobre o ângulo inscrito num semicírculo e a prova de que, quando se traça um quadrilátero inscrito num círculo, os ângulos opostos somam 180°

$a + c = 180°$
$b + d = 180°$

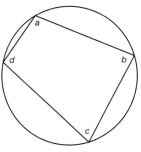

O Livro IV contém construções dentro de círculos, como a dos polígonos regulares de 5, 6 e 15 lados inscritos num círculo dado.

O Livro V talvez se deva a Eudóxio, aluno de Platão na Academia, e trata de razões entre comprimentos; um exemplo em notação moderna é:

se $a/b = c/d$, então $a/c = b/d$.

Essas, então, são aplicadas no Livro VI as figuras geométricas semelhantes (as que têm o mesmo formato mas não necessariamente o mesmo tamanho).

ARITMÉTICA

Nos Livros VII a IX, entramos no mundo da aritmética, mas as descrições ainda são dadas em termos geométricos, com segmentos de reta para representar números. Há discussões sobre números pares e ímpares e sobre o que significa um número ser fator de outro. Também está incluído o chamado *algoritmo de Euclides*, um método sistemático para encontrar o máximo divisor comum entre dois números.

Essa seção dos *Elementos* também traz uma discussão sobre números primos. *Número primo* é aquele maior do que 1 cujos únicos fatores são 1 e ele mesmo; os primeiros são:

2, 3, 5, 7, 11, 13, 17, 19, 23 e 29.

Eles são importantíssimos na aritmética por serem tijolos de números: pode-se obter qualquer número inteiro multiplicando números primos. Por exemplo,

$126 = 2 \times 3 \times 3 \times 7$.

O Livro IX contém a prova de Euclides do fato de que a lista de números primos continua para sempre:

Há infinitos números primos.

É uma das provas mais famosas de toda a matemática.

Euclides apresenta os seus *Elementos* ao rei Ptolomeu I Sóter em Alexandria; a ilustração é de Louis Figuier, 1866.

ARQUIMEDES

Arquimedes (*c.* 287-212 a.C.), natural de Siracusa, na ilha da Sicília, e um dos maiores matemáticos de todos os tempos, trabalhou em grande variedade de áreas. Na geometria, calculou a superfície e o volume de diversos sólidos, listou os sólidos semirregulares, estudou as espirais e estimou o valor de π. Na matemática aplicada, fez contribuições à hidrostática e descobriu a lei da alavanca.

DUAS HISTÓRIAS

Arquimedes é famoso por duas histórias contadas cerca de duzentos anos depois e de autenticidade duvidosa.

A primeira foi registrada pelo escritor romano Vitrúvio. O rei Hierão, amigo de Arquimedes, queria descobrir se a sua coroa era de ouro puro ou parcialmente feita de prata.

Arquimedes descobriu o modo de resolver o problema quando entrou no banho e observou que, quanto mais o corpo afundava, mais água subia na borda da banheira. Felicíssimo com a descoberta, ele pulou do banho e correu nu para casa, berrando "Eureca!" (ou, mais exatamente, "Heureka!") — Achei!

A outra história, contada por Plutarco, diz respeito à morte prematura de Arquimedes nas mãos de um soldado romano. Em 212 a.C., durante o cerco de Siracusa, Arquimedes estava entretido com um problema matemático, sem perceber que a cidade fora capturada, quando um soldado veio e ameaçou matá-lo. Arquimedes lhe implorou que esperasse até terminar os cálculos, mas o soldado se enfureceu e o matou ali mesmo.

Arquimedes por Georg Andreas Böckler, 1661

DUAS APLICAÇÕES

Arquimedes contribuiu com muitas áreas da matemática e parece ter sido um dos poucos matemáticos gregos interessados nas suas aplicações.

Na hidrostática, o *princípio de Arquimedes* afirma que o peso de um objeto mergulhado n'água sofre redução igual ao peso da água deslocada. Arquimedes também inventou armas mecânicas engenhosas para a defesa de Siracusa na guerra e levou o crédito da invenção do parafuso que permite tirar água de um rio.

Outro resultado seu foi a lei da alavanca: quando postos nas pontas de uma barra sobre um fulcro, os pesos W_1 e W_2 ficam em equilíbrio quando as distâncias a e b forem inversamente proporcionais aos pesos:
$$W_1 \times a = W_2 \times b.$$

GEOMETRIA

Mas Arquimedes não trabalhou só com aplicações. Entre os seus resultados geométricos mais conhecidos estão:
- a determinação do centro de gravidade de triângulos, paralelogramos e hemisférios;
- algum trabalho sobre espirais, como aquela conhecida hoje como *espiral de Arquimedes;*
- cálculos impressionantes do volume de esferas, cones e cilindros, como o famoso resultado (que ele queria que gravassem no seu túmulo) de que *o volume do cilindro é 1 ½ vez o da esfera nele inscrita.*

Arquimedes também investigou os poliedros "semirregulares", nos quais as faces são polígonos regulares mas não todas iguais; por exemplo, o icosaedro truncado (ou bola de futebol) é formado de pentágonos e hexágonos regulares. Arquimedes descobriu que só há 13 desses sólidos, hoje chamados *poliedros de Arquimedes.*

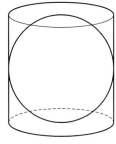

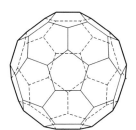

Um icosaedro truncado e uma bola de futebol

CONTAR GRÃOS DE AREIA

Na aritmética, Arquimedes escreveu *O contador de areia* para refutar a ideia muito comum de que o número de grãos de areia do universo é infinito. Com esse fim, primeiro ele examinou o número $100.000.000^{100.000.000}$, que chamou de *P*, e depois passou a construir o número $P^{100.000.000}$. Como explicou meticulosamente, esse numero imenso é finito mas excede o número de grãos de areia do universo. Como o sistema numérico grego só tinha nomes para números até a miríade (10.000) e nada mais, essa foi uma realização notável.

MEDIÇÃO DO CÍRCULO

Um dos resultados mais conhecidos de Arquimedes diz respeito à razão entre a circunferência do círculo e o seu diâmetro (isto é, π). Ele começou desenhando hexágonos dentro e fora de um círculo e comparou o seu perímetro com a circunferência: isso nos revela que π fica entre 3 e 3,464.

Depois, substituiu o hexágono por um polígono de 12 lados e recalculou os perímetros.

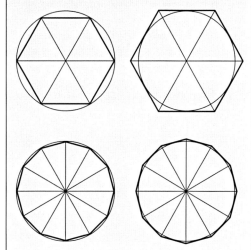

Dessa maneira, realizando os cálculos com polígonos de 24, 48 e 96 lados sem chegar a desenhá-los, ele concluiu que, na nossa notação, $3\,^{10}/_{71} < \pi < 3\,^{1}/_{71}$ — o que nos dá um valor de π de cerca de 3,14, correto até a segunda casa decimal.

Como veremos, esse método foi refinado nos dois mil anos seguintes até chegar a um valor de π com muitas casas decimais.

APOLÔNIO

Enquanto isso, em Alexandria, Apolônio de Perga (c. 262 – c. 190 a.C.), conhecido desde a Antiguidade como "o Grande Geômetra", escrevia o seu elogiado tratado sobre as cônicas. Há três tipos dessas curvas: a elipse (com o círculo como caso especial), a parábola e a hipérbole. As *Cônicas* de Apolônio foram um verdadeiro *tour de force*, mas não são uma obra de leitura fácil.

TRÊS TIPOS DE CÔNICAS

Em geral, a descoberta das seções cônicas é atribuída a Menecmo, aluno de Eudóxio. Ao cortar um cone de várias maneiras, podem-se obter as seguintes curvas:
- o corte horizontal produz um *círculo*
- o corte inclinado produz uma *elipse*
- o corte paralelo à lateral do cone produz uma *parábola*
- o corte vertical produz uma *hipérbole*

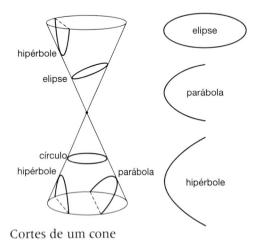

Cortes de um cone

Também se podem obter essas curvas escolhendo um ponto fixo (o *foco*) e uma reta fixa (a *diretriz*) e fazendo um ponto P se mover de modo que a distância entre os dois mantenha uma razão constante r. Quando $r = 1$, temos uma parábola; quando $r < 1$, temos uma elipse; quando $r > 1$, temos uma hipérbole.

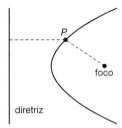

Definição foco-diretriz da parábola

Outra maneira de desenhar uma elipse (usada por jardineiros para fazer canteiros ovais) é amarrar uma corda em torno de dois pinos e desenhar a curva.

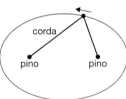

AS *CÔNICAS* DE APOLÔNIO

Ainda rapaz, Apolônio foi a Alexandria estudar com os seguidores de Euclides. Lá ficou, ensinando e escrevendo várias obras geométricas, das quais a mais influente foi o monumental tratado das *Cônicas*. Ele saiu em oito partes: as primeiras contêm material básico, boa parte dele já conhecido, e as últimas apresentam alguns resultados espantosos e originais.

Quase tudo o que sabemos sobre a vida de Apolônio está nas cartas que prefaciam essas partes: com elas ficamos sabendo que ele visitou Pérgamo e Éfeso para discutir a obra com colegas geômetras.

DUAS EDIÇÕES POSTERIORES DAS *CÔNICAS* DE APOLÔNIO

Depois da invenção da imprensa no século XV, muitos textos gregos foram publicados em forma de livro. Aqui vemos uma edição das *Cônicas* do século XVI e o frontispício de uma edição de 1710 organizada por Edmond Halley (o mesmo do famoso cometa). Este último mostra o filósofo grego Aristipo, naufragado com os amigos amedrontados na ilha de Rodes; ao notar figuras geométricas desenhadas na areia, Aristipo exclamou: "Alegremo-nos, pois vejo vestígios de homens!".

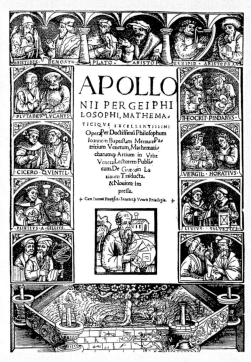

Edição do século XVI

Edição de Halley de 1710

O CÍRCULO DE APOLÔNIO

Um dos seus resultados mais famosos ficou conhecido como *círculo de Apolônio*.

> Suponhamos que um ponto P se mova no plano de modo que a sua distância a um ponto A mantenha uma razão fixa (≠ 1) em relação à distância ao ponto B. Então o ponto traça um círculo.

O diagrama ao lado mostra o círculo traçado quando a distância do ponto *P* ao ponto *A* é sempre o dobro da distância ao ponto *B*.

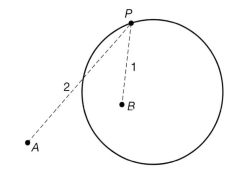

O círculo de Apolônio

31

HIPARCO E PTOLOMEU

A primeira abordagem trigonométrica da astronomia foi feita por Hiparco (190-120 a.C.), às vezes chamado de "Pai da Trigonometria". Talvez o maior observador astronômico da antiguidade, ele descobriu a precessão dos equinócios, produziu o primeiro catálogo de estrelas conhecido e construiu uma "tabela de acordes" para produzir senos de ângulos. Cláudio Ptolomeu de Alexandria (c.100-c.170 d.C.) baseou-se no trabalho de Hiparco e outros para produzir a sua grande obra sobre astronomia conhecida como *Almagesto*.

HIPARCO

Embora nascido em Niceia, na Bitínia, Hiparco passou quase a vida inteira em Rodes, onde se baseou nas observações de astrônomos gregos anteriores e em registros babilônicos para construir um belo catálogo de estrelas e um conjunto de observações planetárias.

O seu uso desses registros e as observações próprias também levaram, segundo alguns, à sua maior conquista: a descoberta da precessão dos equinócios a partir do estudo do movimento lento dos pontos do equinócio e do solstício pelas estrelas fixas. Ele também classificou as estrelas pelo brilho, com uma escala que ia de 1 (a mais brilhante) a 6 (a mais escura).

Hiparco incorporou dados das suas observações astronômicas aos modelos geométricos usados para explicar movimentos astronômicos. Também pode ter desenvolvido um instrumento do tipo do astrolábio para calcular a hora da noite a partir da observação das estrelas.

UM POUCO DE TRIGONOMETRIA

Embora pouco da obra de Hiparco tenha sobrevivido, Cláudio Ptolomeu o considerava o seu antecessor mais importante. Na verdade, a disciplina da *trigonometria* (que significa medição de ângulos), criada por Hiparco por volta de 150 a.C., foi desenvolvida por Cláudio Ptolomeu.

Para o seu trabalho em astronomia, foi fundamental o cálculo do comprimento de cordas e círculos — corda é o segmento de reta que une dois pontos do círculo; corresponde a calcular para vários ângulos a razão trigonométrica chamada seno.

As razões trigonométricas surgem do estudo dos triângulos retângulos. Se θ for ângulo mostrado, definimos *seno*, *cosseno* e *tangente* de θ (escritos sen θ, cos θ e tan θ) como as seguintes razões entre comprimentos:

sen θ = lado oposto / hipotenusa = a/c
cos θ = lado adjacente / hipotenusa = b/c
tan θ = lado oposto / lado adjacente = a/b

Hiparco fita as estrelas numa gravura do volume 1 de *History of the World* (História do mundo) (1897), de J. N. Larned

Ptolomeu com o seu bastão em cruz para medir os céus num desenho de 1584 de André Thevet

O *ALMAGESTO* DE PTOLOMEU

A obra definitiva em 13 volumes de Ptolomeu, chamada *Sintaxe*, é mais conhecida pelo nome árabe posterior, *Almagesto* (O maior). Ela dominou a astronomia durante quase 1.500 anos; contém uma descrição matemática do movimento do Sol, da Lua e dos planetas e traz uma tabela de cordas equivalente a listar os senos de ângulos de 0° a 90° em passos de um quarto de grau.

O *Almagesto* é a nossa fonte mais importante de informações sobre Hiparco; também pouco sabemos de Ptolomeu além do que aparece lá.

As observações astronômicas de Ptolomeu dizem respeito ao período entre 127 e 141 d.C. e se basearam em Alexandria; por isso ele é conhecido como Cláudio Ptolomeu de Alexandria.

O *Almagesto* desenvolveu uma teoria geométrica capaz de prever o movimento dos planetas com exatidão extraordinária. A cosmologia geocêntrica de Ptolomeu considerava a Terra fixa e imóvel, com o Sol e os planetas girando em torno dela.

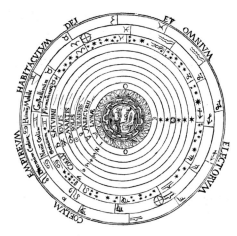

O sistema ptolomaico, retratado numa edição latina do *Almagesto*

Para descrever o movimento do Sol e dos planetas, Ptolomeu criou *epiciclos*, pequenos círculos centrados na principal órbita circular, em que se vê o Sol ou um planeta em movimento. O ajuste adequado de distâncias, do centro de rotação e da velocidade da rotação lhe permitia fazer as suas previsões acuradas.

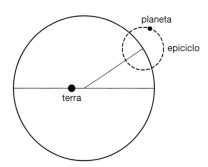

Um epiciclo do sistema ptolomaico

A GEOGRAFIA DE PTOLOMEU

Ptolomeu também publicou uma obra padrão e influente chamada *Geografia* que tratava da confecção de mapas, na qual discutiu vários tipos de projeção e listou a latitude e a longitude de 8.000 lugares do mundo conhecido. Os seus achados foram usados por navegadores durante mais de 1.500 anos.

DIOFANTO

Diofanto de Alexandria, conhecido como o "Pai da Álgebra", viveu provavelmente no século III d.C. Pouco sabemos sobre sua vida. A sua principal contribuição para a matemática foram os 13 livros que constituem a *Aritmética*, nenhum dos quais sobreviveu. Ao contrário dos textos da maioria dos matemáticos gregos, essa obra era uma coletânea de problemas algébricos propostos e resolvidos. Diofanto também foi o primeiro matemático a imaginar e empregar símbolos algébricos. Como veremos, a sua *Aritmética* teria grande influência sobre os séculos seguintes.

PROBLEMAS DIOFANTINOS

Suponhamos que se queira resolver a equação $3x + y = 10$.

Se x e y puderem assumir qualquer valor numérico, as possibilidades serão infinitas. Por exemplo:

- se $x = 1$, então $y = 7$
- se $x = -2\,{}^1/_3$, então $y = 17$
- se $x = \pi$, então $y = 10 - 3\pi$

Mas se x e y tiverem de ser números inteiros positivos, só três soluções são possíveis:

$$x = 1,\ y = 7;\ x = 2,\ y = 4;\ e\ x = 3,\ y = 1.$$

As equações algébricas a cujas soluções se impõem restrições (em geral, que sejam números inteiros) se chamam *equações diofantinas*, embora o próprio Diofanto costumasse se contentar com soluções fracionárias.

QUE IDADE TINHA DIOFANTO?

O seguinte problema pertence a uma coletânea do século V conhecida como *Antologia grega*:

Neste túmulo jaz Diofanto.
Ah, que grande maravilha!
O túmulo revela cientificamente
a medida da sua vida.
Deus lhe concedeu ser menino
pela sexta parte da vida,
e somando a ela a décima segunda parte,
Vestiu-lhe o rosto de pelos;
Acendeu-lhe a luz do matrimônio
depois de mais um sétimo,
e cinco anos depois das bodas
concedeu-lhe um filho.
Ah! Pobre criança tardia;
depois de chegar à metade
da vida do pai, o gélido Destino o levou.
Após consolar a tristeza com esta ciência
dos números por quatro anos, findou-se a sua
vida.

O que podemos deduzir daí?

O problema nos diz que Diofanto passou ${}^1/_6$ da vida como criança, ${}^1/_{12}$ como jovem e mais ${}^1/_7$ como solteiro. Cinco anos depois do casamento, veio um filho que morreu quatro anos antes do pai, quando estava com ${}^1/_2$ da idade final dele. Com a moderna notação algébrica, sendo x a idade de Diofanto ao morrer, temos a equação

$$\left({}^1/_6\,x + {}^1/_{12}\,x + {}^1/_7\,x\right) + 5 + {}^1/_2\,x + 4 = x.$$

Ao resolver essa equação, encontramos $x = 84$, logo a vida de Diofanto durou 84 anos.

NOTAÇÃO DE DIOFANTO

A palavra *aritmética* vem da palavra grega *arithmos*, que significa número. No seu sistema de contagem decimal, os gregos usavam as 24 letras do alfabeto e três símbolos arcaicos, da seguinte maneira:

1	2	3	4	5	6	7	8	9
α	β	γ	δ	ε	ς	ζ	η	θ

10	20	30	40	50	60	70	80	90
ι	κ	λ	μ	ν	ξ	o	π	ϟ

100	200	300	400	500	600	700	800	900
ρ	σ	τ	υ	φ	χ	ψ	ω	ϡ

Por exemplo, 648 se escrevia χμη. Às vezes, os números tinham barras em cima para distinguir-se das letras.

Nas equações algébricas, Diofanto usou outros símbolos, como K^u para o cubo, Δ^u para o quadrado, ς para a primeira potência e ° para a adição, e escrevia uma expressão quadrática como $2x^2 + 3x + 4$ de forma semelhante a $\Delta^u \, \beta° \varsigma \gamma° \delta$

ALGUNS PROBLEMAS DE DIOFANTO

Aqui apresentamos alguns problemas da *Aritmética*. Diofanto não apresentou métodos gerais para resolver os seus problemas; ele costumava escolher um exemplo específico e encontrar o resultado apenas daquele caso. As seguintes soluções foram adaptadas da *Aritmética*; vejam que ele não se incomodava de calcular com números negativos.

Edição francesa de 1621 da *Aritmética* de Diofanto

Encontrar dois números tais que a sua soma e o seu produto sejam números dados.
Dados a soma 20 e o produto 96.
Que 2x seja a diferença entre os números.
Portanto, os números são 10 + x, 10 – x.
[Observe que 10 é metade da soma, 20].

Daí, $100 - x^2 = 96$.
Assim, $x = 2$, e os números são 12 e 8.

Dividir um quadrado dado em dois quadrados. Que seja pedida a divisão de 16 em dois quadrados. E que o primeiro quadrado = x^2; o outro, então, será $16 - x^2$. Exige-se, portanto, que $16 - x^2 =$ um quadrado.

Tomo um quadrado da forma $(mx - 4)^2$, sendo m um inteiro qualquer e 4 a raiz de 16; por exemplo, que o lado seja $2x - 4$ e o quadrado propriamente dito, $4x^2 + 16 - 16x$. Então, $4x^2 + 16 - 16x = 16 - x^2$. Somem-se a ambos os lados os termos negativos e tire-se igual de igual. Assim, $5x^2 = 16x$ e $x = 16/5$. Portanto, um dos números é $256/25$, o outro é $144/25$, a sua soma é 16 e cada um deles é quadrado.

Muitos problemas dele eram ainda mais complicados, e alguns estavam descritos de forma geométrica:
Encontrar um triângulo retângulo cujo perímetro seja um quadrado e cujo perímetro somado à área dê um cubo.

A resposta era o triângulo de lados
$1.024/217$, $215.055/47.089$ e $309.233/47.089$

PAPUS E HIPÁCIA

Os neoplatônicos eram filósofos místicos e religiosos do século III d.C. em diante. Fundada pelo filósofo Plotino, a escola baseava os seus ensinamentos nas obras de Platão e dos seus seguidores. Dois membros importantes foram os geômetras alexandrinos Papus (*c.*290-*c.*350) e Hipácia (*c.*360-415).

PAPUS

Papus de Alexandria foi um dos últimos matemáticos gregos da Antiguidade. Pouco sabemos sobre sua vida, a não ser que, nos comentários sobre o *Almagesto* de Ptolomeu, ele observou ter visto um eclipse solar em Alexandria; podemos deduzir daí que viveu por volta do ano 320.

A obra mais importante de Papus foi a *Coleção matemática*, em oito volumes, que examinava uma grande variedade de tópicos sobre aritmética, geometria plana e dos sólidos, astronomia e dinâmica. Aqui veremos duas contribuições geométricas suas.

DA SAGACIDADE DAS ABELHAS

Só há três maneiras de azulejar um piso grande com polígonos regulares do mesmo tipo: com quadrados, triângulos equiláteros ou hexágonos regulares.

No Livro V da *Coleção*, Papus atribuiu às abelhas uma certa premeditação geométrica no planejamento dos seus favos. Depois de mostrar que só podem existir os três arranjos regulares abaixo, ele observou que as abelhas, na sua sabedoria, escolheram o padrão que tem mais ângulos, o hexágono, por perceber que guarda mais mel do que os outros dois.

HIPÁCIA DE ALEXANDRIA

A primeira mulher matemática importante que conhecemos foi Hipácia, filha e aluna do geômetra Teão de Alexandria. Geômetra de destaque, por volta do ano 400 ela se tornou líder da escola neoplatônica de Alexandria e, aparentemente, foi uma estudiosa e professora tão renomada que havia gente que percorria muitos quilômetros para ouvi-la.

Atribuem-se a Hipácia comentários impressionantes sobre muitos textos clássicos, como as *Cônicas* de Apolônio e a *Aritmética* de Diofanto, e uma edição do *Almagesto* de Ptolomeu. Ela também demonstrou a construção de instrumentos astronômicos e de navegação, como o astrolábio.

Tragicamente, a sua vida terminou de forma selvagem no ano de 415, quando sofreu morte horrível nas mãos de uma turba de fanáticos religiosos opostos ao neoplato-

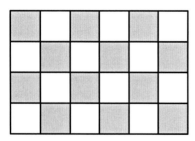
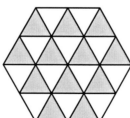
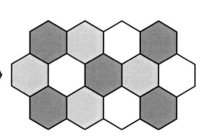

TEOREMA DE PAPUS

Outro famoso resultado de Papus é um dos grandes teoremas da matemática. Diz respeito à interseção de retas no plano e se chama teorema do "hexágono".

O TEOREMA DO "HEXÁGONO"
Trace duas retas numa folha de papel e escolha três pontos quaisquer *A*, *B* e *C* na primeira delas e três pontos quaisquer *P, Q, R* na outra.

Agora, trace os segmentos de reta
AQ e *BP* — que se cruzam no ponto *X*
AR e *CP* — que se cruzam no ponto *Y*
BR e *CQ* — que se cruzam no ponto *Z*

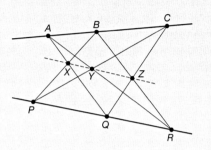

O teorema de Papus afirma que, quaisquer que sejam os seis pontos iniciais, *os pontos X, Y e Z resultantes estão sempre na mesma reta*.

nismo. O seu assassinato foi um golpe fatal para a matemática de Alexandria.

Hipácia foi imortalizada em vários quadros e livros. Em 1853, o escritor inglês Charles Kingsley, famoso pelo conto de fadas *Os nenês d'água* e pelos romances históricos *Westward Ho!* (A oeste, avante!) e *Hereward the Wake*, escreveu *Hypatia*, biografia ficcionalizada passada no século V em Alexandria.

Hipácia foi assassinada por uma turba cristã em 415 d.C., como retratado por Louis Figuier em *Les Vies des Savants* (1875)

NICÔMACO E BOÉCIO

Nicômaco de Gerasa (c.60-120 d.C.) escreveu textos importantes sobre aritmética e música, com base na obra de Pitágoras. Mais tarde, Boécio (c.480-524) produziu livros semelhantes sobre aritmética e geometria. Todas essas obras tiveram uso constante durante centenas de anos.

NICÔMACO

Seguidor de Pitágoras, Nicômaco incluiu na sua *Introdução à aritmética* muito do que já conhecemos da obra daquele sábio. Nela encontramos descrições prolongadas de números pares, ímpares, quadrados e triangulares. Nicômaco desenvolveu essas ideias ainda mais e estudou números pentagonais, hexagonais, heptagonais e tetraédricos. Também incluiu no livro a primeira tabela conhecida de multiplicação com algarismos gregos.

Nicômaco também discutiu números primos e perfeitos. Um número *perfeito* é aquele igual à soma dos fatores (com exceção de si mesmo); por exemplo,

Ilustração da enciclopédia *Margarita Philosophica*, de Gregorius Reisch (1503), mostrando a disciplina *Aritmética* do *quadrivium*; o desenho contrasta a nova aritmética (representada por Boécio e os numerais indo-arábicos) e a antiga (o ábaco de Pitágoras).

28 = 1 + 2 + 4 + 7 + 14 é perfeito. Nos *Elementos*, Euclides deu a fórmula que gera esses números, e Nicômaco listou quatro deles: 6, 28, 496 e 8.128.

BOÉCIO

Em comparação com os gregos, os romanos pouco contribuíram para o desenvolvimento da matemática e a usavam principalmente com fins práticos, como na arquitetura, na topografia e na administração.

No sentido horário, a partir do alto à esquerda: Boécio, Pitágoras, Nicômaco e Platão, num manuscrito medieval

Outra ilustração do *quadrivium* de *Margarita Philosophica*, mostrando a *Astronomia*. Ptolomeu é representado com uma coroa, já que, durante o Renascimento, era comum ser confundido com o rei egípcio Ptolomeu.

Boécio era de família romana e, embora tenha ficado órfão em tenra idade, foi bem instruído e passou a vida escrevendo e traduzindo. Era um entusiasta do *quadrivium* grego, as artes matemáticas da aritmética, geometria, astronomia e música.

Embora o seu conhecimento de matemática fosse um tanto escasso, ele escreveu uma *Aritmética* em latim que aproveitou bastante do texto de Nicômaco, e uma *Geometria* com base em resultados dos primeiros quatro Livros dos *Elementos* de Euclides.

Os textos de ambos os autores deixam muito a desejar. A *Aritmética* de Nicômaco contém muitos erros e omite todas as provas, e as obras de Boécio eram igualmente desinteressantes. Apesar disso, foram os textos básicos dessas disciplinas durante muitas centenas de anos, numa época em que pouco acontecia na matemática.

39

os CHINESES

A história matemática da China tem 3.000 anos ou mais. Por volta de 220 a.C., os antigos chineses construíram a Grande Muralha, importante triunfo da engenharia e do cálculo matemático. Talvez os chineses tenham sido os primeiros a desenvolver um sistema decimal posicional semelhante ao que usamos hoje; também construíram relógios de sol e foram dos primeiros a usar o ábaco.

QUADRADOS MÁGICOS

Uma antiga lenda chinesa fala do imperador Yu, da dinastia Xia, que estava em pé às margens do rio Lo (afluente do rio Amarelo) quando uma tartaruga sagrada saiu da água com os números 1 a 9 nas costas. Esses números estavam arrumados na forma de um *quadrado mágico* (*lo-shu*), arrumados em 3 linhas e 3 colunas, sendo que os números de cada linha, coluna e diagonal têm a mesma soma:

4 + 9 + 2 = 9 + 5 + 1 = 4 + 5 + 6 = 15, etc.

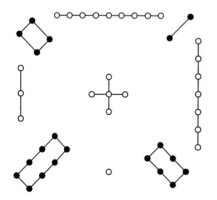

Essa disposição específica de números adquiriu grande importância mística e religiosa no decorrer dos séculos e apareceu de várias formas. Embora o imperador Yu tenha vivido por volta de 2000 a.C., o registro dessa história só apareceu muito mais tarde, possivelmente só na dinastia Han, que começou em 206 a.C.

CONTAGEM

Para os seus cálculos, os chineses usavam um tipo de tabuleiro de contagem, uma caixa com compartimentos separados para unidades, dezenas, centenas etc. na qual se punham pequenas varinhas de bambu. Cada símbolo de 1 a 9 tem duas formas, horizontal e vertical, permitindo ao calculador distinguir facilmente os números de compartimentos adjacentes. Eis aqui os números 1.713 e 6.036.

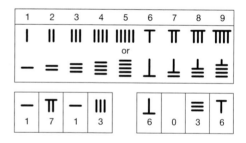

GOU-GU (TEOREMA DE PITÁGORAS)

Os chineses usavam a ideia da dissecção (cortar e remontar) para obter resultados

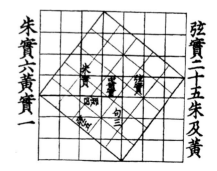

40

MEDIÇÃO DO CÍRCULO

Vários matemáticos chineses dedicaram a sua energia a estimar π.

Por volta de 100 d.C., Zhang Heng, inventor do sismógrafo para medir a intensidade dos terremotos, propôs o valor de $\sqrt{10}$ (cerca de 3,16 na nossa notação decimal).

Vimos que Arquimedes usou polígonos regulares de 6, 12, 24, 48 e 96 lados para calcular a estimativa $3\,^{10}/_{71} < \pi < 3\,^{1}/_{7}$ (cerca de 3,14 na nossa notação decimal). Em *Haidao suanjing* (Clássico matemático da ilha do mar), de 263, Liu Hui continuou a dobrar o número de lados até chegar a polígonos com 3.072 lados e obteve o valor π = 3.14159.

O fascínio dos chineses por π chegou ao clímax no século V, quando Zu Chongzhi e o filho calcularam a área de polígonos com 24.576 lados e deduziram que
3.1415926 < π < 3.1415927.

Também encontraram a estimativa de $3\,^{16}/_{113}$ (= $^{355}/_{113}$), que dá a pi (π) um valor com seis casas decimais; essa aproximação só foi redescoberta na Europa durante o século XVI.

na geometria. Um exemplo famoso é o *gou-gu*, nome chinês do teorema de Pitágoras, presente no *Zhou bi suan jing* (Clássico matemático do gnômon de Zhou), anterior a 100 a.C. A nossa explicação abaixo usa a notação algébrica moderna.

O diagrama mostra um quadrado inclinado (de lado *c*, digamos) cercado por quatro triângulos retângulos (de lados *a*, *b* e *c*), formando um quadrado maior (de lado *a* + *b*). Agora, cortamos esse quadrado grande de lado *a* + *b* em cinco pedaços: o quadrado de lado *c* e os quatro triângulos, cada um deles com área de $^{1}/_{2}ab$. Portanto, a área do quadrado grande é $c^2 + (4 \times {}^{1}/_{2}ab) = c^2 + 2ab$ e também $(a + b)^2 = a^2 + b^2 + 2ab$, de modo que $a^2 + b^2 = c^2$.

O PROBLEMA DO BAMBU

Um problema chinês clássico é o do bambu quebrado; *chi* é uma unidade de comprimento.

> Um bambu com 10 chi de altura se quebra e a ponta superior chega ao chão a 3 chi da base. Encontre a altura da quebra.

Na notação algébrica moderna, chamamos de *x* a altura onde o bambu se quebrou e de 10 − *x* o comprimento do resto do bambu. Pelo teorema de Pitágoras,
$x^2 + 3^2 = (10 - x)^2$.

Ao resolver a equação, encontramos $x = 4\,^{11}/_{20}$ *chi*.

OS NOVE CAPÍTULOS

A maior parte da antiga matemática chinesa foi escrita em bambu ou papel, que perecem com o tempo. Uma peça extraordinária que nos restou, possivelmente datada de 200 a.C., é o *Jiu zhang suan shu* (Nove capítulos da arte matemática).

Essa obra notável contém 246 questões com as respostas, mas sem a elaboração, e pode ter sido usada como livro didático. Trata de assuntos práticos e teóricos — problemas de comércio, agricultura, topografia e engenharia, além de discussões sobre áreas e volumes de várias formas geométricas, cálculo de raízes quadradas e cúbicas e estudo de triângulos retângulos. Os *Nove capítulos* também contêm uma discussão de equações simultâneas que usa um método (hoje conhecido como *eliminação de Gauss*) só redescoberto na Europa dois mil anos depois.

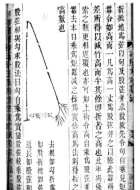

OS INDIANOS

Por volta de 250 a.C., o rei Asoka, governante de quase toda a Índia, se tornou o primeiro monarca budista. A sua conversão foi comemorada em todo o reino com a construção de muitos pilares com os seus éditos esculpidos. Nessas colunas de Asoka, está o primeiro registro conhecido dos que se tornariam os nossos *algarismos indo-arábicos*, um sistema decimal posicional com colunas separadas para unidades, dezenas, centenas etc. Desde o ano 400 d.C., os indianos também usavam o número 0, tanto para marcar uma casa vazia quanto em cálculos, e mostraram como trabalhar com números negativos.

Pode-se datar a matemática indiana de vários manuscritos védicos de aproximadamente 600 a.C. Eles contêm obras antigas sobre aritmética, permutações e combinações, teoria dos números e extração de raízes quadradas.

Mais tarde, no primeiro milênio d.C., os dois matemáticos indianos de maior destaque foram Ariabata, o Velho (nascido em 476) e Brahmagupta (598-670).

ARIABATA

Uma das principais contribuições de Ariabata à matemática foi a série aritmética, ou seja, adições como
$$5 + 9 + 13 + 17 + 21 + 25 + 29,$$
em que a diferença entre termos sucessivos é sempre a mesma (no caso, 4). Ariabata mostrou várias regras para somar tais números, das quais a mais simples era:

Some o primeiro e o último termos e multiplique a resposta pela metade do número de termos.

Na série acima, a soma do primeiro e do último termos é $5 + 29 = 34$, e metade do número de termos é $3\ 1/2$; multiplicar os dois dá a resposta correta, 119.

Ariabata também apresentou (com palavras) fórmulas da soma dos primeiros números naturais e de seus quadrados e cubos; na nossa notação moderna, elas são

$1 + 2 + 3 + ... + n = n(n+1)/2$
$1^2 + 2^2 + 3^2 + ... + n^2 = n(n+1)(2n+1)/6$
$1^3 + 2^3 + 3^3 + ... + n^3 = n^2(n+1)^2/4$

– por exemplo (com $n + 10$),

$1 + 2 + ... + 10 = (10 \times 11)/2 = 55$
$1^2 + 2^2 + ... + 10^2 = (10 \times 11 \times 21)/6 = 385$
$1^3 + 2^3 + ... + 10^3 = (10^2 \times 11^2)/4 = 3.025$

Ariabata apresentou o primeiro tratamento sistemático das equações diofantinas – problemas algébricos para os quais buscamos soluções inteiras. Também se interessava por trigonometria; construiu tabelas da função seno e obteve para π o valor de 3,1416.

O primeiro satélite indiano chamou-se "Ariabata" em sua homenagem.

O satélite *Ariabata* da Índia, 1975

BRAHMAGUPTA

De indicador de casas vazias, os matemáticos indianos transformaram o zero em número de verdade usado em cálculos. Em 628 d.C., o astrônomo e matemático Brahmagupta terminou uma obra chamada *Brahmasphutasiddhanta* (A abertura do universo) na qual começava com números positivos ou "fortunas" (como o 3), explicava o uso do zero (que chamava de *cifra* e *nada*) e depois ampliava a discussão para os números negativos ou "dívidas" (como –5) — uma grande inovação. Também deu regras explícitas para combiná-los:

Brahmagupta

> *A soma de cifra e negativo é negativo; de positivo e nada, positivo; de duas cifras, cifra.*
> [p. ex., $0 + (-5) = -5$, $3 + 0 = 3$, $0 + 0 = 0$]
> *Negativo tirado de cifra se torna positivo, e positivo tirado de cifra é negativo; cifra tirada de cifra é nada.*
> [p. ex., $0 - (-5) = 5$, $0 - 3 = -3$, $0 - 0 = 0$]
> *O produto de cifra e positivo, ou de cifra e negativo, é nada; de duas cifras é cifra* [...]
> [p. ex., $0 \times 3 = 0$, $0 \times (-5) = 0$, $0 \times 0 = 0$]

Brahmagupta também trabalhou extensamente com um tipo específico de equação diofantina com dois valores desconhecidos hoje conhecido como *equação de Pell*, devido a uma atribuição incorreta feita pelo matemático Leonhard Euler no século XVIII. Essa equação tem a forma

$Cx^2 + 1 = y^2$,

e temos de encontrar soluções inteiras para um valor dado de C. Por exemplo, quando $C = 3$, buscamos os números inteiros x e y que satisfaçam a equação $3x^2 + 1 = y^2$. Duas soluções são:

$x = 1$ e $y = 2$, já que $(3 \times 1^2) + 1 = 4 = 2^2$;
$x = 4$ e $y = 7$, já que $(3 \times 4^2) + 1 = 49 = 7^2$.

Mas, quando $x = 2$, não há valor para y.

Brahmagupta resolveu a equação de Pell para muitos valores de C e também descobriu métodos úteis para gerar soluções novas a partir das antigas; portanto, se conseguisse encontrar uma única solução para uma equação específica, conseguiria encontrar todas as soluções a mais que desejasse.

Um caso especialmente difícil de resolver foi $61x^2 + 1 = y^2$ (com $C = 61$), para o qual ele achou a solução mais simples

$x = 226.153.980$ e $y = 1.766.319.049$

– uma realização extraordinária. Essa solução foi redescoberta mais tarde, no século XVII, pelo matemático francês Pierre de Fermat.

QUADRILÁTEROS CÍCLICOS

Um dos principais interesses de Brahmagupta era o estudo dos quadriláteros cujos vértices ficam num círculo. Ele obteve fórmulas para calcular a área desses quadriláteros e o comprimento das duas diagonais sendo dados os comprimentos dos quatro lados, e mostrou vários métodos de construir esses quadriláteros.

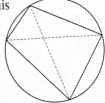

OS MAIAS

Um dos sistemas de contagem mais interessantes é o dos maias da América Central, usado entre os seus anos mais produtivos, de 300 a 1000 d.C. Os maias se situavam numa grande área, em torno da Guatemala e Belize de hoje, que se estendia da península de Iucatã, no México, ao norte, até Honduras, no sul. A maior parte dos seus cálculos envolvia a construção de calendários, e para isso desenvolveram um sistema posicional baseado principalmente no número 20.

O nosso conhecimento do sistema de contagem maia e dos seus calendários vem principalmente da escrita nas paredes de cavernas e ruínas, da inscrição de hieróglifos em pilares esculpidos (estelas) e de um punhado de manuscritos pintados (códices). Os códices serviam para orientar os sacerdotes maias nas cerimônias rituais que envolviam caçadas, plantio e chuvas, mas muitos foram destruídos pelos conquistadores espanhóis, que chegaram à área depois de 1500.

O códice mais notável que nos restou é o belo *Códice de Dresden*, que data de cerca de 1200. É pintado em cores numa tira comprida de casca de figueira envernizada e contém muitos exemplos de números maias.

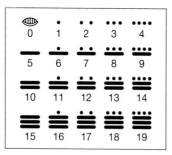

Símbolos maias para os números de 0 a 19.

O SISTEMA NUMÉRICO MAIA

O sistema de contagem maia era posicional, com um ponto para representar 1, uma linha para representar 5 e um símbolo especial (uma concha) para representar 0. Esses símbolos se combinavam para gerar os números de 0 a 19.

Para obter números maiores, esses símbolos se recombinavam, escritos na vertical; por exemplo, o códice ilustrado representa o símbolo 12 em cima do símbolo 13 para registrar o número 253 (12 vintes + 13).

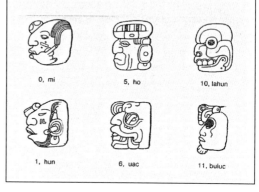

AS CABEÇAS

Uma característica interessante dos algarismos maias é que havia uma forma alternativa para cada número, um glifo ou forma pictórica que representava a cabeça de um homem, animal, pássaro ou deidade. Essas imagens aparecem em vários pilares; abaixo, as cabeças representativas de vários números.

OS CALENDÁRIOS MAIAS

Para registrar a passagem do tempo, os maias empregavam dois tipos de calendário, um de 260 dias e outro de 365.

Parte de um códice maia

O calendário de 260 dias era ritual, usado para previsões e chamado de *tzolkin*, ou "calendário sagrado". Consistia de 13 meses de 20 dias. Cada dia combinava o número do mês (de 1 a 13) com uma das vinte imagens de dias com nome de divindades (como Imix, Ik e Akbal). Esses dois sistemas então se entrelaçavam da forma ilustrada; por exemplo, o dia 1 Imix não era seguido por 2 Imix e 3 Imix, mas por 2 Ik, 3 Akbal etc., gerando, finalmente, um ciclo de 13 × 20 = 260 dias.

No calendário de 365 dias, eles modificaram o sistema de numeração para levar em conta o número de dias do ano. Para isso, introduziram o 18 no seu sistema de base 20 (já que 18 × 20 = 360) e depois acrescentaram cinco dias "inauspiciosos" para completar os 365. Assim, o sistema de contagem se baseava no seguinte esquema:

1 kin = 1 dia
20 kins = 1 uinal = 20 dias
18 uinais = 1 tun = 360 dias
20 tuns = 1 katun = 7.200 dias
20 katuns = 1 baktun = 144.000 dias,

e assim por diante. Eles não tinham dificuldade de calcular com números tão grandes.

Esses dois calendários funcionavam de forma independente e também se combinavam para gerar um *ciclo do calendário*, cujo número de dias era o mínimo múltiplo comum de 260 e 365, ou seja, 18.980 dias ou 52 dos nossos anos. Esses períodos de 52 anos eram, então unidos em períodos ainda mais longos. O período mais longo de todos usado pelos maias era o calendário de *contagem longa*, de 5.125 anos.

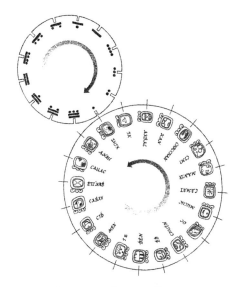

O calendário maia de 260 dias

45

AL-KARISMI

O período de 750 a 1400 viu o interesse pela cultura grega e indiana despertar na Mesopotâmia. Inspirados pelos ensinamentos do profeta Maomé, os estudiosos islâmicos tomaram os textos antigos, traduziram-nos para o árabe e fizeram ampliações e comentários. Bagdá, nas rotas comerciais da seda e das especiarias, estava bem situada para receber os textos de geômetras gregos e as contribuições de estudiosos indianos, inclusive o método de contagem posicional.

Em Bagdá, os califas promoviam ativamente a matemática e a astronomia e, no início do século IX, o califa Harum al-Rachid e o seu filho al-Mamun criaram e sustentaram a "Casa da Sabedoria", academia científica com extensa biblioteca e observatório próprio. Lá, os matemáticos islâmicos traduziram e comentaram as obras gregas de Euclides, Arquimedes e outros e desenvolveram o sistema de contagem decimal e posicional indiano até os atuais *algarismos indo-arábicos*.

Antigos astrônomos islâmicos usam um teodolito

AL-KARISMI (*c*.783 – *c*.850)

Um dos primeiros estudiosos da Casa da Sabedoria foi o sábio persa Mohamed-ibn-Musa (al-)Karismi (o nome persa omitia o prefixo árabe "al-"). Autor de duas famosas tabelas estelares astronômicas e de um tratado influente sobre o astrolábio, ele é lembrado pelos matemáticos principalmente pelos livros sobre aritmética e álgebra.

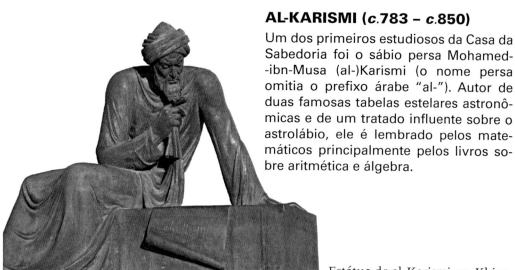

Estátua de al-Karismi em Khiva, no Uzbequistão

SOLUÇÃO DE UMA EQUAÇÃO QUADRÁTICA

Um quadrado e dez raízes do mesmo somam trinta e nove dirhems (o dirhem é uma unidade monetária).

Na notação moderna, temos $x^2 + 10x = 39$.
Para resolver isso, al-Karismi começou com um quadrado de lado x (sombreado) e acrescentou dois retângulos de comprimento x e largura 5 (observe que 5 é a metade de 10). Então, completou o quadrado acrescentando um novo quadrado de lado 5.

O quadrado maior resultante, de lado $x + 5$, tem área $(x + 5)^2$ e é formado por dois quadrados menores de áreas x^2 e 25 e dois retângulos, cada um com área $5x$. Portanto,

$(x + 5)^2 = x^2 + 10x + 25$.

Como $x^2 + 10x = 39$, temos

$(x + 5)^2 = 39 + 25 = 64$.

Ao tirar a raiz quadrada, ele descobriu que $x + 5 = 8$ e encontrou a solução $x = 3$.

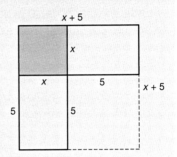

Observe que a outra solução (–13), por ser um número negativo não considerado significativo, foi ignorada.

Nenhum dos livros contém resultados de grande originalidade, mas a sua *Aritmética* foi importante por apresentar o sistema numérico indiano ao mundo islâmico e, mais tarde, ajudar a disseminar o sistema de contagem decimal na Europa cristã. Na verdade, o seu nome árabe, transformado em "algarismo", foi usado mais tarde na Europa para dar nome aos numerais; também usamos a palavra *algoritmo*, que significa um procedimento passo a passo para resolver problemas.

O título do livro de álgebra de al-Karismi é *Kitab al-jabr wal-muqabala* (Compêndio sobre cálculo por conclusão [al-jabr] e redução [al-muqabala]). O título desse livro é a origem da palavra "álgebra": "al-jabr" refere-se à operação de transpor um termo de um lado de uma equação algébrica para o outro.

A *Álgebra* de al-Karismi começa com uma descrição prolongada da solução de equações lineares (com números e termos envolvendo x) e quadráticas (que também envolvem x^2). Como os números negativos ainda não eram considerados significativos, ele dividiu as equações nos seguintes seis tipos, dados aqui com os seus equivalentes modernos (em que a, b e c são constantes positivas):

raízes iguais a números ($ax = b$)

quadrados iguais a números ($ax^2 = b$)

quadrados iguais a raízes ($ax^2 = bx$)

quadrados e raízes iguais a números ($ax^2 + bx = c$)

quadrados e números iguais a raízes ($ax^2 + c = bx$)

raízes e números iguais a quadrados ($bx + c = ax^2$)

Em seguida, ele passou a resolver casos de cada tipo, como $x^2 + 10x = 39$ (ver acima), usando uma forma geométrica de "completar o quadrado".

ALHAZEN E OMAR KHAYAM

Ibn al-Haitham (965-1039) teve muita influência sobre os geômetras árabes. Conhecido no Ocidente como Alhazen, as suas principais contribuições foram ao estudo da óptica. O poeta persa Omar Khayam (1048-1131), lembrado principalmente pela coletânea de poemas chamada *Rubaiat*, também era matemático e escreveu sobre álgebra, geometria e calendários.

A extensa contribuição de Alhazen à óptica inclui a invenção da câmara estenopeica ou câmara escura. No Livro V do influente *Kitab al-Manazir* (Livro de óptica), de sete volumes, ele propôs e respondeu uma pergunta hoje conhecida como "problema de Alhazen":

> Em que ponto de um espelho esférico a luz de uma fonte pontual dada se reflete no olho de um dado observador?

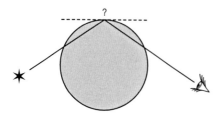

Problema de Alhazen

Esse problema pede o ponto da circunferência de um círculo dado no qual as retas vindas de dois pontos dados se encontram e fazem ângulos iguais com a tangente ali traçada. Um problema relacionado é:

> Em que ponto da tabela de uma mesa circular de sinuca deve-se mirar a bola branca para atingir a bola da vez?

O POSTULADO DAS PARALELAS

Alhazen também tentou provar o "postulado das paralelas" de Euclides, que agora descrevemos.

Os *Elementos* de Euclides começam com cinco postulados que supomos verdadeiros; como vimos, entre eles está a observação de que podemos traçar um círculo com quaisquer centro e raio dados. Mas, embora os quatro primeiros postulados sejam curtos e simples, o quinto é mais complicado.

Se duas retas incluem os ângulos x e y cuja soma é menor do que 180°, essas retas se encontrarão caso se estendam até o infinito.

Esse postulado parece um resultado que se poderia provar e não um fato pressuposto e, durante dois mil anos, gerações de geômetras tentaram deduzi-lo a partir dos outros quatro postulados.

Uma abordagem para prová-lo foi encontrar outro resultado "equivalente" a ele. Se então conseguirmos provar este outro resultado, segue-se o quinto postulado. Um desses resultados equivalentes é:

> Dada uma reta L qualquer e um ponto P qualquer que não esteja na reta, há exatamente uma única reta paralela a L que passa por P.

Essa versão equivalente está ilustrada a seguir; devido a ela, o quinto postulado de Euclides costuma ser chamado de *postulado das paralelas*.

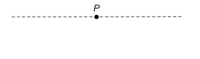

O problema do postulado das paralelas só foi resolvido no século XIX.

Alhazen foi um dos primeiros a tentar provar o postulado das paralelas. O seu método foi engenhoso. Ele traçou um segmento perpendicular à reta L a partir do ponto P e depois moveu esse segmento para a esquerda e para a direita, como mostrado; a extremidade superior traçou a exigida paralela à reta L que passa pelo ponto P.

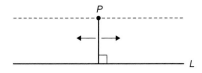

A "prova" de Alhazen para o postulado das paralelas

OMAR KHAYAM

Um dos que criticaram publicamente a tentativa de Alhazen de provar o postulado das paralelas foi Omar Khayam (em árabe, al-Khayyami), que também escreveu sobre álgebra e mecânica. A sua refutação baseou-se no fato de que usar movimento para provar resultados não é permitido no contexto dos *Elementos* de Euclides.

Há muitas coisas erradas aqui.
Como uma linha pode se mover e continuar perpendicular a uma linha dada?
Como uma prova pode se basear nessa ideia?
Como a geometria e o movimento podem se ligar?

Nos seus textos sobre álgebra, Omar Khayam apresentou a primeira classificação sistemática das equações cúbicas (que envolvem x^3), semelhante à classificação de al-Karismi das equações lineares e quadráticas. Também apresentou um método geométrico para encontrar a solução de vários tipos de equações cúbicas; por exemplo, para resolver:

Um cubo sólido mais arestas iguais a um número (em notação moderna, $x^3 + cx = d$), o seu método era desenhar um semicírculo específico ($x^2 + y^2 = (d/c)\, x$) e uma parábola específica ($x^2 = \sqrt{c}\, y$) e encontrar o ponto onde acontece a interseção. Uma solução x está marcada:

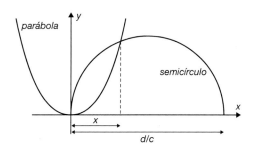

Omar Khayam

REFORMA DO CALENDÁRIO

Outro interesse de Omar Khayam foi a reforma do calendário. Ele pertencia ao grupo de oito eruditos do observatório imperial de Isfahan que recebeu do sultão Malik Xá I a incumbência de substituir o calendário lunar persa por um calendário solar. O resultado, o calendário jalali, durou oito séculos e era muito preciso; especificamente, a estimativa de duração do ano, de 365,24219858156 dias, errava por poucos segundos.

49

CAPÍTULO 2
PRIMEIROS MATEMÁTICOS EUROPEUS

O renascimento do estudo da matemática durante a Idade Média se deveu principalmente a três fatores:
- A tradução de textos clássicos árabes para o latim durante os séculos XII e XIII.
- A fundação das primeiras universidades europeias.
- A invenção da imprensa.

O primeiro deles tornou as obras de Euclides, Arquimedes e outros escritores gregos disponíveis para os estudiosos europeus; o segundo permitiu que grupos de estudiosos com interesses semelhantes se encontrassem e palestrassem sobre esses temas; o terceiro permitiu que houvesse obras eruditas a custo modesto e na língua da população em geral.

A primeira universidade europeia foi fundada em Bolonha, em 1088, e as de Paris e Oxford vieram pouco depois. O currículo tinha duas partes. A primeira, estudada durante quatro anos pelos que aspirassem ao grau de bacharel, se baseava no antigo "*trivium*": gramática, retórica e lógica (geralmente, aristotélica). A segunda, que levava ao grau de mestre, baseava-se no "*quadrivium*", as artes gregas matemáticas de aritmética, geometria, astronomia e música, e entre as obras estudadas estavam os *Elementos* de Euclides e o *Almagesto* de Ptolomeu.

OS ALGARISMOS INDO-ARÁBICOS

Vimos como o sistema posicional decimal representado pelos algarismos indo-arábicos surgiu na Índia e foi desenvolvido mais tarde por al-Karismi e outros estudiosos islâmicos que trabalhavam em Bagdá e outros lugares.

Aos poucos, os algarismos divergiram em três tipos: a escrita indiana mo-

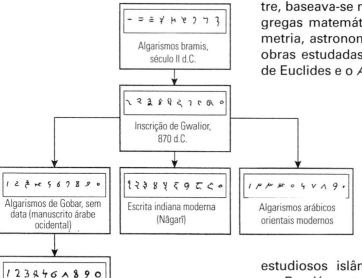

A origem de quatro sistemas numéricos

50

derna, os algarismos arábicos orientais (escritos da direita para a esquerda), ainda usados hoje nos países do Oriente Médio, e os algarismos arábicos ocidentais de 0 a 9 (escritos da esquerda para a direita), que acabaram formando o sistema de numeração usado em toda a Europa ocidental.

Mas foram necessários muitos séculos para a forma ocidental dos algarismos indo-arábicos se firmar completamente. Sem dúvida era mais prático calcular com eles do que com algarismos romanos, mas no cotidiano muita gente continuou a utilizar o ábaco.

Com o passar do tempo, a situação melhorou com a publicação de livros influentes que os promoviam, como os de Fibonacci (em latim), Pacioli (em italiano) e Recorde (em inglês). Na época em que os livros impressos se tornaram amplamente disponíveis, os algarismos indo-arábicos eram de uso geral.

A ÉPOCA DAS DESCOBERTAS

O espírito investigativo e a inventividade da Idade Média e do Renascimento levaram a uma atitude mais crítica perante as ideias aceitas durante séculos. Isso se revelou de muitas maneiras:

- As viagens para descobrir terras desconhecidas.
- O desenvolvimento e a invenção de instrumentos científicos e matemáticos com vários propósitos.
- O uso da perspectiva geométrica na pintura e em outras artes visuais.
- A solução de equações cúbicas e quárticas.
- O desenvolvimento e a padronização da terminologia e da notação matemáticas.
- A abordagem revolucionária do movimento planetário.
- A redescoberta e a reinterpretação dos textos clássicos.
- O desenvolvimento da mecânica.
- A remoção da dependência entre a álgebra e a geometria.

Tudo isso contribuiu para a evolução da noção de que o universo é um livro escrito na linguagem da matemática. Conforme os instrumentos ficavam cada vez mais sofisticados, crescia a matemática com objetivos práticos, principalmente na navegação, na cartografia, na astronomia e na guerra.

Como ver o céu com réguas articuladas

GERBERT

O período europeu entre 500 e 1000 é chamado de Idade das Trevas. O legado do mundo antigo foi praticamente esquecido, a escolaridade se tornou pouco frequente e o nível geral de cultura permaneceu baixo. Fora alguns textos esporádicos (do Venerável Bede, de Alcuíno de York e outros) sobre calendário, contagem nos dedos e problemas aritméticos, a atividade matemática foi geralmente escassa.

Durante os séculos VIII e IX, o mundo islâmico se espalhou pelo litoral norte da África e chegou ao sul da Espanha e da Itália; fundaram-se escolas muçulmanas na Catalunha, e Córdoba se tornou a capital científica da Europa.

A arquitetura e a arte decorativa islâmica também se espalharam pelo sul da Espanha: são exemplos famosos os magníficos arcos geométricos da mesquita de Córdoba e a variedade de padrões geométricos dos azulejos do Alcázar de Sevilha e do Alhambra de Granada.

A mesquita de Córdoba

Azulejos árabes no Alcázar de Sevilha

GERBERT DE AURILLAC

Em geral, acredita-se que o renascer do interesse pela matemática começou com Gerbert de Aurillac (c.940-1003). Gerbert entrou para a Igreja e estudou em Aurillac, no sul da França. Devido ao interesse pelas ciências, mandaram-no estudar na Catalunha e depois em Córdoba e Sevilha, onde descobriu as realizações do mundo islâmico, como o desenvolvimento dos algarismos indo-arábicos e o uso do astrolábio.

Gerbert viajou muito e ficou famoso como professor das matérias do *quadrivium* (aritmética, geometria, astronomia e música). Considera-se que foi o primeiro a apresentar à Europa cristã os algarismos indo-arábicos, usando um ábaco que criou especialmente para isso.

Gerbert também trouxe de volta a *esfera armilar*, instrumento astronômico

O ASTROLÁBIO

O *astrolábio* era um instrumento muito usado durante a Idade Média por astrônomos, navegadores, topógrafos e líderes religiosos no mundo islâmico e na Europa. Depois de totalmente desenvolvido, pôde ser usado para encontrar e prever a posição do Sol, da Lua e das estrelas, calcular a latitude, determinar a direção de Meca e o horário das orações, realizar cálculos e fazer horóscopos.

A invenção do astrolábio data da Grécia Antiga; especificamente, acredita-se que Hiparco e Ptolomeu o usaram. Teão de Alexandria (pai de Hipácia) escreveu um tratado sobre o instrumento, e Hipácia deu aulas sobre ele.

Na época islâmica (primeiro na Mesopotâmia, depois no sul da Europa), o instrumento chegou à forma final. Surgiram nas bordas escalas angulares e numéricas e acrescentou-se barra de mira para uso em astronomia. Mais tarde, uma versão mais prática, o *astrolábio náutico*, foi desenvolvida para uso no mar.

Um astrolábio

inventado pelos gregos. Construída com anéis metálicos entrelaçados, ilustrava os movimentos do Sol, dos planetas e das estrelas na sua viagem percebida em torno da Terra.

Em 995, Gerbert se tornou tutor do imperador Oto III, na corte imperial de Roma. Em todos esses anos, Gerbert subira sem parar na Igreja e, em 998, foi nomeado arcebispo de Ravena. Em 999, por influência do imperador, tornou-se o Papa Silvestre II.

Um ábaco do tipo usado por Gerbert e seus seguidores

Estátua de Gerbert em Aurillac

FIBONACCI

Leonardo de Pisa (c.1170-1240), conhecido desde o século XIX como Fibonacci (filho de Bonaccio), é lembrado principalmente pelo seu *Liber Abaci* (Livro dos cálculos), que usou para popularizar os algarismos indo-arábicos, e pela sequência de números que recebeu o seu nome. O seu trabalho foi importantíssimo para dar à matemática árabe reconhecimento mais amplo na Europa ocidental.

Fibonacci nasceu em Pisa. Depois de muito viajar pelo Mediterrâneo, voltou para casa e escreveu obras que expandiam o que aprendera para ajudar os conterrâneos a lidar com cálculos e com o comércio.

O *LIBER ABACI*

A maior parte do que sabemos sobre Fibonacci vem do prólogo do seu influente *Liber Abaci*. A primeira edição do livro saiu em 1202. Ele trata de quatro áreas principais, começando com o uso dos algarismos indo-arábicos em cálculos e depois os empregando na matemática necessária para os negócios. A maior parte do livro é dedicada a problemas matemáticos recreativos, terminando com operações com raízes e um pouco de geometria.

Leonardo Fibonacci

PROBLEMAS DO *LIBER ABACI*

O *Liber Abaci* de Fibonacci contém grande variedade de problemas matemáticos, inclusive os três seguintes, talvez semelhantes aos que você se lembra dos tempos de escola!

> Há uma árvore, da qual $1/4$ e $1/3$ estão debaixo do chão. Se a parte debaixo do chão tem 21 palmos, que altura tem a árvore?
> Se um leão come uma ovelha em 4 horas, um leopardo, em 5 horas e um urso, em 6 horas, quanto tempo levarão para comê-la juntos?
> Posso comprar 3 pardais por uma moedinha, 2 rolas por uma moedinha ou pombos por 2 moedinhas cada. Se gastei 30 moedinhas para comprar 30 aves e comprei pelo menos uma de cada tipo, quantas de cada tipo comprei?

Outro problema envolve a soma de potências de 7:

> Sete velhas vão a Roma; cada uma tem 7 mulas; cada mula leva 7 sacos; cada saco contém 7 pães; cada pão tem 7 facas; cada faca tem 7 bainhas; qual é o número total de coisas?

Este problema lembra outro do papiro egípcio de Rhind:

> casas 7; gatos 49; camundongos 343; espelta 2.401; hekat 16.807. Total 19.607.

e também uma canção infantil mais recente:

> Na ida para Saint Ives encontrei um homem com 7 esposas [...] Gatinhos, gatos, sacos e esposas, quantos iam para Saint Ives?

Esses exemplos ilustram muito bem o fato de que a mesma ideia matemática pode ressurgir de várias maneiras no decorrer de milhares de anos.

54

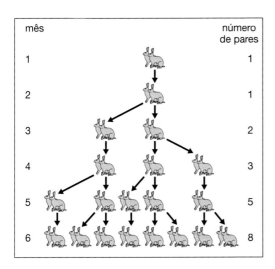

mês	número de pares
1	1
2	1
3	2
4	3
5	5
6	8

O PROBLEMA DOS COELHOS

O problema mais famoso do *Liber Abaci* é o problema dos coelhos:

> Um fazendeiro tem um casal de filhotes de coelho. Os coelhos levam dois meses para chegar à maturidade e dão à luz outro casal a cada mês. Quantos casais de coelhos haverá dali a um ano?

Para resolver, observemos que:
- Nos meses 1 e 2, o fazendeiro só tem o casal original.
- No terceiro mês, chega um novo casal, e agora ele tem dois.
- No quarto mês, o casal original produz outro casal, mas o casal novo ainda não produziu, portanto agora ele tem três casais.
- No quinto mês, o casal original e o novo casal produzem ambos outro casal; e assim por diante.

O resultado do problema é que, a cada mês, o número de casais de coelho segue a chamada *sequência de Fibonacci*:

1, 1, 2, 3, 5, 8, 13, 21, 34, 55, 89, 144, ...,

em que cada número sucessivo (depois dos dois primeiros) é a soma dos dois anteriores; por exemplo, 89 = 34 + 55. A resposta ao problema é o 12º número, ou seja, 144.

ESPIRAIS E O NÚMERO DE OURO

As razões entre termos sucessivos da sequência de Fibonacci são:

$1/1, 2/1, 3/2, 5/3, 8/5, ...$

Elas tendem ao "número de ouro"
$\varphi = 1/2 \, (1 + \sqrt{5}) = 1{,}618...$,

que tem propriedades agradáveis e extraordinárias: por exemplo, para encontrar o seu quadrado somamos 1 ($\varphi^2 = 2{,}618...$) e para encontrar o recíproco, subtraímos 1 ($1/\varphi = 0{,}618...$).

Considera-se que o formato do retângulo cujos lados têm entre si a razão $\varphi:1$ é o mais agradável, nem estreito demais, nem largo demais. A figura seguinte mostra como os números de Fibonacci podem ser arranjados para gerar um padrão em espiral; podem-se acrescentar mais retângulos à vontade.

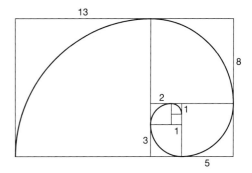

Espirais semelhantes aparecem na Natureza, como na concha do náutilo e nas sementes do girassol; por exemplo, o número de sementes num padrão espiralado como esse costuma ser 34, 55 ou 89, todos números de Fibonacci.

PRIMEIROS MATEMÁTICOS DE OXFORD

Não se sabe a verdadeira data da fundação da Universidade de Oxford, mas no início do século XIII a Universidade tinha um diretor reconhecido que, em 1214, recebeu o título oficial de "Chanceler". Foi o bispo Grosseteste (c.1175-1253), que criou a tradição do pensamento científico de Oxford.

Grosseteste interessava-se principalmente pela geometria e pela óptica e escreveu louvores à matemática como o seguinte:

> A utilidade de considerar retas, ângulos e figuras é a maior de todas, pois é impossível entender a filosofia natural sem eles [...] Com o poder da geometria, o observador meticuloso das coisas naturais consegue explicar as causas de todos os efeitos naturais [...]

Roger Bacon

O admirador mais famoso de Grosseteste foi o frade franciscano Roger Bacon (c.1214-1294), que chegou muito jovem a Oxford e foi ordenado com apenas 19 anos.

Robert Grosseteste num manuscrito do século XIV

Conhecido como "Dr. Mirabilis", Bacon gastou quase todo o seu dinheiro em manuscritos e instrumentos científicos e escreveu sobre questões da ciência; mas isso o deixou em conflito com a Igreja de Roma e, pelas suas opiniões, foi preso. Como Grosseteste, acreditava:

> Quem não conhece a matemática não pode conhecer as outras ciências nem as coisas deste mundo. E quem não tem conhecimento de matemática não percebe a própria ignorância e, portanto, não busca a cura.

O escritório de Bacon ficava sobre o rio Tâmisa, na Folly Bridge, a Ponte da Tolice — um observatório que logo se tornou meta da peregrinação de cientistas. Como escreveu Samuel Pepys no seu diário em 1669:

> Quanto ao estúdio de frade Bacon: subi e o vi e dei ao homem um xelim. Belíssimo lugar de Oxford.

O escritório do frade Bacon

GEOFFREY CHAUCER (1342-1400)

Chaucer é lembrado principalmente como autor de *Os contos de Canterbury*. Num deles, Nicholas, aluno pobre de Oxford, guarda à cabeceira da cama um exemplar do *Almagesto* de Ptolomeu, um astrolábio e as suas "pedras de augrim" ("pedras de algoritmo", para contagens e cálculos):

> *O seu Almagesto e livros grandes e pequenos,*
> *O astrolábio, saudoso da sua arte,*
> *As "pedras de augrim", guardadas mais à parte*
> *Na estante à cabeceira da cama colocadas.*

Chaucer se interessava por instrumentos matemáticos e o seu *Tratado sobre o astrolábio* (1393) foi um dos primeiros livros de ciência publicados em inglês

O astrolábio de Chaucer

A ESCOLA DE MERTON

No início do século XIV, os estudiosos começaram a se organizar em colégios e havia três deles em existência. O Merton College logo se destacou nos estudos científicos, e a escola de Merton ficou famosa em toda a Europa. Os integrantes dessa escola tentavam tratar matematicamente todo tipo de fenômeno natural, como calor, luz, forças, densidade e cor, e chegaram a tentar quantificar o conhecimento, a graça e a caridade.

Richard de Wallingford mede um disco com um compasso

Richard de Wallingford (1292-1336), que estudou em Oxford antes de se tornar abade de Saint Albans, foi ligado à escola de Merton. Ele escreveu o primeiro tratado em latim sobre trigonometria e inventou e construiu instrumentos matemáticos para uso na astronomia e na navegação. É mais famoso pelo relógio astronômico (hoje na catedral de Saint Albans), que descreveu no *Tractatus Horologii Astronomici* (Tratado sobre o relógio astronômico), de 1327.

O estudioso mais importante de Merton foi Thomas Bradwardine (*c.*1290-1349), o maior matemático inglês do século XIV. Ele escreveu livros influentes sobre temas que iam da aritmética e da álgebra à velocidade e à lógica, e os seus discursos eram tão cultos que foi apelidado de "Dr. Profundus". Elevado ao cargo de arcebispo de Canterbury em 1349, morreu da Peste Negra algumas semanas depois.

Sobre a matemática, escreveu:

> *A matemática revela todas as verdades genuínas, pois conhece todos os segredos ocultos e tem a chave de todas as sutilezas das letras. Portanto, quem cometer a audácia de estudar física negligenciando a matemática deveria saber desde o princípio que jamais entrará pelos portais da sabedoria.*

ORESME

Nicole Oresme (*c.*1323-1382) nasceu perto de Caen, na Normandia, e estudou na Universidade de Paris, onde recebeu o doutorado em teologia. Mais tarde, foi grão-mestre do colégio de Navarra, decano da catedral de Ruão e bispo de Lisieux. Amigo do rei Carlos V, Oresme, a pedido do monarca, traduziu as obras de Aristóteles. Na matemática, estudou proporção e séries infinitas e antecipou trabalhos posteriores sobre mecânica e a representação gráfica de dados.

Oresme se opunha a muitas ideias de Aristóteles, principalmente sobre peso e movimento planetário. No *Traité du Ciel et du Monde* (Tratado do céu e do mundo), ele examinou vários argumentos a favor e contra a ideia de que a Terra gira sobre o seu eixo, explicou por que os argumentos de Aristóteles a favor da Terra estática não eram válidos e determinou que nenhum experimento poderia verificar se a Terra gira de oeste para leste ou se o céu se move de leste para oeste.

Oresme também acreditava que, se a Terra se movesse em vez das esferas celestiais que transportavam consigo as estrelas e os planetas, todas as observações feitas na Terra permaneceriam inalteradas. Mas, apesar de antecipar várias conclusões de Copérnico, ele considerou os seus argumentos meramente especulativos.

Todos sustentam, e eu mesmo penso, que o céu se move e não a Terra.

REPRESENTAÇÃO GRÁFICA

No *Tractatus de Configurationibus Qualitatum et Motuum* (Tratado sobre configurações de qualidades e movimentos), Oresme estudou a natureza do calor ao longo de uma vara e outras "qualidades" como brancura e doçura. Ele distinguiu a intensidade do calor em cada ponto (*intensio* ou *latitude*) da extensão da vara aquecida (*extensio* ou *longitude*).

Depois, representou essas duas quantidades num diagrama parecido com as nossas coordenadas retangulares bidimensionais, com as longitudes ao longo de uma reta de base (o eixo horizontal) e a latitude em cada ponto da vara representada por um segmento de reta vertical com a altura apropriada no ponto em questão.

Nicole Oresme

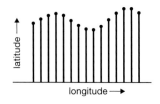

Representação gráfica de Oresme

SÉRIES INFINITAS

Oresme contribuiu com várias áreas da matemática. Aqui apresentamos a sua famosa prova de que a "série harmônica" $1 + 1/2 + 1/3 + 1/4 + 1/5 + ...$ não converge para nenhuma soma finita e aumenta sem limites.

Com esse fim, primeiro ele agrupou os termos:
$1 + 1/2 + (1/3 + 1/4) + (1/5 + 1/6 + 1/7 + 1/8) + ...$
Em seguida, observou que esta soma é maior do que
$1 + 1/2 + (1/4 + 1/4) + (1/8 + 1/8 + 1/8 + 1/8) + ... = 1 + 1/2 + 1/2 + 1/2 + ...$
já que os números entre parênteses somam $1/2$.

Mas essa última série não tem soma finita, portanto a original também não tem.

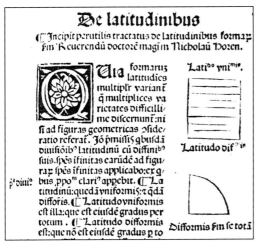

Trecho de *Latitude das formas*, de Oresme

Então a imagem (ou *configuração*) resultante era usada para descrever o comportamento da qualidade. Uma reta horizontal correspondia ao *comportamento uniforme* (como a intensidade constante do calor) e uma reta saindo da base em ângulo representava o comportamento *uniformemente variado* (em que a latitude aumenta constantemente ao se avançar ao longo da vara).

APLICAÇÃO AO MOVIMENTO

Oresme também realizou uma análise semelhante do movimento de um objeto. Nela, a longitude é o tempo gasto e a latitude, a velocidade do objeto. Depois, ele antecipou Galileu ao observar que a área coberta pelas linhas da latitude corresponde à distância percorrida durante um tempo dado.

Outro resultado de Oresme atribuído mais tarde a Galileu envolvia velocidades médias:

A distância percorrida num período fixo por um corpo que se move com aceleração uniforme é a mesma que o corpo percorreria em velocidade uniforme igual à sua velocidade no momento médio do período.

Oresme provou isso observando que a área do triângulo *ABC* abaixo é igual à área do retângulo *ABGE*.

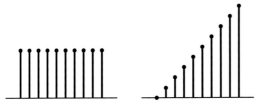

Comportamento uniforme e uniformemente variado

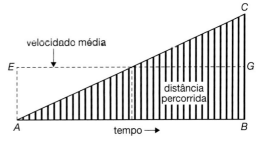

Conclusão de Oresme sobre velocidade média

REGIOMONTANUS

Johannes Müller von Königsberg (1436-1476), conhecido como Regiomontanus, foi provavelmente o astrônomo mais importante do século XV. Ele analisou as discrepâncias entre observação e teoria e costuma-se afirmar que estabeleceu a pauta da reforma da astronomia para a qual, mais tarde, contribuíram Copérnico, Tycho Brahe e Kepler. As suas duas obras mais influentes foram os textos sobre o *Almagesto* de Ptolomeu e sobre triângulos, ambos publicados após a sua morte.

Regiomontanus com um astrolábio

Regiomontanus nasceu perto da cidade de Königsberg, na Baviera (não na Königsberg da Prússia Oriental, mais famosa). Estudou nas universidades de Leipzig e Viena e, em 1457, foi nomeado para um cargo nesta última.

EPÍTOME DO ALMAGESTO DE PTOLOMEU

Georg Peuerbach, seu colaborador em Viena, morreu em 1461 e, no leito de morte, pediu a Regiomontanus que continuasse o trabalho de resumir e comentar o *Almagesto* de Ptolomeu. Em 1496, a obra teve publicação póstuma como *Epytoma in Almagesti Ptolemei* (Epítome do *Almagesto* de Ptolomeu). Por dar aos europeus ocidentais a primeira descrição acessível e confiável da astronomia de Ptolomeu, foi estudada por todos os astrônomos dignos de nota do século XVI. O frontispício mostra Ptolomeu e Regiomontanus sentados debaixo de uma grande esfera armilar.

Em 1471, Regiomontanus retornou a Nurnberg (perto do lugar onde nasceu), fundou a sua gráfica e foi um dos pri-

Epítome do Almagesto *de Ptolomeu*

O PROBLEMA MÁXIMO DE REGIOMONTANUS

Em 1471, Regiomontanus perguntou:
 *De que ponto P no solo uma vara AB suspensa na perpendicular parece maior
 (e assim torna maior o ângulo θ?)*

Não sabemos o que o levou a propor esse problema. Pode ter surgido da nova disciplina da perspectiva, talvez para dar a melhor posição da qual avistar a janela de um prédio. Acredita-se que seja um dos primeiros problemas "extremos" desde a Antiguidade.

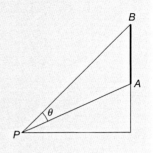

meiros editores de obras matemáticas e científicas para uso comercial.

Em 1474, Regiomontanus publicou tabelas com a posição do Sol, da Lua e dos planetas nos trinta anos seguintes – tabelas que Cristóvão Colombo usou para prever o eclipse lunar de 29 de fevereiro de 1504 na sua quarta viagem ao Novo Mundo; ele se aproveitou dessa previsão para impressionar e intimidar a população nativa.

TRIGONOMETRIA

Como precisavam calcular as relações entre os ângulos e os lados de várias figuras geométricas, muitos astrônomos se envolveram no desenvolvimento da trigonometria. Hiparco, o Pai da Trigonometria, era astrônomo, assim como Ptolomeu, enquanto os astrônomos islâmicos e indianos expandiram a tradição grega, principalmente na trigonometria esférica.

Em *De Triangulis Omnimodis* (De todos os tipos de triângulos), Regiomontanus continuou esse desenvolvimento e organizou de forma sistemática a sua obra trigonométrica anterior, usando como modelo a abordagem dos *Elementos* de Euclides.

A obra consiste de cinco livros. O primeiro contém definições e axiomas seguidos de soluções geométricas de triângulos planos. A trigonometria começa no segundo livro, no qual vemos, pela primeira vez, um resultado que deduz a fórmula da área de um triângulo em termos do comprimento de dois lados e do ângulo entre eles. Os três últimos livros tratam de geometria e trigonometria esféricas.

De Triangulis Omnimodis

A meta era oferecer uma introdução matemática à astronomia, e ele escreveu:

> *Vós que desejais estudar coisas grandes e maravilhosas, que vos perguntais a respeito do movimento das estrelas, deveis ler esses teoremas sobre Triângulos [...] Pois ninguém pode evitar a ciência dos triângulos e chegar a um conhecimento satisfatório das estrelas [...] Os novos estudantes não devem se assustar nem se desesperar [...] E quando um teorema apresentar talvez algum problema, sempre se pode buscar o auxílio dos exemplos numéricos.*

PINTORES DE PERSPECTIVA

Perspectiva, gravura de um livro alemão de 1610

As ligações entre a matemática e as artes visuais são visíveis desde os primeiros tempos – desde exemplos de arte geométrica nas cavernas e da decoração matemática em vasos e cestos até os padrões geométricos usados pelos romanos nos seus mosaicos e pelos árabes nos seus azulejos.

Uma inovação notável da pintura italiana do início do Renascimento foi o interesse dos artistas pela representação realista de objetos tridimensionais e assim dar profundidade visual às obras. Isso logo levou ao estudo formal da perspectiva geométrica.

O primeiro a fazer experiências com a perspectiva foi o artesão e engenheiro Filipo Brunelleschi (1377-1446), projetista da cúpula octogonal autoportante da catedral de Florença. As ideias de Brunelleschi foram aperfeiçoadas pelo amigo Leon Battista Alberti (1404-1472), que apresentou regras matemáticas para a pintura com perspectiva correta e, em *Della Pittura* (Da pintura), de 1436, afirmou que

> *O primeiro dever do pintor é conhecer geometria.*

PIERO DELLA FRANCESCA

Piero della Francesca (*c*.1415-1492), outro artista italiano do século XV, criou uma grade de perspectiva útil para o estudo da geometria dos sólidos e investigou a perspectiva matemática de modo mais minucioso do que os antecessores. Escreveu os tratados *De Prospective Pingendi* (Da perspectiva para pintar) e *Libellus de Quinque Corporibus Regularibus* (Livro sobre os cinco sólidos regulares).

Madona e menino com santos, de Piero della Francesca, com linhas em perspectiva.

Guia de Dürer para desenhar em perspectiva

Um dos quadros mais famosos de Piero della Francesca, *Madona e menino com santos* (1472), ilustra o seu domínio da perspectiva: por exemplo, as paralelas do teto parecem convergir e os quadrados não são pintados como quadrados. O ponto focal do quadro é a cabeça da Madona.

ALBRECHT DÜRER

O uso da perspectiva também era estudado em outros locais. Quando jovem, o famoso artista e gravador alemão Albrecht Dürer (1471-1528) viajou até a Itália para aprender os segredos da perspectiva e voltou à pátria para ensiná-los. Com esse fim, fez várias gravuras e xilogravuras como a reproduzida acima que mostravam como realizar a perspectiva na prática.

Numa das suas gravuras mais famosas, *São Jerônimo em sua cela* (1513-14), vemos um exemplo excelente da perspectiva geométrica, no qual ele adotou uma abordagem diferente daquela usada na Itália. Aqui, o ponto de fuga está próximo da borda direita da imagem, que, consequentemente, parece menos amontoada e mais aconchegante. Cada objeto é cuidadosamente disposto com a perspectiva em mente e representado em ângulo reto com a imagem, paralelo a ela ou num ângulo de 45°; por exemplo, um dos chinelos à esquerda está paralelo à parede, o outro perpendicular.

Matemático com muitos trabalhos originais, Dürer inventou máquinas para desenhar em perspectiva, descobriu novos poliedros e curvas geométricas e escreveu sobre o uso da matemática na prática de projetar e construir. Os seus livros foram muito estudados e inspiraram muita atividade matemática posterior.

São Jerônimo em sua cela, de Dürer

PACIOLI E DA VINCI

A invenção da imprensa por Johann Gutenberg (por volta de 1440) revolucionou a matemática ao permitir que obras matemáticas clássicas se tornassem disponíveis pela primeira vez. Antes, só estudiosos tinham acesso às obras eruditas, tais como os textos clássicos de Euclides e Arquimedes, em forma manuscrita, e as versões impressas tornaram essas obras muito mais disseminadas, exatamente como faz hoje a internet.

A princípio, os novos livros foram publicados em latim ou grego para os especialistas e houve muitas dessas edições. A primeira versão impressa dos *Elementos* de Euclides foi publicada em Veneza, em 1482, e dez anos depois, em 1492, saiu uma atraente edição do *Almagesto* de Ptolomeu.

Embora essas edições fossem inicialmente em latim ou grego, começaram a surgir obras vernáculas (no idioma dos leitores). Entre elas, havia textos introdutórios à aritmética, à álgebra e à geometria, além de manuais práticos que visavam a preparar rapazes para a carreira comercial.

A invenção da imprensa também levou à padronização gradual da notação matemática. Especificamente, os sinais + e − surgiram pela primeira vez em 1489, num texto alemão sobre aritmética, *Behende und hubsche Rechenung auff allen Kauffmanschafft* (Cálculo limpo e ágil em todos os ofícios), de Johannes Widmann. O que surpreende é que os símbolos × e ÷ só tiveram uso geral no século XVII.

LUCA PACIOLI

Um texto vernáculo importante e influente que saiu em 1494 foi *Summa de arithmetica, geometrica, proportioni et proportionalita* (Sumário de aritmética, geometria, proporção e proporcionalidade), de Luca Pacioli (1447-1517), professor de Matemática e frade franciscano. É uma compilação de 600 páginas da matemática conhecida na época, escrita para os seus alunos em italiano. Hoje a obra é lembrada principalmente por incluir a primeira descrição publicada da contabilidade de partidas dobradas — e o resultado foi que, às vezes, Pacioli é chamado de "Pai da Contabilidade".

Luca Pacioli era muito amigo do pintor Piero della Francesca e aparece em *Madona e menino com santos* (o segundo a contar da direita). Outro quadro famoso

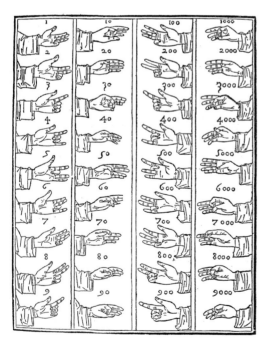

Contagem nos dedos, da *Summa* de Pacioli

Luca Pacioli

em que Pacioli aparece o representa demonstrando uma proposição de Euclides, com um exemplar dos *Elementos,* um compasso na mesa e um poliedro (um rombicuboctaedro) pendurado no teto.

Outra obra influente de Pacioli foi *De Divina Proportione* (Das divinas proporções), de 1509. As xilogravuras de poliedros desse livro foram preparadas pelo amigo e aluno Leonardo da Vinci.

LEONARDO DA VINCI

Leonardo da Vinci (1452-1519) explorou a perspectiva com tanta meticulosidade quanto os outros pintores do Renascimento e os seus cadernos contêm muitos elementos de interesse matemático.

Enquanto trabalhava como pintor e engenheiro do duque de Milão, dando assessoria em questões arquitetônicas, hidráulicas e militares, Leonardo ficou fascinado com a geometria. Estudou os *Elementos* de Euclides e a *Summa* de Pacioli e também leu os textos de Alberti sobre arquitetura e o tratado sobre perspectiva de Piero della Francesca. Dizem que ficou tão envolvido com o estudo de geometria enquanto colaborava com Pacioli que negligenciou os seus quadros.

As suas outras atividades matemáticas incluíram um livro sobre mecânica elementar e a investigação de várias abordagens da quadratura do círculo. Com a formação em engenharia, os seus métodos costumavam ter natureza mecânica e não teórica.

Leonardo usou bastante o número de ouro ao planejar as proporções dos seus quadros. Na verdade, no *Trattato della Pittura* (Tratado sobre a pintura) ele avisa:

Que ninguém que não seja matemático leia a minha obra.

Leonardo fez desenhos de poliedros para ilustrar o livro *De Divina Proportione,* de Pacioli

RECORDE

Na Inglaterra, os primeiros livros publicados com conteúdo matemático eram em latim. Entre eles, *De Arte Supputandi* (Da arte da contagem), de Cuthbert Tunstall, publicado em 1522, foi o primeiro texto de aritmética publicado na Inglaterra e o melhor do seu tempo. Mas, aos poucos, começaram a sair obras em inglês.

The Castle of Knowledge, de Recorde

O primeiro livro de aritmética publicado em inglês pode ter sido uma obra de Saint Albans de 1537, intitulada *An Introduction for to Lerne to Reken with the Pen and with the Counters, after the Trewe Cast of Arismetyke or Awgrym in Hole Numbers, and also in Broken* (Introdução para aprender a calcular com a pena e com contadores, segundo o verdadeiro modelo da Aritmética ou Matemática, com números inteiros e também quebrados); a palavra *awgrym* significa matemática, e números quebrados são frações. Mas o mais importante dos primeiros escritores de livros de matemática em inglês foi Robert Recorde (1510-1558).

ROBERT RECORDE

Recorde teve uma vida movimentada. Depois de se formar na Universidade de Oxford, em 1531, foi eleito *fellow* (membro do conselho diretor) do All Souls College antes de ir para Cambridge estudar matemática e medicina. Mais tarde, tornou-se inspetor-geral das minas e moedas da Irlanda até o projeto se encerrar. Então, ao que parece, foi para Londres e trabalhou

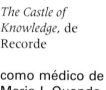

Monumento a Robert Recorde na Igreja de Saint Mary, em Tenby, Gales do Sul

como médico de Eduardo VI e da rainha Maria I. Quando o seu rival, o conde de Pembroke, comandou tropas para sufocar uma rebelião contra a rainha, Recorde tentou acusá-lo de má conduta e foi processado por difamação. Por não poder ou não querer pagar a multa, foi preso por dívida numa cadeia de Londres e lá morreu.

No setor educativo, Recorde era um comunicador respeitadíssimo. Os seus livros, todos escritos em inglês, visavam a ensinar matemática e suas aplicações ao leitor geral e tiveram muitas edições. A maioria era escrita na forma de um diálogo socrático entre um Estudioso e o seu Mestre.

THE GROUND OF ARTES (1543)

O primeiro livro de Recorde, *The Ground of Artes* (O terreno das artes), era um texto de aritmética que ensinava "o trabalho e a prática da aritmética, em números inteiros e frações" e explicava as várias regras de forma tão simples que "qualquer criança consegue fazer". Além de guiar o Estudioso pelas técnicas que precisava aprender, o Mestre explicava a importância da aritmética na vida cotidiana, discutia o seu uso no comércio e na guerra e justificava o seu aparecimento em "outras Ciências como a Música, a Física, o Direito, a Gramática e que tais". No entanto, às vezes os conselhos do Mestre não eram muito estimulantes:

> *Estudioso: Senhor, qual é o principal uso da Multiplicação?*
> *Mestre: O seu uso é maior do que ainda podes compreender.*

Nessa seção sobre multiplicação, o Mestre explicava como realizar somas de multiplicações. Para multiplicar 8 por 7, ele escrevia esses números à esquerda e, do outro lado, subtraía cada um deles de 10, obtendo 2 e 3. Agora, 8 − 3 (ou 7 − 2) = 5 e 3 × 2 = 6, de modo que a resposta é 56.

A cruz acabou diminuindo de tamanho e se tornou o sinal de multiplicação que usamos hoje.

THE PATHWAY TO KNOWLEDGE (1551)

O surgimento de livros impressos levou à padronização da terminologia. No seu texto de geometria *The Pathway to Knowledge* (O caminho do conhecimento), Recorde criou a expressão *linha reta*, ainda usada. Também propôs vários termos interessantes que nunca pegaram, como *prickes* (espetos) para os pontos, *sharp and blunt corners* (cantos afiados e embotados) para ângulos agudos e obtusos, *touch line* (linha de toque) para a tangente, *threelike* (trioide) para o triângulo equilátero e *likejamme* (apertado, comprimido) para o paralelogramo.

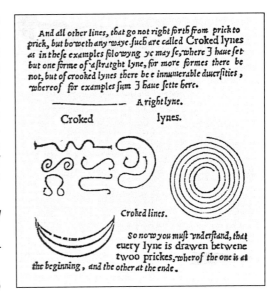

Trecho de *The Pathway to Knowledge*

THE WHETSTONE OF WITTE (1557)

O uso mais elogiado da nova notação de Recorde apareceu pela primeira vez em *The Whetstone of Witte* (A pedra de amolar inteligências), o seu livro sobre álgebra. Nessa obra, ele explica que

> *para evitar a repetição tediosa dessas palavras: é igual a: adotarei como costume fazer no uso das palavras um par de paralelas, ou linhas gêmeas de um só comprimento, assim: ═, porque não há 2 coisas que possam ser mais iguais.*

Essa foi a primeira aparição do nosso sinal de igual; era muito mais comprido do que a versão de hoje.

1. 14.𝑧𝑒.──┼──.15.ꝯ══71.ꝯ.
2. 20.𝑧𝑒.─────.18.ꝯ══.102.ꝯ.
3. 26.ȝ.──┼──10𝑧𝑒══9.ȝ.──10𝑧𝑒──┼──213.ꝯ.

Entre os outros livros de Recorde, há um de medicina chamado *The Urinal of Physick* (O urinol da arte da cura), de 1548, e um de astronomia intitulado *The Castle of Knowledge* (O castelo do conhecimento), de 1556.

CARDANO E TARTAGLIA

A tentativa de resolver equações cúbicas é um dos casos mais famosos da história da matemática. Aconteceu em Bolonha, no início do século XVI, período em que os acadêmicos universitários italianos tinham pouca segurança no emprego. Como tinham de competir anualmente pelo cargo, eram obrigados a provar a sua superioridade sobre os rivais recorrendo a concursos públicos de solução de problemas.

Já vimos como Omar Khayam classificou as equações cúbicas e resolveu uma delas por meio da intersecção entre um semicírculo e uma parábola. Mas houve pouco progresso na solução de equações cúbicas em geral e, mesmo por volta de 1500, Pacioli e outros viam com pessimismo a possibilidade de que se pudesse resolvê-las.

No entanto, na década de 1520 Scipione del Ferro, professor de Matemática da Universidade de Bolonha, descobriu um método geral de resolver equações cúbicas da forma:

Niccolò Tartaglia

Um cubo e coisas igual a números (que escreveríamos $x^3 + cx = d$) e o revelou ao aluno Antonio Fior.

Outro que investigava as equações cúbicas na mesma época era Niccolò de Brescia (1499/ 1500-1557), conhecido como Tartaglia ("o gago") devido à gagueira que desenvolvera depois de levar um corte de sabre no rosto quando menino. Especificamente, Tartaglia encontrou um método de resolver equações da forma

Um cubo e quadrados igual a números (que escreveríamos como $x^3 + bx^2 = d$).

FIOR DESAFIA TARTAGLIA

Depois da morte de Ferro em 1526, Fior se sentiu livre para aproveitar o segredo e desafiou Tartaglia a um concurso de solução de cúbicas. Fior lhe apresentou trinta equações cúbicas da primeira forma e lhe deu um mês para resolvê-las. Tartaglia, por sua vez, apresentou a Fior trinta equações cúbicas da segunda forma.

Eis dois problemas de Fior com o seu equivalente moderno:

> Encontra-me um número tal que, quando a sua raiz cúbica lhe é somada, o resultado seja 6. [$x^3 + x = 6$]
> Um homem vende uma safira por 500 ducados, apurando um lucro igual à raiz cúbica do capital. De quanto é esse lucro? [$x^3 + x = 500$]

Fior perdeu a disputa. Não era bom matemático a ponto de resolver o tipo de problema de Tartaglia, enquanto este, durante uma noite insone dez dias antes do concurso, conseguiu descobrir um método para resolver todos os problemas de Fior.

MÉTODO DE TARTAGLIA PARA RESOLVER $x^3 + cx = d$

Para mantê-lo em segredo, Tartaglia decorou o seu método sob a forma de versos. Estão em itálico abaixo, juntamente com o método geral e a solução de um caso particular — a equação $x^3 + 18x = 19$ na qual $c = 18$ e $d = 19$.
O método envolve encontrar dois números u e v que satisfaçam a $u - v = d$ e $uv = (c/3)^3$ e depois escrever $x = \sqrt[3]{u} - \sqrt[3]{v}$.

Quando o cubo e a coisa a ele apensa
Forem iguais a um número discreto,
Achai mais dois de que este seja a diferença.
Então, fazei disso um hábito:
Que o seu produto sempre seja igual
Exatamente ao cubo de um terço da coisa.
O resto, então, como regra geral
Das raízes cúbicas subtraído
Será igual a essa coisa principal.

$[x^3 + cx = d: x^3 + 18x = 19]$
$[u - v = d: u - v = 19]$

$[uv = (c/3)^3: uv = 6^3 = 216]$
$[\text{Ache } u, v: u = 27, v = 8]$
$[\text{Ache } \sqrt[3]{u}, \sqrt[3]{v}: \sqrt[3]{u} = 3, \sqrt[3]{v} = 2]$
$[x = \sqrt[3]{u} - \sqrt[3]{v}: x = 3 - 2 = 1, \text{ logo } x = 1]$

GEROLAMO CARDANO

Enquanto isso, em Milão, Gerolamo Cardano (1501-1576) escrevia extensamente sobre uma série de temas, da física e da medicina à álgebra e à probabilidade (principalmente à sua aplicação em jogos de apostas). Ao saber da disputa, Cardano se decidiu a arrancar de Tartaglia o seu método.

Isso ele conseguiu certa noite de 1539 depois de prometer apresentar o outro ao governador espanhol da cidade. Tartaglia tinha esperanças de que o governador financiasse a sua pesquisa e, por sua vez, arrancou de Cardano o seguinte juramento solene de não revelar o seu método de solução:

> *Juro-vos, pelos sagrados evangelhos de Deus e como verdadeiro homem de honra, não só jamais publicar as vossas descobertas se me as ensinardes como também vos prometo, em nome da minha fé de verdadeiro cristão, anotá-las em código, de modo que, depois da minha morte, ninguém seja capaz de compreendê-las.*

No entanto, em 1542 Cardano soube que a descoberta original do método de Tartaglia se devia a Ferro e se sentiu livre para quebrar o juramento. Enquanto isso, o seu brilhante colega Ludovico Ferrari encontrou um método geral semelhante para resolver equações quárticas (que envolvem termos em x^4).

Em 1545, Cardano publicou *Ars Magna* (A grande arte), que continha os métodos para resolver equações cúbicas e quárticas e dava o crédito a Tartaglia. A *Ars Magna* se tornou um dos livros de álgebra mais importantes de todos os tempos, mas Tartaglia se ofendeu com o comportamento de Cardano e passou o resto da vida lhe escrevendo cartas corrosivas.

Assim, depois de uma luta que durou muitos séculos, as equações cúbicas foram finalmente resolvidas, juntamente com as quárticas. A próxima pergunta (É possível resolver equações envolvendo x^5, x^6, ...?) permaneceu sem resposta até o século XIX.

Gerolamo Cardano

BOMBELLI

Para quase todos os propósitos, o nosso sistema numérico ordinário é tudo de que precisamos. Nesse sistema, podemos tirar a raiz quadrada de números como 3, $\sqrt{2}$ e π, mas não do número negativo -1; isso porque tanto os números positivos quanto os negativos têm quadrado positivo, portanto que número daria -1 ao ser elevado ao quadrado? Cardano e Bombelli encontraram esse problema ao tentar resolver equações quadráticas e cúbicas e acharam útil calcular com o misterioso objeto $\sqrt{-1}$, mesmo sem entender o que era.

Um problema numérico que Cardano tentou resolver foi:

Divida 10 em duas partes cujo produto seja 40. Ao supor que as partes fossem x e $10 - x$, ele obteve a equação quadrática $x(10 - x) = 40$.

Resolveu-a e obteve as soluções $5 + \sqrt{-15}$ e $5 - \sqrt{-15}$. Não conseguiu ver nelas nenhum significado, mas observou:

Ainda assim resolveremos, deixando de lado a tortura mental envolvida,

e descobriu que tudo dava certo:
- a soma é $(5 + \sqrt{-15}) + (5 - \sqrt{-15}) = 10$;
- o produto é $(5 + \sqrt{-15}) \times (5 - \sqrt{-15}) = 5^2 - (\sqrt{-15})^2 = 25 - (-15) = 40$.

Em vista dessa "tortura mental", Cardano foi levado a se queixar de que:

Assim progride a sutileza aritmética, cujo fim é tão refinado quanto inútil.

RAFAEL BOMBELLI

Rafael Bombelli (*c.*1526-1572), que nasceu em Bolonha e depois trabalhou como engenheiro na drenagem de charcos e pântanos e no seu aproveitamento pela Igreja Católica, esclareceu bem mais a situação.

Por ter crescido em Bolonha, Bombelli soube da disputa entre Cardano e Tartaglia e se interessou pelas equações cúbicas e pelo modo de resolvê-las. Especificamente, ele estudou a equação $x^3 = 15x + 4$, que tem três soluções reais:

$x = 4, -2 + \sqrt{3}$ e $-2 - \sqrt{3}$,

sem nenhum número imaginário à vista. No entanto, ao aplicar o método de Tartaglia para resolver essa equação cúbica, Bombelli se surpreendeu ao obter a solução

$x = \sqrt[3]{(2 + \sqrt{-121})} + \sqrt[3]{(2 - \sqrt{-121})}$,

que envolve números complexos.

Frontispício da *Álgebra* de Bombelli

NÚMEROS COMPLEXOS

Tentemos calcular com o símbolo $\sqrt{-1}$.
Descobrimos que a adição é fácil:

$(2 + 3\sqrt{-1}) + (4 + 5\sqrt{-1}) = 6 + 8\sqrt{-1}$,

e também a multiplicação (substituindo $\sqrt{-1} \times \sqrt{-1}$, sempre que aparecer, por -1).

$(2 + 3\sqrt{-1}) \times (4 + 5\sqrt{-1}) = (2 \times 4) + (3\sqrt{-1} \times 4) + (2 \times 5\sqrt{-1}) + (15 \times \sqrt{-1} \times \sqrt{-1})$
$= (8 - 15) + (12 + 10)\sqrt{-1} = -7 + 22\sqrt{-1}$.

Podemos realizar todas as operações comuns da aritmética com esses novos objetos. Chamamos o objeto $a + b\sqrt{-1}$ de *número complexo*: o número *a* é a *parte real* e o número *b* é a *parte imaginária*. Hoje em dia, costumamos usar a letra *i* com o significado de $\sqrt{-1}$, de modo que $i^2 = -1$.

Em 1799, Caspar Wessel, navegador dinamarquês, deu aos números complexos uma forma geométrica. Na sua representação, chamada de *plano complexo*, traçam-se dois eixos perpendiculares (o *eixo real* e o *eixo imaginário*) e o número complexo $a + b\sqrt{-1}$ é representado pelo ponto que corresponde à distância *a* sobre o eixo real e à altura *b* no eixo imaginário.

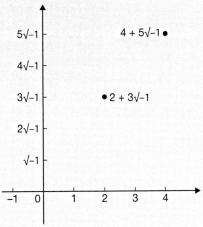

Representação de números complexos

Para explicar a ligação entre a sua solução e a solução $x = 4$, Bombelli procurou números reais *a* e *b* tais que

$(a + b\sqrt{-1})^3 = 2 + \sqrt{-121}$
e $(a - b\sqrt{-1})^3 = 2 - \sqrt{-121}$,

para que pudesse extrair as duas raízes cúbicas. Depois de alguma experimentação, descobriu que $a = 2$ e $b = 1$:

$(2 + \sqrt{-1})^3 = 2 + \sqrt{-121}$
e $(2 - \sqrt{-1})^3 = 2 - \sqrt{-121}$,

e assim $x = (2 + \sqrt{-1}) + (2 - \sqrt{-1}) = 4$, como esperado.

A *ÁLGEBRA* DE BOMBELLI

Durante a vida inteira, Bombelli estudou os textos algébricos dos antecessores, como al-Karismi, Fibonacci e Pacioli. Também se dedicou a um grande estudo das obras de Diofanto depois de ver uma cópia da *Aritmética* numa biblioteca de Roma.

Por acreditar que ninguém realmente explicara com clareza a natureza dos problemas algébricos e, especificamente, como resolver equações cúbicas, Bombelli deu início a um grande projeto no qual se propunha a apresentar de forma acessível tudo o que se sabia sobre o tema. Embora tivesse planejado cinco volumes para a sua *Álgebra*, apenas três foram terminados antes que morresse. Os manuscritos incompletos dos dois últimos volumes (a "parte geométrica") foram descobertos em 1923 numa biblioteca de Bolonha.

Na *Álgebra*, Bombelli descreveu como lutara para entender os números complexos. Ele foi o primeiro a mostrar como somá-los e subtraí-los e criou regras para multiplicá-los. Com essas regras, Bombelli mostrou como obter soluções reais de equações cúbicas, mesmo quando o método de Tartaglia gerava raízes quadradas de números negativos.

MERCATOR

O cartógrafo flamengo Gerardus Mercator (1512-1594) é lembrado principalmente pela *projeção de Mercator*, que se mostrou utilíssima para os navegadores. Essa era uma projeção da Terra esférica numa folha plana de papel, de modo que as linhas de latitude e longitude, assim como as trajetórias de marcação constante na bússola, fossem representadas por linhas retas. Mercator também cunhou a palavra "atlas" para denominar uma coletânea de mapas.

Uma grande preocupação durante o século XVI, período de muita atividade nas viagens de comércio, descoberta e exploração, era desenvolver mapas e métodos matemáticos que auxiliassem a navegação.

Num navio no meio do oceano, o problema básico era saber onde se estava e em que direção velejar para chegar ao destino. Era possível descobrir a latitude usando instrumentos astronômicos para localizar o Sol e as estrelas. No entanto, era mais problemático descobrir a longitude, e só se obteve um método satisfatório no final do século XVIII.

Mercator (à esquerda) e Jodocus Hondius, que publicou a sua obra, no frontispício de uma edição do *Atlas Mercator-Hondius,* cercados pelas ferramentas do cartógrafo.

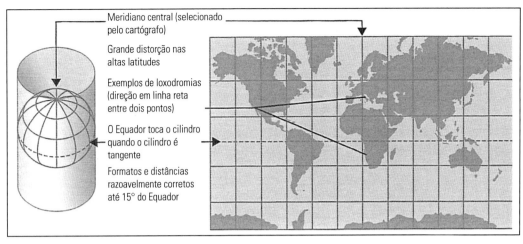

A projeção do mapa de Mercator é cilíndrica e distorce o tamanho e o formato das áreas distantes do Equador.

Com a bússola, os marinheiros podiam seguir uma reta de marcação constante (*loxodromia*); essa trajetória cruza todas as linhas de longitude no mesmo ângulo. No entanto, como o matemático e cosmógrafo português Pedro Nunes descobriu no século XVI, a loxodromia espirala em direção ao polo.

A PROJEÇÃO DE MERCATOR

A vantagem da projeção de Mercator era representar as linhas de latitude e longitude como perpendiculares e as loxodromias como linhas retas no mapa. Caso o navegador conhecesse a latitude e a longitude da posição atual do navio e do destino, a reta que unisse os dois pontos seria encontrada no mapa. Isso permitia determinar a leitura constante e adequada da bússola, mas não a menor distância até o destino.

Mercator projetou a esfera num cilindro que então foi desenrolado e esticado verticalmente para que as loxodromias se transformassem em linhas retas; a deformação varia com a latitude e aumenta quanto mais se vai para o Norte. A consequência é exagerar as áreas que ficam longe do Equador: por exemplo, o Alasca parece ser tão grande quanto o Brasil, embora na verdade este seja cinco vezes maior do que aquele, e a Finlândia tem uma extensão norte-sul maior do que a Índia, o que é incorreto.

Mercator não apresentou a base matemática da sua projeção. Esta foi dada por Edward Wright no seu influente *Certaine Errors in Navigation* (Certos erros de navegação), de 1599. Wright também forneceu tabelas matemáticas exatas para a sua construção. Mas foi Thomas Harriot (1560-1621) que acabou descobrindo a fórmula matemática subjacente por trás da projeção de Mercator.

A projeção de Mercator foi um passo adiante para a navegação

COPÉRNICO E GALILEU

Nicolau Copérnico (1473-1543), o "Pai da Astronomia Moderna", nasceu em Torun, na Polônia, e estudou em Cracóvia, Bolonha e Ferrara. Ele transformou a disciplina ao substituir o sistema geocêntrico de movimento planetário de Ptolomeu por um sistema heliocêntrico com o Sol no centro e a Terra como apenas um dos vários planetas que percorrem órbitas circulares à sua volta. Em 1632, Galileu Galilei (1564-1642), o "Pai da Física Moderna", descreveu as vantagens do sistema copernicano em relação ao ptolomaico, o que lhe criou problemas com a Inquisição. Em 1638, ele escreveu um livro sobre mecânica que preparou o palco para o trabalho de Isaac Newton e outros.

NICOLAU COPÉRNICO

Embora a ideia heliocêntrica já tivesse sido sugerida por Aristarco e outros, Copérnico foi o primeiro a elaborar com detalhes matemáticos a teoria subjacente e as suas consequências.

O seu livro *De Revolutionibus Orbium Cœlestium* (Das revoluções das esferas celestes) foi publicado em 1543 e dizem que um exemplar lhe foi apresentado quando estava no leito de morte. Nessa obra famosa, ele mostrou que os seis planetas então conhecidos se dividiam em dois grupos: Mercúrio e Vênus (com órbitas interiores à da Terra) e Marte, Júpiter e Saturno (com órbitas externas à dela). Ele listou esses planetas em ordem crescente de distância do Sol e, portanto, esclareceu fenômenos que o sistema ptolomaico não conseguia explicar, como por que Mercúrio e Vênus só são visíveis na aurora e no crepúsculo enquanto os outros planetas ficam visíveis a noite toda.

GALILEU GALILEI

O sistema solar copernicano despertou muita controvérsia e pôs os seus parti-

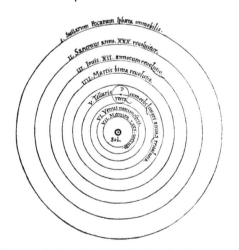

Sistema heliocêntrico de Copérnico em *De Revolutionibus Orbium Cœlestium*

Nicolau Copérnico

Frontispício de *Os dois principais sistemas do mundo*, mostrando Aristóteles, Ptolomeu e Copérnico em conversa animada.

dários em conflito direto com a Igreja, que acreditava que a Terra estava no centro da Criação, de modo que as ideias de Copérnico discordavam das Sagradas Escrituras. Foi Galileu que apresentou a exposição mais convincente da teoria copernicana em *Dialogo sopra I Due Massimi Sistemi del Mondo* (Diálogo sobre os dois principais sistemas do mundo), em 1632. Isso o levou a ser julgado pela Inquisição e forçado a renunciar ao seu ponto de vista copernicano. Ele só foi perdoado pela Igreja em 1995.

Galileu nasceu em Pisa e aprendeu matemática em Pádua entre 1592 e 1610. Depois disso, tornou-se matemático e filósofo do grão-duque de Florença. Foi um dos primeiros astrônomos a fazer uso extenso do telescópio, com o qual descobriu manchas no Sol e luas de Júpiter e desenhou a superfície da Lua. Esse instrumento também lhe permitiu obter por observação indícios favoráveis ao sistema copernicano. No sistema ptolomaico, sempre se veria a mesma superfície de Vênus, enquanto no sistema copernicano o planeta deveria ter fases (extensões diferentes visíveis em diversas horas). Ele voltou o telescópio para Vênus e, nas noites seguintes, observou as suas fases.

Em italiano, Galileu escreveu *Os dois principais sistemas do mundo* na forma de quatro dias de discussão entre dois filósofos e um leigo. Eles são Salviati, que defende a posição copernicana e apresenta a opinião de Galileu, Sagredo, o leigo que busca a verdade, e Simplício, seguidor de Aristóteles e Ptolomeu, que apresenta as opiniões e argumentos tradicionais.

A MECÂNICA DE GALILEU

No seu livro de mecânica de 1638, Galileu discutiu as leis do movimento uniforme e acelerado e explicou por que a trajetória de um projétil tem de ser uma parábola.

Nesse livro, ele reuniu uma vida inteira de estudos e apresentou a teoria de que posição, velocidade e aceleração variam com o tempo, embasando-a com deduções matemáticas. Foi nessa obra que apresentou os fundamentos matemáticos por trás da sua crença de que a Terra realmente se movia. Essa base matemática foi como um alicerce para o avanço posterior de outros, principalmente Isaac Newton, nascido no ano em que Galileu morreu.

KEPLER

Johannes Kepler (1571-1630) nasceu na Suábia, no sudoeste da Alemanha. Matemático talentoso e muito lido na tradição neoplatônica, baseou a sua obra na harmonia e concepção. O seu modelo do sistema solar e, mais tarde, as três leis planetárias que levam o seu nome foram uma expressão forte e precoce disso. Kepler também estudou os poliedros e contribuiu para o futuro cálculo integral.

O astrônomo dinamarquês Tycho Brahe (1546-1601) foi o maior observador dos céus antes da invenção do telescópio e trabalhou muitos anos no seu observatório de Uraniborg, na ilha dinamarquesa de Hven, antes de se mudar para Praga. Kepler se tornou seu assistente em Praga e, em 1601, depois da morte precoce de Brahe, foi nomeado matemático imperial para sucedê-lo. Kepler passou os onze anos seguintes em Praga e lá produziu algumas das suas obras mais importantes.

> ## O CÁLCULO DE KEPLER
> Kepler estava interessado no *cálculo integral*, como viria a ser conhecido, no qual se calculam áreas e volumes de formas geométricas. Para obter essas áreas e volumes ele usou o "método infinitesimal", como passou a ser chamado depois. Por exemplo, dividindo-os em discos finíssimos, ele determinou o volume de mais de noventa sólidos obtidos com a rotação de cônicas e outras curvas em torno de um eixo.

AS LEIS DO MOVIMENTO PLANETÁRIO DE KEPLER

Para sustentar a teoria copérniciana, era necessário um método para calcular os fatos celestes pelo menos com a mesma exatidão da teoria ptolomaica e do seu aparato de epiciclos. Kepler fez uso extenso dos registros de observação de Brahe e, em *Astronomia Nova*, de 1609, e *Harmonices Mundi* (A harmonia do mundo), de 1619, acabou chegando às três leis que lhe permitiram fazer esses cálculos:
1. *Os planetas se movem em órbitas elípticas com o Sol num dos focos.*
2. *A reta entre o Sol e um planeta varre áreas iguais em tempos iguais.*
3. *O quadrado do período de um planeta é proporcional ao cubo do raio médio da órbita.*

Johannes Kepler

O diagrama seguinte ilustra a primeira e a segunda leis de Kepler. Mostra um planeta em órbita elíptica em torno do Sol, que fica num dos focos da elipse, e ilustra a trajetória percorrida pelo planeta em três períodos iguais da órbita. A segunda lei de Kepler nos diz que as áreas sombreadas são iguais.

As leis de Kepler se baseavam em resultados observados; seria Newton, nos seus *Principia Mathematica* cerca de oitenta anos depois, que explicaria por que são verdadeiras.

REALIZAÇÕES MATEMÁTICAS

Em *Mysterium Cosmographicum* (Mistério cosmográfico), de 1596, Kepler propôs um modelo do sistema solar no qual os cinco sólidos platônicos estavam um dentro do outro (com o octaedro no centro, seguido por icosaedro, dodecaedro, tetraedro e cubo) e depois intercalado com seis esferas que portavam a órbita dos planetas então conhecidos (Mercúrio, Vênus, Terra, Marte, Júpiter e Saturno).

Kepler também se interessava pelos poliedros em geral; descobriu o cuboctaedro e os antiprismas e o seu nome foi associado aos quatro *poliedros estrelados de Kepler-Poinsot*.

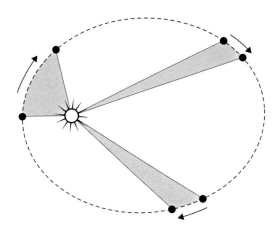

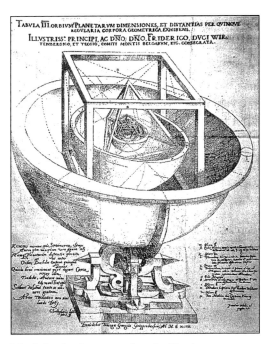

Modelo de sistema solar de Kepler

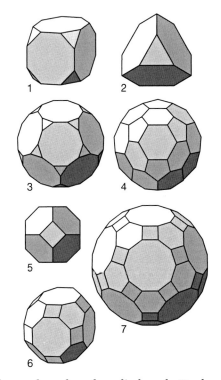

Alguns desenhos de poliedros de Kepler

VIÈTE

François Viète (1540-1603), às vezes chamado de Vieta (forma latina do seu nome), foi um matemático francês que nasceu em Fontenay-le-Compte e morreu em Paris. Estudou Direito e foi conselheiro de Henrique III e Henrique IV. O seu trabalho sobre notação e modos de pensamento algébrico foi fundamental no desenvolvimento da álgebra como ramo independente da matemática.

Depois de se formar em Direito pela Universidade de Poitiers, Viète trabalhou como advogado antes de ser tutor e secretário da família de Antoinette d'Aubeterre. Foi nessa época que se envolveu pela primeira vez com a matemática e escreveu principalmente sobre astronomia e trigonometria.

Nesse período, Viète começou a escrever o *Canon Mathematicus seu Ad Triangula* (Leis matemáticas ou dos triângulos), publicado na década de 1570, que desenvolvia e sistematizava o estudo grego dos triângulos planos e esféricos. Também propunha uma nova notação para as frações decimais e incluía tabelas de todas as seis razões trigonométricas para cada minuto de arco, calculadas com polígonos inscritos e circunscritos com até mil lados.

A *ARTE ANALÍTICA* DE VIÈTE

A fama de Viète se baseia principalmente no trabalho realizado no final da década de 1580, quando escreveu principalmente sobre álgebra e geometria.

Viète é homenageado nessa placa de rua no 17° *arrondissement* de Paris.

O seu principal legado foi uma inversão da situação anterior em que a geometria era usada para justificar a álgebra, e a sua obra inspirou muitos matemáticos posteriores. Nessa época, a álgebra obtinha um poder que a levaria a substituir a geometria como principal linguagem da matemática. Isso permitiria novas ideias sobre problemas existentes e o desenvolvimento de novas áreas de investigação matemática.

In Artem Analyticem Isagoge (Introdução à arte analítica), de 1591, foi a pri-

François Viète na edição de 1646 das suas obras reunidas, organizada por Van Schooten.

O DESAFIO DE VAN ROOMEN

Em 1594, o matemático belga **Adriaan van Roomen** desafiou o mundo da matemática a resolver essa complicada equação polinomial:

$$x^{45} - 45x^{43} + 945x^{41} - 12.300x^{39} + 111.150x^{37} - 740.459x^{35} + 3.764.565x^{33} - 14.945.040x^{31}$$
$$+ 469.557.800x^{29} - 117.679.100x^{27} + 236.030.652x^{25} - 378.658.800x^{23} + 483.841.800x^{21}$$
$$- 488.494.125x^{19} + 384.942.375x^{17} - 232.676.280x^{15} + 105.306.075x^{13} - 34.512.074x^{11} + 7.811.375x^{9}$$
$$- 1.138.500x^{7} + 95.634x^{5} - 3.795x^{3} + 45x = C,$$

onde $C = \frac{1}{2}\sqrt{\{7 - \sqrt{5} - \sqrt{(15 - 6\sqrt{5})}\}}$.

Viète encontrou uma solução em poucos minutos ao notar que o problema está relacionado ao de exprimir sen $45x$ em termos de sen x.

---

meira obra de Viète sobre álgebra. Nela, ele apresentou um tipo novo de análise para descobertas na matemática, relacionada à solução de equações e proporções. Em outros tratados, ele resolveu várias equações até o quarto grau.

NOTAÇÃO DE VIÈTE

No seu livro, Viète também foi pioneiro ao aprimorar a notação, usando letras para designar quantidades em vez de escrevê-las por extenso. Empregou consoantes *(B, D,* etc.) para denotar todas as quantidades conhecidas e vogais *(A, E,* etc.) para as desconhecidas.

Viète insistia na importância da dimensão e desprezava problemas anteriores que envolviam "somar retas a áreas" (querendo dizer $ax^2 + bx$). Também insistia em preservar a homogeneidade, embora não se restringisse às três dimensões. Os sinais + e – aparecem na sua obra, mas não × nem ÷. Ele escrevia, por exemplo,

A cubus, + A quadrato in B ter, + A in B quadratum ter, + B cubo

que, em notação moderna, escreveríamos $A^3 + 3A^2B + 3AB^2 + B^3$.

O uso que Viète fez das letras foi depois ampliado por Descartes.

MEDIÇÃO DO CÍRCULO

Viète estava interessado na razão entre a circunferência e o diâmetro do círculo, hoje chamada de π. Calculou com polígonos de 393.216 lados e encontrou o valor de π até dez casas decimais.

Mais ou menos na mesma época, Adriaan van Roomen usou polígonos com 1.073.741.824 lados para calcular quinze casas decimais de π, e Ludolph van Ceulen utilizou polígonos com cerca de 4×10^{18} casas para chegar a 35 casas decimais (e mandou gravar o número na sua lápide).

Viète também apresentou a primeira expressão exata de π, com muitas raízes quadradas e mostrada abaixo; ela veio da fórmula

$$2/\pi = \cos \pi/2 \times \cos \pi/4 \times \cos \pi/8 \times \ldots ,$$

na qual os ângulos são todos medidos em radianos (com π radianos = 180°). A sua expressão exata de π foi

$$2 \times \frac{2}{\sqrt{2}} \times \frac{2}{\sqrt{2+\sqrt{2}}} \times \frac{2}{\sqrt{2+\sqrt{2+\sqrt{2}}}} \times \ldots$$

HARRIOT

Thomas Harriot (1560-1621) foi, justificadamente, o melhor matemático da Inglaterra antes de Isaac Newton, mas hoje é quase desconhecido porque só revelou as suas descobertas a um pequeno grupo de amigos. O seu trabalho mais original foi nas áreas de navegação e álgebra. Como conselheiro científico e navegador de Walter Ralegh, deu uma contribuição importante à projeção de mapas.

Harriot deixou mais de 8.000 páginas manuscritas com as suas pesquisas sobre geometria, álgebra, óptica, mecânica, astronomia e navegação. Também foi o primeiro astrônomo a usar telescópio para mapear a Lua. Embora muito inovadora e original, a sua obra teve menos impacto do que deveria por não ter sido publicada.

Estudos recentes dos seus manuscritos algébricos demonstraram que Harriot foi um pensador inovador no estudo dos polinômios, ou expressões como

$3x^4 - 5x^3 + 2x^2 + 7x - 9$,

obtidas pela adição e subtração de números e potências de uma incógnita.

A notação de Harriot, diferente da de Viète, foi importante para o seu sucesso. Ele usava *ab* para denotar *a* multiplicado por *b*, e *aa*, *aaa* para as potências que hoje escrevemos a^2, a^3 etc. Ele manteve o uso de vogais de Viète para quantidades desconhecidas, mas as escreveu em minúsculas (*a, e*, etc.). A sua notação lhe trouxe muitas vantagens, pois permitiu que estudasse as propriedades dos polinômios em termos dos coeficientes. O mais importante foi a possibilidade de escrever os polinômios como produto de fatores de grau mais baixo.

A NAVEGAÇÃO DE HARRIOT

Depois de se formar em Oxford em 1580, Harriot foi contratado por Walter Ralegh, que se preparava para as viagens de colonização da América nas regiões que, nos Estados Unidos de hoje, passa-

Parte do *Tratado sobre equações* de Harriot

Walter Ralegh

Frontispício do relatório de Harriot sobre a Virgínia

riam a ser a Virgínia e a Carolina do Norte. Harriot orientou Ralegh em questões de navegação, astronomia e topografia. Na verdade, o único livro de Harriot a ser publicado em vida do autor foi *A Brief and True Report of the New Found Land of Virginia* (Breve e fiel relatório da terra recém--descoberta da Virgínia), resultante da expedição à América do Norte em 1585-86.

TRABALHO DE HARRIOT SOBRE ESPIRAIS

A partir dos estudos de navegação, Harriot passou a investigar um tipo de espiral conhecido como *espiral equiangular* ou *trigonométrica*

Primeiro fez uma aproximação com um polígono que espirala para dentro por uma sucessão de segmentos que cruzam uma reta vinda de um ponto fixo (P no diagrama) no mesmo ângulo α. Depois, ele usou uma operação de "cortar e colar" para reconstruir esse polígono como um triângulo.

Então, se encolhermos os segmentos de reta, obteremos espirais poligonais cada vez mais próximas da espiral equiangular original. Portanto, as suas áreas são iguais à do triângulo e o seu comprimento corresponde à soma de dois lados do triângulo, ambos fáceis de calcular. Esse foi um resultado extraordinário, já que em geral se acreditava que o comprimento de uma curva dessas não podia ser calculado.

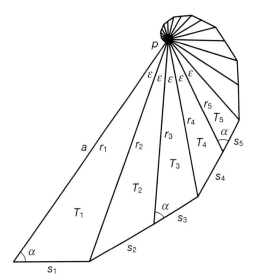

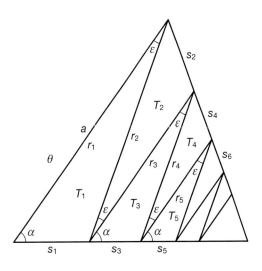

MERSENNE E KIRCHER

Ramon Lull, místico e poeta catalão do século XIII, acreditava ser possível construir todo o conhecimento a partir de um pequeno número de princípios básicos. Por meio de suas combinações matemáticas, ele propôs unificar tudo o que se sabia num sistema único e, assim, ensinar a teologia cristã de maneira tão lógica que os infiéis conseguiriam ver a sua verdade e se converter. A influência de Lull foi muito ampla, durou vários séculos e incluiu alguns convertidos iniciais como o jovem Leibniz. Entre os seus partidários mais aguerridos no século XVII estavam o frade minimita Marin Mersenne (1588-1648) e o padre jesuíta Atanásio Kircher (1588-1648).

Por acreditar que toda realidade era a materialização de aspectos da divindade, Lull escolheu dezoito manifestações dos atributos divinos de Deus como objetos a serem combinados: entre eles, *bonitas* (bondade), *potestas* (poder), *sapientia* (sabedoria) e *veritas* (verdade).

MARIN MERSENNE

Marin Mersenne, frade minimita que viveu perto de Paris no início do século XVII, acreditava que as descobertas científicas deviam estar à disposição de todos. Com essa meta, manteve extensa correspondência com a maioria dos principais cientistas europeus do seu tempo, agindo como "câmara de compensação"

Um dos "diagramas circulatórios" de Lull mostra as relações entre nove atributos divinos

de novos resultados científicos. Também começou a fazer reuniões regulares em Paris nas quais os matemáticos se encontravam para discutir os achados mais recentes; em 1666, essas reuniões levaram à fundação por Luís XIV da Academia Francesa de Ciências.

MERSENNE E A MÚSICA

Mersenne também era um cientista sagaz que realizou experiências práticas

O livro de Mersenne sobre harmonia universal

PRIMOS DE MERSENNE

Mersenne é lembrado principalmente pelo trabalho com números primos, principalmente os da forma $2^n - 1$ (hoje chamados *primos de Mersenne*), como $2^5 - 1 = 31$ e $2^7 - 1 = 127$.
Como ele percebeu, *se $2^n - 1$ é primo, então n é primo*, mas a afirmação inversa é falsa. 11 é primo, mas 2^{11} não: $2^{11} - 1 = 2047 = 23 \times 89$. Mersenne encontrou nove desses primos, inclusive $2^{127} - 1$, um número de 39 algarismos.

No Livro IX dos *Elementos*, Euclides provou que, quando $2^n - 1$ é primo, $2^{n-1} \times (2^n - 1)$ é um *número perfeito* — ou seja, igual à soma dos seus fatores (menos ele mesmo); por exemplo, $2^4 \times (2^5 - 1) = 16 \times 31 = 496$, que é um número perfeito. Portanto, cada primo de Mersenne dá origem a um número perfeito. Mais tarde, Euler provou que todos os números perfeitos *pares* têm essa forma.

Na época em que escrevemos este livro, conhecem-se 47 primos de Mersenne, sendo o maior $2^{43.112.609} - 1$, que tem 12.978.189 algarismos. Ao buscar novos números primos, a maioria os procura dessa forma.

sobre a natureza do som. Especificamente, ele investigou a variação da nota produzida por um fio de metal com o comprimento, a espessura, a densidade e a tensão e mediu a velocidade do som.

No seu livro de 1636 sobre a harmonia universal, pensado para "matemáticos e teólogos", Mersenne discutiu as propriedades acústicas de muitos instrumentos musicais.

Ele também apresentou algumas ideias combinatoriais de Lull em contexto musical e exibiu todas as 6! = 720 "canções" que se pode formar com seis notas. (Em geral, *fatorial de n*, escrito n!, é o produto de 1, 2, 3, ..., n.)

Depois, listou todos os números fatoriais até 64! (um número de noventa algarismos) e apresentou extensas tabelas de permutações e combinações, observando, por exemplo, que o número de maneiras de selecionar doze objetos dentre trinta e seis é 1.251.677.700.

Ars Magna Sciendi, de Kircher

ATANÁSIO KIRCHER

Outro seguidor de Lull foi o padre jesuíta e polímata Atanásio Kircher, que traduziu hieróglifos egípcios, fundou um dos primeiros museus, projetou lanternas mágicas e escreveu livros sobre temas que iam da Arca de Noé e da China a germes e geologia.

A sua obra *Ars Magna Sciendi sive Combinatoria* (A grande arte do Conhecimento ou Arte Combinatória), de 1669, apresenta um sistema de lógica derivado de Lull. Dos seus doze livros, o Livro III, *Methodus Lulliana*, é uma descrição geral dos princípios lullianos e é seguido pelo Livro IV, *Ars Combinatoria*. Este último, com quase cinquenta páginas, começa com todas as permutações de letras das palavras *ORA* e *AMEN*. Contém uma tabela de fatoriais até 50!, seguida pela discussão de como selecionar várias combinações dos dezoito atributos lullianos, inclusive uma tabela magnífica das 324 maneiras de combinar esses atributos em pares.

83

DESARGUES

Já vimos que o tema da perspectiva teve origem na pintura do início do Renascimento, desenvolvida por artistas como Piero della Francesca e Leonardo da Vinci na Itália e Albrecht Dürer na Alemanha. No século XVI, esse interesse passou a ser de profissionais práticos cujo ofício envolvia perspectiva (como arquitetos e engenheiros militares) e de matemáticos como Girard Desargues (1591-1661), que estudou detalhadamente a geometria da perspectiva.

Desargues nasceu e morreu em Lyon, no sul da França. Era um geômetra prático envolvido com interesses como o projeto de relógios de Sol, lapidações exatas e aplicações da perspectiva na engenharia militar.

A enfermaria do Hospital de Caridade de Paris, gravura de Abraham Bosse, *c.* 1635, que ilustra a perspectiva

DOIS RESULTADOS PROJETIVOS

Examinamos dois teoremas famosos da geometria projetiva. O teorema de Desargues foi publicado pela primeira vez em 1648, num manual sobre perspectiva de Abraham Bosse.

"TEOREMA DO HEXÁGONO" DE PASCAL

Já vimos que o teorema de Papus nos diz que, se marcarmos seis pontos em duas retas e os unirmos de determinada maneira, produziremos três pontos novos que sempre ficarão numa só reta. Aos 16 anos, o precoce Blaise Pascal descobriu que um resultado semelhante é verdadeiro caso comecemos com seis pontos em qualquer cônica (elipse, parábola ou hipérbole). O diagrama abaixo é uma ilustração do teorema de Pascal quando a cônica é uma elipse.

Escolha seis pontos nela:

A, B, C e P, Q, R.

Agora, trace os segmentos de reta

AQ e BP — eles se cruzam no ponto X
AR e CP — eles se cruzam no ponto Y
BR e CQ — eles se cruzam no ponto Z

O teorema de Pascal afirma que, quaisquer que sejam os seis pontos iniciais, *os pontos X, Y e Z resultantes estão sempre sobre uma reta.*

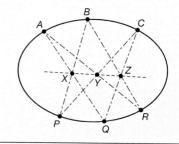

O QUE É GEOMETRIA PROJETIVA?

Suponhamos que se trace um triângulo equilátero num pedaço de vidro e que se lance através dele sobre uma parede a luz de uma fonte pontual. A sombra ainda será um triângulo, mas, em geral, não será um triângulo equilátero. Na verdade, ao se inclinar o vidro é possível conseguir sombras com qualquer formato de triângulo.

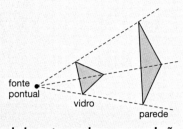

Pode-se considerar que a geometria projetiva é o estudo das propriedades que as figuras geométricas têm em comum com as suas sombras. Aqui ainda temos um triângulo com lados retos, embora em geral não seja mais equilátero; ou seja, em geral os comprimentos e ângulos não se preservam.

Desargues descobriu uma propriedade interessante que permanece sempre imutável nas projeções. Vamos tomar numa reta quatro pontos *A*, *B*, *C* e *D*, medir os segmentos *AC*, *AD*, *BC* e *BD* e calcular a "razão das razões" *AC / AD* dividida por *BC / BD*. Agora, a partir de uma fonte luminosa pontual, vamos projetar esses pontos sobre outra reta, obter quatro pontos novos *A'*, *B'*, *C'* e *D'* e calcular a razão *A'C' / A'D'* dividida por *B'C' / B'D'*. Essa "razão de razões" é igual à anterior.

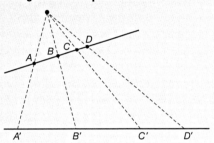

Teorema de Desargues sobre triângulos em perspectiva

No diagrama a seguir, dizemos que os triângulos *ABC* e *PQR* estão em perspectiva em relação ao ponto *O*, já que, se os olharmos a partir deste ponto, os pares de vértices correspondentes *A* e *P*, *B* e *Q* e *C* e *R* se encaixam perfeitamente.

Agora, trace os segmentos de reta
AB e *PQ* — que se cruzam no ponto *X*
AC e *PR* — que se cruzam no ponto *Y*
BC e *QR* — que se cruzam no ponto *Z*

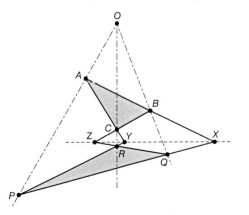

Teorema de Desargues

O teorema de Desargues afirma que, quaisquer que sejam os dois triângulos iniciais, *os pontos X, Y e Z resultantes ficam sempre numa reta.*

Para ver por que isso é verdade, imagine o diagrama abaixo como uma imagem em três dimensões. O plano que contém o triângulo *ABC* e o que contém o triângulo *PQR* se cruzam na reta que passa pelos pontos *X*, *Y* e *Z*.

O extraordinário e incomum é que esses resultados, diversamente das proposições dos *Elementos* de Euclides, tratam apenas de *incidência* — pontos sobre retas e retas que se cruzam em pontos; não há menção a comprimentos nem ângulos. Os matemáticos posteriores consideraram tais resultados *projetivos* por continuarem verdadeiros quando se projeta a figura a partir de uma fonte de luz pontual. A maioria dos teoremas geométricos não sobrevive a essa projeção: por exemplo, perdemos o teorema de Pitágoras, porque projetar um ângulo reto geralmente não produz um ângulo reto.

CAPÍTULO 3

DESPERTAR E ILUMINISMO

Os séculos XVII e XVIII assistiram ao início da matemática moderna. Nasceram novas áreas da disciplina — notadamente, geometria analítica e cálculo — e outras, como a teoria dos números, renasceram ou adquiriram nova vida. Problemas fundamentais como a determinação da órbita dos corpos celestes foram resolvidos ou estudados com novas técnicas.

Foi a época de Newton na Inglaterra, de Descartes e Pascal na França, e de Leibniz na Alemanha, seguidos por uma série de grandes europeus: os irmãos Bernoulli, Euler, Lagrange e Laplace.

Foi também a época das reuniões, com a fundação de sociedades científicas nacionais, como a Royal Society, em Londres, e a Academia de Ciências de Paris, e de instituições especializadas como a Academia de São Petersburgo e a Academia de Ciências de Berlim.

CÁLCULO E DESCOBERTA

A princípio, os problemas que os matemáticos resolviam eram geométricos, assim como as suas respostas, embora as técnicas que usavam (inclusive o cálculo) não fossem necessariamente desse tipo, já que eram considerados métodos de avançar de um problema geométrico a uma solução geométrica. Então o século XVIII levou a uma nova concepção de matemática cuja característica mais extraordinária era a aparência algébrica.

Os objetos da matemática passaram a ser descritos por fórmulas com símbolos para as constantes e as variáveis. Uma das principais razões para isso era que a maquinaria do cálculo podia então se aplicar a eles e a situações práticas.

Área percorrida por um corpo em movimento: o uso da geometria (acima) por Newton contrasta com a abordagem analítica de Laplace (à direita)

> Se projetarmos o corpo m sobre o plano de x e y, o diferencial $(xdy - ydx)/2$ representará a área que o vetor raio, traçado a partir da origem das coordenadas até a projeção de m, descreve no tempo dt, consequentemente a soma das áreas multiplicadas respectivamente pela massa dos corpos é proporcional ao elemento tempo, donde se conclui que, num período finito, ela é proporcional ao tempo. É isso que constitui o princípio da conservação das áreas.

O QUE É CÁLCULO?

O cálculo é formado por dois ramos aparentemente não relacionados que hoje se chamam *diferenciação* e *integração*. A diferenciação trata da velocidade com que as coisas se movem ou mudam e é usada para encontrar velocidades e tangentes a curvas. A integração é usada para encontrar áreas de formas no espaço bidimensional ou volumes no tridimensional.

No decorrer do século XVII, aos poucos se percebeu que esses dois ramos estão intimamente relacionados. Como explicaram Newton e Leibniz, eles são processos inversos; quando um acontece depois do outro, voltamos ao ponto de partida.

No entanto, Newton e Leibniz tiveram motivações diferentes: Newton se concentrava no movimento e Leibniz, nas tangentes e áreas.

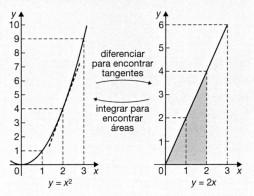

Diferenciação e integração

Isso acelerou o desenvolvimento de novas técnicas e descrições matemáticas, como o surgimento do estudo das *equações diferenciais*.

Essa mudança para a descrição algébrica também levou a um bom modo de descobrir novos objetos. Escreveram-se livros no estilo algébrico, e os matemáticos formularam, pensaram e resolveram problemas dessa maneira. Cada vez mais, a álgebra passou a ser considerada uma linguagem lógica adequada para a investigação de todas as ciências.

A mecânica e a astronomia eram as principais áreas de investigação prática. Ambas aplicaram o cálculo a funções com mais de uma variável, como

$$u(x, y) = x^6 + x^2y^2 + y^4;$$

aqui, $u(x, y)$ pode ser considerada a altura de uma superfície acima do ponto do plano com coordenadas (x, y).

As equações que surgiram foram chamadas *equações diferenciais parciais* por envolverem "diferenciação parcial". A derivada parcial $\partial u/\partial x$ é a razão de mudança de u na direção do eixo x, enquanto a derivada parcial $\partial u/\partial y$ é a razão de mudança de u na direção do eixo y.

Luís XIV visita a Academia de Ciências de Paris, 1671

87

NAPIER E BRIGGS

Em 1614, John Napier (1550-1617), oitavo *laird* (senhor) de Merchiston (perto de Edimburgo), começou a usar logaritmos como auxílio no cálculo matemático, com o intuito de substituir contas extensas com multiplicações e divisões por outras mais simples que usassem adições e subtrações. Como o seu uso era desajeitado, eles logo foram suplantados por outros, devido a Henry Briggs (1561-1630), e o seu uso teve enorme proveito para navegadores e astrônomos.

Por volta de 1500, surgiram as primeiras noções de logaritmo. Nicolas Chuquet e Michael Stifel listaram as primeiras po-

John Napier

tências de 2 e notaram que, para multiplicar duas delas, bastava somar os expoentes; assim, para multiplicar 16 por 128, calculamos:
$16 \times 128 = 2^4 \times 2^7 = 2^{4+7} = 2^{11} = 2048$,
e escrevemos $\log_2 2048 = 11$.

LOGARITMOS DE NAPIER

A ideia só foi desenvolvida quando Napier publicou *Mirifici Logarithmorum Canonis Descriptio* (Descrição da admirável tabela de logaritmos). A obra contém extensas tabelas de logaritmos dos senos e tangentes de todos os ângulos de 0 a 90 graus, em passos de 1 minuto; o uso desses logaritmos por Napier surgiu porque ele teve a ideia de aproveitá-los como auxílio nos cálculos de navegadores e astrônomos.

Os logaritmos de Napier não são os que usamos hoje. Na época, ele considerou dois pontos que se moviam sobre retas. O primeiro avança em velocidade sempre constante, e o segundo, que representa o logaritmo, move-se a partir de *P* ao longo de uma semirreta *PQ* de maneira que a velocidade em cada ponto seja proporcional à distância que ainda há para percorrer. Para evitar o uso de frações, ele multiplicou todos os seus números por dez milhões.

Frontispício dos logaritmos de Napier

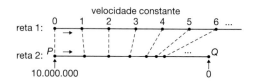

Da definição de Napier, segue-se que o logaritmo de 10.000.000 é 0. Também se pode mostrar que, com a sua definição,

log ab = log a + log b – log 1,

para quaisquer números a e b; aqui, log 1 tem o valor nada prático de 161.180.956, a ser subtraído de todos os cálculos.

Napier também construiu uma série de varas de marfim com números gravados (hoje chamadas *varas de Napier*) que podiam ser usadas para multiplicar números mecanicamente.

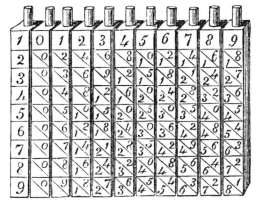

Varas de Napier

HENRY BRIGGS

Pouco depois de inventados, Henry Briggs, primeiro professor da cátedra Gresham de Geometria, em Londres, soube dos logaritmos e se entusiasmou.

> [John Napier] pôs minha cabeça e mãos para trabalhar com os seus novos e notáveis logaritmos.
>
> Nunca vi um livro que me agradasse mais nem me deixasse mais admirado.

Briggs percebeu que os logaritmos de Napier eram pouco práticos e achou que podiam ser redefinidos para não ter de subtrair o termo log 1:

> Eu mesmo, ao expor essa doutrina aos meus ouvintes no Gresham College, observei que seria muito mais conveniente se 0 fosse mantido para o logaritmo do seno completo.

Uma dificuldade relacionada era que a multiplicação por 10 envolvia a adição de log 10 = 23.025.842

Briggs visitou Edimburgo duas vezes para estar com Napier e resolver as dificuldades. Ao retornar a Londres, imaginou uma nova forma de logaritmo de base dez, escrito $\log_{10}$, no qual $\log_{10} 1 = 0$ e $\log_{10} 10 = 1$: para multiplicar dois números, basta somar os logaritmos:

$\log_{10} ab = \log_{10} a + \log_{10} b$;

em geral, se $y = 10x$, então $\log_{10} y = x$. Em 1617, ele os publicou num pequeno panfleto impresso, *Logarithmorum Chilias Prima* (Os primeiros mil logaritmos).

Em 1624, depois de partir de Londres para se tornar o primeiro professor saviliano de Geometria em Oxford, Briggs publicou uma extensa coletânea de logaritmos de base 10 dos inteiros de 1 a 20.000 e de 90.000 a 100.000, calculados a mão com quatorze casas decimais. A lacuna das tabelas (de 20.000 a 90.000) foi logo preenchida em 1628 pelo matemático holandês Adriaan Vlacq.

Alguns logaritmos de Henry Briggs

A invenção dos logaritmos levou rapidamente ao desenvolvimento de instrumentos matemáticos baseados na escala logarítmica. Entre eles, o mais notável foi a *régua de cálculo*, cujas primeiras versões surgiram por volta de 1630 e foram muito usadas durante mais de 300 anos até o surgimento da calculadora de bolso na década de 1970.

FERMAT

Pierre de Fermat (1601-1665) passou quase a vida inteira como advogado em Toulouse. Considerava a matemática um passatempo, publicou pouco e se comunicava por cartas com outros cientistas. Fermat foi o primeiro europeu importante a se dedicar à teoria dos números desde a época dos gregos e ressuscitou o tema com resultados espantosos. A sua outra área principal de interesse era a geometria analítica, que ajudou a criar.

Fermat nasceu em Beaumont-de-Lomagne, no sul da França, e frequentou a Universidade de Toulouse. Em 1631 recebeu em Orléans o diploma de bacharel em Direito e passou o resto da vida dedicado à carreira de advogado em Toulouse.

GEOMETRIA ANALÍTICA

A geometria analítica, na qual usamos técnicas algébricas para resolver problemas geométricos, nasceu em 1637 e teve dois pais: René Descartes e Pierre de Fermat. Fermat, especificamente, criou um novo e ótimo método para encontrar tangentes de curvas, que usava ideias e técnicas de aproximação tiradas da *Aritmética* de Diofanto, recentemente publicada em francês (ver a página seguinte).

TEORIA DOS NÚMEROS

Embora tenha dado contribuições substanciais ao desenvolvimento da geometria analítica, Fermat é lembrado principalmente pelas contribuições à teoria dos números, muito embora costumasse afirmar os seus resultados sem prova e não publicasse as suas conclusões.

PRIMOS DE FERMAT

Fermat conjeturou que, se n é uma potência de 2, então $2^n + 1$ é um número primo. Os primeiros desses números são mesmo primos: $2^1 + 1 = 3$, $2^2 + 1 = 5$, $2^4 + 1 = 17$, $2^8 + 1 = 257$, $2^{16} + 1 = 65.537$. Mas Euler provou que $2^{32} + 1$ é divisível por 641, e não se encontrou mais nenhum primo de Fermat.

O TEOREMA DE $4n + 1$

Vamos listar todos os números primos da forma $4n + 1$ (isto é, todos os que são múltiplos de quatro mais um):
 5, 13, 17, 29, 37, 41, 53, 61,...
Fermat observou que

> Todo número primo dessa lista pode ser escrito como soma de dois quadrados perfeitos:

por exemplo, $13 = 4 + 9 = 2^2 + 3^2$
 e $41 = 16 + 25 = 4^2 + 5^2$.
Fermat afirmou esse resultado sem prova. Coube a matemáticos posteriores prová-lo.

Pierre de Fermat

ILUSTRAÇÃO DA ABORDAGEM DE FERMAT

Fermat usou aproximações para encontrar os valores máximo e mínimo de certas expressões. Um dos seus problemas era encontrar o ponto E do segmento de reta AC para o qual o produto $AE \times EC$ tem o valor máximo.

Se $AC = b$ e $AE = a$, então $EC = b - a$ e o produto $AE \times EC = a \times (b - a)$.

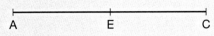

A ideia de Fermat era que, quando a posição de E permite o valor máximo, o produto não muda muito se E se mover um pouquinho, digamos, por uma distância e.
Assim, $a \times (b - a)$ é aproximadamente igual a $(a + e) \times (b - a - e)$.
Quando isso acontece, be é aproximadamente igual a $2ae + e^2$ e, ao dividir tudo por e, vemos que b é aproximadamente igual a $2a + e$.
Então, Fermat escreveu:
   Suprimindo e: $b = 2a$. Para resolver o problema devemos tomar a metade de b.
Assim, o valor máximo do produto ocorre quando E é o ponto médio do segmento de reta AC.

EQUAÇÃO DE PELL

Já vimos que Brahmagupta encontrou soluções inteiras para a "equação de Pell", $Cx^2 + 1 = y^2$, para vários valores específicos de C. O seu trabalho foi continuado por Fermat, que conseguiu encontrar solução para o caso difícil em que $C = 109$ e desafiou os seus contemporâneos matemáticos a fazer o mesmo. Como a menor solução é
   $x = 15.140.424.455.100$,
   $y = 158.070.671.986.249$,
fica claro que Fermat devia ter um método geral para encontrar tais soluções, mas ele nunca o revelou a ninguém.

O "PEQUENO TEOREMA" DE FERMAT

Outro resultado de Fermat trata de grandes números divisíveis por primos. Para ilustrar, vamos escolher um número primo como 37 e depois qualquer inteiro positivo como 14. O resultado de Fermat nos diz que, se calcularmos o número $14^{37} - 14$, o resultado poderá ser dividido exatamente por 37. Em geral, o "pequeno teorema" de Fermat nos revela que

   Dado qualquer número primo p e qualquer número inteiro n, o número $n^p - n$ pode ser dividido exatamente por p.

Esse não é um fato simplesmente teórico; hoje, é a base de trabalhos recentes e importantes sobre criptografia e segurança na internet.

O "ÚLTIMO TEOREMA" DE FERMAT

Vimos que há inteiros x, y e z que satisfazem a equação $x^2 + y^2 = z^2$ (os *ternos pitagóricos*): por exemplo, podemos tomar $x = 3$, $y = 4$ e $z = 5$ porque $3^2 + 4^2 = 5^2$.

Mas é possível encontrar inteiros x, y e z que satisfaçam às equações $x^3 + y^3 = z^3$ e $x^4 + y^4 = z_4$ ou, em geral, $x^n + y^n = z^n$ para qualquer número grande n?

No seu exemplar da *Aritmética* de Diofanto, Fermat afirmou ter "uma prova admirável que esta margem é estreita demais para conter" da afirmativa de que:

   Para qualquer inteiro n (maior do que 2), não existem inteiros positivos x, y e z para os quais $x^n + y^n = z^n$.

Com um método criado por ele e chamado de "método da descida infinita", Fermat provou isso para $n = 4$, mas parece bastante improvável que tivesse um argumento geral que servisse para todos os valores de n.

Como veremos mais adiante, o *último teorema de Fermat* (como passou a ser conhecido) acabou sendo provado em 1995 por Andrew Wiles, depois de uma luta longa e difícil.

DESCARTES

René Descartes (1596-1650) nasceu em Touraine, na França, estudou Direito em Poitiers e morreu em Estocolmo quando era tutor da rainha Cristina da Suécia. Em comum com muitos outros pensadores do século XVII, ele buscava um simbolismo para descobrir verdades sobre o mundo e via a linguagem algébrica como um caminho avante que podia ter aplicações mais amplas. As coordenadas cartesianas têm esse nome por causa dele.

A matemática inovadora de René Descartes aparece no seu *Discours de la Méthode* (Discurso sobre o método), tratado filosófico sobre ciência universal publicado em 1637. A obra tinha três apêndices: um sobre óptica (que continha a primeira formulação publicada da lei da refração), outro sobre meteorologia (que continha uma explicação de arco-íris primários e secundários) e o terceiro sobre geometria, que se estendia por 100 páginas e continha contribuições fundamentais para a geometria analítica.

La Géométrie gerou grande empolgação e teve influência considerável com o uso de métodos algébricos para resolver problemas geométricos. Isso pôs em andamento um movimento gradual da geometria rumo à álgebra que continuou durante cerca de cem anos, culminando com o trabalho de Leonhard Euler.

LA GÉOMÉTRIE

Primeiro Descartes apresentou uma simplificação ao considerar todas as quantidades como não dimensionais, enquanto antes os geômetras tinham lidado com comprimentos e considerado o produto de dois comprimentos como uma área.

Então ele afirmou ser capaz de resolver problemas geométricos com a álgebra e acreditava que as soluções de equações algébricas também poderiam ser obtidas com construções geométricas. Como exemplo de uma construção dessas, ele mostrou como usar segmentos de reta e um círculo para obter a solução de uma equação quadrática, como se segue:

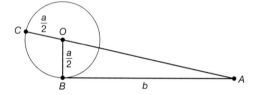

O comprimento de AC é a solução positiva da equação quadrática $x^2 = ax + b^2$

Em seguida, ele ilustrou a abordagem algébrica ao resolver um antigo problema geométrico de Papus que pedia a trajetória traçada por um ponto que se move de uma certa maneira em relação a um número de retas fixas. Descartes chamou dois comprimentos específicos de x e y e depois calculou todos os outros comprimentos em termos deles,

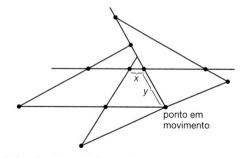

Solução do problema de Papus

René Descartes

obtendo assim uma equação que envolvia os termos x^2, xy and y^2; essa é uma equação quadrática e mostra que a trajetória exigida é uma cônica, como na página anterior.

Descartes também desenvolveu um método para encontrar tangentes a curvas que reduzia o problema de achar as soluções de um certo tipo de equação algébrica. No entanto, em nenhum momento ele apresentou as "coordenadas cartesianas" (com eixos em ângulo reto) que levam o seu nome, com os pontos representados por pares de números (x, y) e as retas representadas por equações lineares da forma $y = mx + c$.

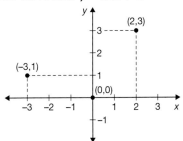

Coordenadas cartesianas

DUAS CONTRIBUIÇÕES MATEMÁTICAS

Descartes inventou uma "regra dos sinais" para localizar as raízes de equações polinomiais. Observe que, quando nos movemos da esquerda para a direita, a equação
 $x^4 - x^3 - 19x^2 + 49x - 30 = 0$
tem três mudanças de sinal (entre – e + ou + e –) e um par de sinais iguais (ambos –).

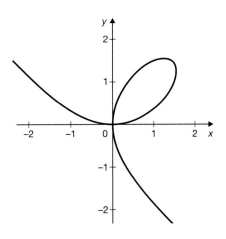

A regra de Descartes afirma que, nessa situação, a equação tem no máximo três soluções positivas e uma negativa.

Ele também analisou várias curvas geométricas. Uma delas foi o *fólio de Descartes*, com equação $x^3 + y^3 = 3xy$.

TEORIA DO VÓRTICE DE DESCARTES

Descartes também desenvolveu uma influente teoria do movimento planetário na qual vórtices enchem o espaço e empurram os planetas em suas órbitas (ver abaixo). Mais tarde essa teoria foi descartada por Isaac Newton em seu *Principia Mathematica*.

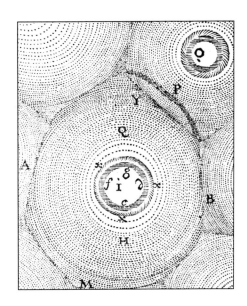

PASCAL

Blaise Pascal (1623-1662) contribuiu com várias áreas da matemática, da ciência e da filosofia da religião. Lançou as bases da teoria da probabilidade, escreveu sobre pressão atmosférica, descobriu o "teorema do hexágono" da geometria projetiva e construiu uma máquina de calcular. Também escreveu um tratado influente sobre a arrumação de números hoje conhecida como "triângulo de Pascal".

usando engrenagens para o "vai um", era bem documentada; na verdade, muitas máquinas posteriores foram apenas pequenas modificações dela.

Blaise Pascal

Blaise Pascal nasceu em Clermont-Ferrand, na região de Auverne, na França, e em tenra idade demonstrou talento matemático. O pai Etienne, funcionário tributário, advogado e matemático amador, responsabilizou-se pela educação do filho e o levou às reuniões científicas de Paris organizadas por Marin Mersenne.

A MÁQUINA DE CALCULAR DE PASCAL

Em 1642, Pascal construiu uma máquina de calcular (conhecida como a "Pascalina") para ajudar o pai no seu trabalho. Embora só pudesse somar e subtrair,

PROBABILIDADE

Costuma-se considerar que a moderna teoria da probabilidade surgiu em 1654 na correspondência entre Pascal e Fermat sobre problemas de apostas. Um problema específico foi proposto pelo Chevalier de Méré e trata da divisão exata das apostas de um jogo interrompido antes da conclusão.

Suponhamos que dois jogadores concordem em realizar várias partidas de um mesmo jogo; o vencedor, que ganhará £100, será o primeiro a vencer seis vezes. Se o jogo for interrompido quando um jogador venceu cinco jogos e o outro, quatro, como dividir as £ 100 de forma justa entre os jogadores? (A resposta é: quem tem cinco vitórias recebe £75 e o outro, £25.) Pascal deu a solução geral com mais detalhes no *Traité du Triangle Arithmétique* (Tratado do triângulo aritmético), de 1654.

A Pascalina

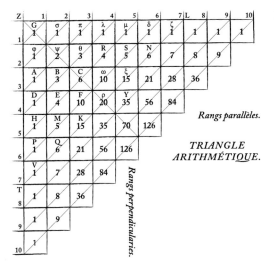

Desenho do triângulo feito por Pascal (adaptado da publicação póstuma de 1665)

O TRIÂNGULO ARITMÉTICO

O triângulo aritmético, hoje chamado *triângulo de Pascal*, era conhecido pelos matemáticos islâmicos, indianos e chineses havia muitos séculos. Mas o crédito a Pascal se justifica porque foi dele o primeiro estudo sistemático das suas propriedades.

No decorrer dos séculos, os números dessa matriz surgiram de várias maneiras.

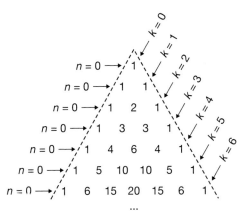

Primeiras linhas do triângulo de Pascal

PADRÕES NUMÉRICOS

O triângulo aritmético tem várias características numéricas interessantes. Por exemplo, a primeira diagonal ($k = 0$) é uma sequência de 1, e as duas diagonais seguintes ($k = 1$ e 2) contêm os números naturais 1, 2, 3, ... e os números triangulares 1, 3, 6, 10, ...

Além disso, cada número (fora os 1 externos) é a soma dos dois números acima dele; por exemplo, o número 20 da sétima linha ($n = 6$) é a soma dos dois 10 acima dele.

Outra característica interessante é que a soma dos números de cada linha é uma potência de 2; por exemplo, na sexta linha ($n = 5$):

$1 + 5 + 10 + 10 + 5 + 1 = 32 = 2^5$.

Pascal provou esse resultado com um método, hoje chamado *indução matemática*, que ele foi o primeiro a exprimir explicitamente.

COEFICIENTES BINOMIAIS

Os números que aparecem no triângulo são todos *coeficientes binomiais*. Esses números surgem na expansão das várias potências de $1 + x$.

$$(1 + x)^0 = 1$$
$$(1 + x)^1 = 1 + 1x$$
$$(1 + x)^2 = 1 + 2x + 1x^2$$
$$(1 + x)^3 = 1 + 3x + 3x^2 + 1x^3$$
$$(1 + x)^4 = 1 + 4x + 6x^2 + 4x^3 + 1x^4$$
$$(1 + x)^5 = 1 + 5x + 10x^2 + 10x^3 + 5x^4 + 1x^5$$
$$(1 + x)^6 = 1 + 6x + 15x^2 + 20x^3 + 15x^4 + 6x^5 + 1x^6$$

COMBINAÇÕES

Os números do triângulo também surgem como o número das diversas maneiras de fazer seleções; por exemplo, o número de equipes de 4 pessoas que podem ser formadas com 6 pessoas se escreve $C(6, 4)$ e é 15. Em geral, $C(n, k)$ é o número da linha n e da diagonal k e é igual a $n! / k! (n - k)!$.

CAVALIERI E ROBERVAL

Durante o século XVII, houve muito progresso nos dois ramos aparentemente não relacionados do cálculo infinitesimal que hoje se chamam *diferenciação* **e** *integração*. **Bonaventura Cavalieri (1598-1647) desenvolveu uma teoria dos "indivisíveis" que ofereceu um modo sistemático de auxiliar o cálculo de determinadas áreas. Gilles Personne de Roberval (1602-1675) foi um cientista francês que também descobriu técnicas poderosas para calcular áreas.**

O matemático italiano Cavalieri era tido em elevada consideração por Galileu, que declarou:

Poucos, se é que algum desde Arquimedes, mergulharam tão longe e tão profundamente na ciência da geometria.

Em 1629, Galileu ajudou Cavalieri a obter uma cátedra em Bolonha, renovada a cada três anos até a sua morte.

Roberval na Academia de Ciências de Paris, 1666

O PRINCÍPIO DE CAVALIERI

Cavalieri escreveu dez livros sobre matemática e ciência e publicou uma tabela de logaritmos. A sua obra mais importante foi *Geometria Indivisibilibus Continuorum Nova Quadam Ratione Promota* (Um certo método para desenvolver uma nova geometria de indivisíveis contínuos), publicada em 1635.

Cavalieri considerava que os objetos geométricos eram formados por objetos com uma dimensão a menos, os *indivisíveis*, de modo que uma área era formada de linhas e um objeto sólido, de planos. O problema, então, era como comparar os indivisíveis de um objeto geométrico com os de outro.

O *princípio de Cavalieri* estabeleceu as circunstâncias em que isso pode ser feito. No caso de áreas, ele diz que:

Duas figuras planas têm a mesma área quando estão entre as mesmas retas paralelas e toda reta traçada paralelamente às duas retas dadas cruza cordas iguais em cada figura.

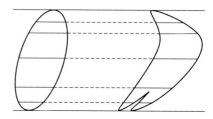

Princípio de Cavalieri para figuras planas

A ROTA PARA O CÁLCULO

Muitos outros matemáticos do século XVII, como Kepler, Fermat, Descartes e Pascal, encontraram tangentes a curvas e áreas sob curvas. Também houve contribuições de:

- Grégoire de Saint-Vincent, matemático belga que descobriu a área sob a hipérbole $y = x^{-1}$.
- John Wallis, que calculou a área sob a curva $y = x^k$ quando k é uma fração positiva.
- Evangelista Torricelli, aluno de Galileu e inventor do barômetro, descobriu áreas e tangentes e estudou a trajetória parabólica dos projéteis. Ao passar de uma equação da "distância em termos de tempo" para outra de "velocidade em termos de tempo" e voltar, ele se apercebeu na natureza inversa dos problemas de área e tangente.
- Isaac Barrow (antecessor de Newton como professor lucasiano de Matemática em Cambridge), que também estudou a relação inversa entre esses problemas.

No entanto, foram Newton e Leibniz que transcenderam o que fora feito antes e criaram, de forma independente, o que hoje chamamos de cálculo.

- *diferenciação*: modo sistemático de obter a inclinação de tangentes a curvas
- *integração*: modo sistemático de obter áreas sob curvas
- a *relação inversa entre esses problemas de área e tangente*: ou seja, que diferenciação e integração são processos inversos: quando se integra uma expressão e depois se diferencia o resultado, encontra-se de volta o ponto de partida e vice-versa.

Cavalieri usou esse princípio para encontrar a área sob a curva $y = x^n$ quando n é um inteiro positivo dado.

ROBERVAL E A CICLOIDE

O princípio de Cavalieri foi amplamente considerado útil e poderoso. Roberval fez uso impressionante dele (e afirmou que o descobrira de forma independente) para calcular a área sob o arco de uma *cicloide*, curva traçada por um ponto fixo num círculo que rola numa reta; pode-se pensar na cicloide como a curva traçada por um ponto de lama num pneu de bicicleta enquanto esta avança.

Roberval provou que a área sob um arco de cicloide é exatamente o triplo da área do círculo gerador. Para isso, mostrou que as duas regiões com hachuras horizontais abaixo têm a mesma área e observou que a área com hachuras verticais é metade do retângulo *OABC*. E deduziu que a área sob metade da cicloide é

$$\tfrac{1}{2}\pi r^2 + \tfrac{1}{2}(2r \times \pi r) = \tfrac{3}{2}\pi r^2.$$

Segue-se que a área total sob um arco da cicloide é $3\pi r^2$, ou seja, o triplo da área do círculo.

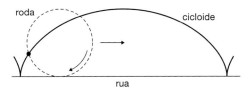

Uma cicloide

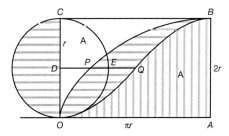

Cicloide de Roberval

HUYGENS

A década de 1650 assistiu a uma mudança do centro da atividade matemática para longe da França. Os Países Baixos e a Grã-Bretanha eram agora os principais países, e à frente dos matemáticos holandeses estava Christiaan Huygens (1629-1695). Com a construção do primeiro relógio de pêndulo, Huygens melhorou consideravelmente a exatidão da medição do tempo. Ele também contribuiu com a geometria, a mecânica, a astronomia e a probabilidade.

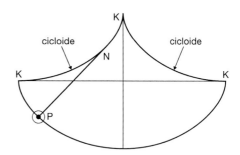

O peso de um pêndulo segue uma trajetória cicloidal

Huygens pertencia a uma família holandesa importante que tinha bons contatos. Estudou Direito e Matemática, primeiro na Universidade de Leiden, depois no Colégio de Orange, em Breda. As suas primeiras obras da década de 1650 foram sobre matemática, com estudos de cissoides e conchoides (curvas clássicas estudadas pelos gregos).

RELÓGIOS DE PÊNDULO

A necessidade de relógios para medir o tempo com exatidão era importante na astronomia e na navegação. Um interesse constante de Huygens foi o desenvolvimento desses relógios e a sua descoberta mais famosa aconteceu nessa área.

Para o peso na ponta do pêndulo, o período de oscilação independe da amplitude (ou extensão) da oscilação de forma ape-

Christiaan Huygens

nas aproximada, embora essa exatidão costume ser ignorada quando a amplitude é pequena. Huygens descobriu que:

> *Numa cicloide cujo eixo se ergue na perpendicular e cujo vértice se localiza embaixo, os tempos de descida nos quais um corpo chega ao ponto mais baixo do vértice depois de partir de qualquer ponto da cicloide serão sempre iguais [...]*

Isso significa que, se a trajetória do pêndulo for cicloidal, o período de oscilação será independente da amplitude.

Huygens conseguiu isso instalando duas "bochechas" a partir do ponto de suspensão do pêndulo nas quais o fio se enrola quando o pêndulo oscila. O formato dessas bochechas também é cicloidal; a forma exata depende do comprimento do pêndulo.

PROBABILIDADE

Em 1655, Huygens se interessou pela probabilidade durante uma visita a Paris e, estimulado por Pascal, escreveu *De Ratiociniis in Ludo Aleae* (Dos valores em jogos de azar), publicado em 1657. Foi o primeiro tratamento sistemático da

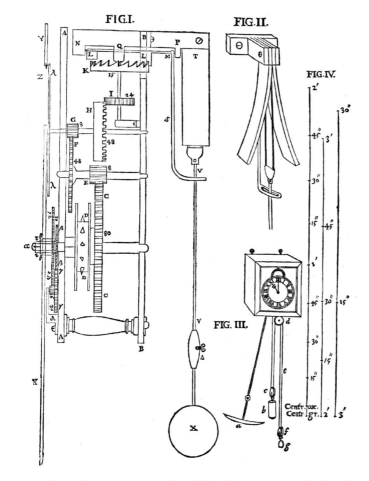

Desenhos de mecanismos de relógio de Huygens, tirados de *Horologium Oscillatorium* (O relógio de pêndulo), de 1673

do será de $\frac{1}{2}(x+y)$. Essa é a aposta que o jogador deve se dispor a fazer para jogar.

Huygens também discutiu um problema surgido na correspondência entre Pascal e Fermat:

Quantas vezes se devem jogar os dados para dar ao menos uma probabilidade constante de obter duplo seis?

A resposta é entre 24 e 25: depois de 24 jogadas a probabilidade de obter duplo seis é levemente menor do que $\frac{1}{2}$; depois de 25 jogadas, levemente maior do que $\frac{1}{2}$.

ASTRONOMIA E MOVIMENTO

Em cooperação com o irmão, Huygens desenvolveu grande perícia em esmerilhar e polir lentes. Isso levou os dois a construir os melhores telescópios da época, que permitiram a Huygens descobrir, em 1655, a lua de Saturno, hoje chamada Titã. No ano seguinte, ele apresentou a sua descrição dos anéis de Saturno:

É cercado por um anel plano e fino, que não o toca em ponto nenhum e tende à eclíptica.

teoria da probabilidade e o único disponível até o século XVIII. Como observou Huygens:

Embora num jogo puro de azar o resultado seja incerto, a probabilidade que um jogador tem de ganhar ou perder depende de um valor determinado.

Esse "valor determinado" é o que hoje chamamos de *expectativa*, o número médio esperado de vitórias caso se faça o jogo muitas vezes.

Uma ilustração do primeiro princípio é que, quando há probabilidade igual de ganhar x ou y num jogo, o ganho espera-

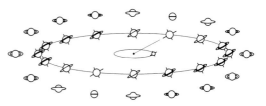

Diagrama de *Systema Saturnalia* (1659), de Huygens, mostrando a órbita de Saturno

99

WALLIS

John Wallis (1616-1703) foi o matemático inglês mais influente antes do surgimento de Newton. As suas obras mais importantes foram a *Arithmetic of Infinites* (Aritmética dos infinitos) e o tratado sobre seções cônicas, ambas publicadas na década de 1650. Eram cheias de descobertas e ideias novas e surgiram numa época importantíssima do desenvolvimento do tema. Foi com o estudo da primeira que Newton veio a descobrir a sua versão do teorema binomial.

John Wallis

John Wallis nasceu em Kent (Inglaterra) e foi para a Universidade de Cambridge, onde estudou muito pouca matemática. A sua meta era seguir carreira na Igreja, o que fez até 1649, quando foi nomeado professor saviliano de Geometria em Oxford. Tivera pouca experiência matemática antes disso, e a nomeação em Oxford pode ter se devido principalmente ao seu destacado trabalho de decifração de códigos secretos para o serviço de informações de Cromwell durante a Guerra Civil inglesa. É difícil imaginar uma nomeação matemática mais presciente com base num currículo tão frágil.

LINGUAGEM MATEMÁTICA

Embora fosse geralmente conservador no uso da notação matemática, ele criou dois símbolos novos ainda utilizados hoje: ∞ para "infinito" e $\geq$ para "maior ou igual".

No livro de 1655 sobre seções cônicas, Wallis as tratou como curvas definidas por equações em vez de seções de um cone e obteve as suas propriedades pelas técnicas de análise algébrica criadas por Descartes.

Embora Newton fosse o primeiro a exibir a notação então corrente para índices fracionais e negativos, em 1676 Wallis avançou muito abrindo caminhos; por exemplo, na *Arithmetica Infinitorum* ele escreveu:

$1/x$, cujo índice é -1
e $\sqrt{x}$, cujo índice é $1/2$.

Primeira aparição dos símbolos ∞ e $\geq$ no tratado sobre seções cônicas de Wallis

A ÁREA SOB UMA PARÁBOLA

Essa área era conhecida na época, mas Wallis usou o seu método em outros casos cuja resposta era desconhecida.

A abordagem dele se baseia na relação entre somas de séries diferentes. Para ilustrar o seu método, encontraremos a área sob a parábola $y = x^2$ comparando-a à de um quadrado no mesmo intervalo. Imaginemos ambas as áreas compostas de infinitas retas verticais.

Uma aproximação da área da parábola seria a soma do comprimento das linhas acima dos pontos $0, 1/n, 2/n, 3/n, \ldots, n^2/n^2$:

$0^2/n^2 + 1^2/n^2 + 2^2/n^2 + 3^2/n^2 + \ldots + n^2/n^2$.

A soma do comprimento das retas do quadrado acima do mesmo ponto é

$1 + 1 + 1 + \ldots + 1$ ($n + 1$ termos),

já que cada linha tem comprimento 1.

A razão entre essas duas somas pode ser calculada e é $1/3 + 1/6n$. Isso leva à resposta correta de $1/3$ quando n cresce.

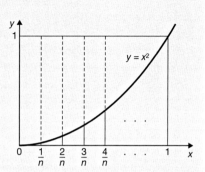

ARITHMETICA INFINITORUM

Depois da nomeação, Wallis estudou todas as principais obras matemáticas das bibliotecas de Oxford. Especificamente, encontrou os livros de Torricelli nos quais se usava o método de indivisíveis de Cavalieri e sentiu que esse método podia ser usado para encontrar a área do círculo. Isso o ocupou durante três anos e levou à *Arithmetica Infinitorum* (Aritmética dos infinitos), publicada em 1655. A palavra interpolação foi apresentada por Wallis nessa obra.

Cavalieri usara o método dos indivisíveis geométricos para encontrar a área sob curvas da forma $y = x^3$ em que n é um inteiro positivo. Wallis desenvolveu técnicas semelhantes para as curvas $y = x^k$ em que k é uma fração.

Wallis descreveu completamente os seus métodos para, como disse, abrir a própria fonte aos leitores em vez de imitar os métodos dos antigos, que buscavam ser mais admirados do que entendidos e cujos métodos eram "ásperos e difíceis, de modo que poucos se aventuravam a se aproximar deles".

Foi aí que Wallis obteve a famosa fórmula da razão das áreas do quadrado e do círculo nele inscrito, que hoje escrevemos como $4/\pi$:
$4/\pi = 3 \times 3 \times 5 \times 5 \times 7 \times 7 \times \ldots / 2 \times 4 \times 4 \times 6 \times 6 \times 8 \times \ldots$

Newton se sentiu atraído pelo método fundamental de descoberta de Wallis com a exploração e o reconhecimento de padrões. A carreira de Wallis se iniciara com o talento criptológico que parece também ter caracterizado o seu estilo matemático.

NEWTON

Sir Isaac Newton (1642-1727) continua sem igual no fôlego e na profundidade da obra científica e matemática. Ele obteve a forma geral do teorema binomial, explicou a relação entre diferenciação e integração, estudou séries de potências e analisou curvas cúbicas. Na gravitação, Newton afirmou que a força que faz os objetos caírem na Terra é a mesma que mantém os planetas orbitando em torno do Sol, governada por uma lei universal de força proporcional ao inverso do quadrado da distância.

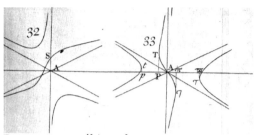
Duas curvas cúbicas de Newton

Isaac Newton nasceu no dia de Natal de 1642 no povoado de Woolsthorpe, perto de Grantham, no Lincolnshire, Inglaterra. Frequentou a Universidade de Cambridge, onde mais tarde, com 26 anos, foi nomeado professor lucasiano, e se manteve no cargo até 1696, quando se mudou para Londres para tornar-se Guardião e depois Mestre da Real Casa da Moeda. Tornou-se presidente da Royal Society em 1703.

OBRAS MATEMÁTICAS DE NEWTON

CÁLCULO

Para Newton, a criação do cálculo estava ligada ao movimento: ao modo como as coisas mudam com o tempo, ou "fluxo". Os seus problemas com tangentes envolviam velocidades e, no *Tratado sobre os fluxos* (que circulou entre amigos mas só foi publicado depois da sua morte), ele mostrou regras para calcular essas velocidades. Nos problemas de área, Newton não usou uma abordagem direta e os considerava problemas inversos.

SÉRIES INFINITAS

Uma série infinita é semelhante a um polinômio, só que continua eternamente; por exemplo:

$$1 - 2x + 3x^2 - 4x^3 + 5x^4 - 6x^5 + ...$$

A percepção de Newton da importância e do uso das séries infinitas foi uma grande contribuição à matemática. Foi especialmente útil o seu teorema binomial geral que mostra a expansão de $(1 + x)^n$ como série infinita quanto n não é um inteiro positivo; por exemplo, a série infinita acima é a expansão binomial de $(1 + x)^{-2}$.

CURVAS CÚBICAS

A classificação das curvas quadráticas era bem conhecida — elas são as seções cônicas —, mas a classificação das curvas cúbicas era muito mais difícil. Newton a conseguiu ao mostrar que todos os seus 78 tipos podem ser obtidos com a projeção de uma das cinco curvas de uma família.

Isaac Newton

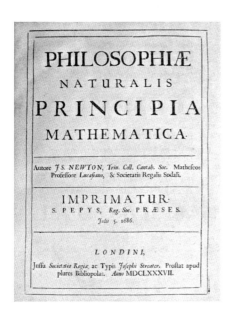

PRINCIPIA MATHEMATICA

A famosa história da maçã que Newton contou na velhice faz parte do folclore científico. Ao ver uma maçã cair, ele disse perceber que a força gravitacional que atrai a maçã para a Terra é a mesma que mantém a Lua em órbita em torno da Terra e a Terra em órbita em torno do Sol. Além disso, esse movimento planetário é governado pela lei da gravitação universal, a *lei do inverso do quadrado*:

> A força de atração entre dois objetos varia de acordo com o produto das massas e com o inverso do quadrado da distância entre eles.

Assim, quando se triplicam as massas a força aumenta num fator de 9 e, se a distância entre elas for multiplicada por 10, a força diminui num fator de 100.

Em *Philosophiæ Naturalis Principia Mathematica* (Princípios matemáticos da filosofia natural) de 1687, talvez a maior obra científica de todos os tempos, Newton usou essa lei e as suas três leis do movimento para explicar as três leis de Kepler do movimento planetário elíptico e a órbita dos cometas, a variação das marés e o achatamento da Terra nos polos devido à rotação do planeta.

AS TRÊS LEIS DO MOVIMENTO DE NEWTON

- Todo corpo permanece em estado de repouso ou movimento uniforme em linha reta a menos que seja obrigado a mudar esse estado por forças que atuem sobre ele.
- Toda mudança de movimento é proporcional à força e acontece na direção da reta em que a força se aplica.
- A toda ação há uma reação igual e contrária.

Nos *Principia*, Newton também considerou o movimento de objetos num meio resistente e a velocidade necessária para projetar um objeto de modo a colocá-lo na órbita da Terra.

Newton obteve respeito e honras ainda em vida. O famoso epitáfio de Alexander Pope exprime a reverência com que os contemporâneos de Newton o viam:

> *A Natureza e suas leis jaziam escondidas na noite.*
> *Deus disse: Faça-se Newton! E a luz se fez.*

Monumento a Newton na Abadia de Westminster, em Londres

WREN, HOOKE E HALLEY

Christopher Wren (1632-1723), Robert Hooke (1635-1703) e Edmond Halley (1656-1742) contribuíram para o início da história da Royal Society de Londres. Os três tiveram papel importante no desenvolvimento da matemática na Inglaterra do final do século XVII, embora nenhum fosse primariamente matemático.

CHRISTOPHER WREN

Embora seja lembrado principalmente como arquiteto, no início da carreira Wren foi um astrônomo de renome, e Isaac Newton o classificou (juntamente com Wallis e Huygens) como um dos geômetras mais destacados da época.

Em 1646, Wren entrou para o Wadham College, em Oxford, e impressionou os contemporâneos com o seu talento juvenil. Na década de 1650, foi eleito *fellow* do All Souls College, onde ainda está o belo relógio de sol que projetou. Ele se tornou membro regular da Sociedade Filosófica de Oxford, um grupo de colegas brilhantes (como Wallis, Hooke e Boyle) que se encontrava regularmente para discutir tópicos de interesse científico e realizar experiências.

Em 1657, Wren foi nomeado professor de Astronomia do Gresham College de Londres. Na aula inaugural, falou com entusiasmo do ambiente matemático de Londres e concluiu:

> As demonstrações matemáticas, construídas sobre os alicerces inabaláveis da Geometria e da Aritmética, são as únicas verdades que podem calar na mente do Homem, vazias de toda in-

Busto de Christopher Wren

certeza; e todos os outros discursos participam mais ou menos da Verdade conforme os seus temas sejam mais ou menos capazes de demonstração matemática.

Em 28 de novembro de 1660, depois de uma das aulas de astronomia de Wren no Gresham College, o grupo reunido se dirigiu aos aposentos do professor de Geometria e propôs que se fundasse uma nova sociedade para promover a ciência experimental. Dois anos depois, ela se tornou a Royal Society.

O interesse de Wren pela geometria também impregnou a sua arquitetura. Para a estrutura do telhado plano do seu Sheldonian Theatre, em Oxford, Wren pensou num modelo imaginado alguns anos antes por John Wallis. O projeto do cruzamento das vigas envolveu a formulação e a solução de 27 equações algébricas simultâneas.

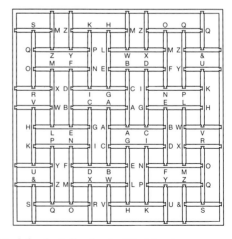

Modelo do telhado do Sheldonian

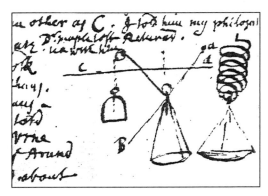
Anotação sobre molas no diário de Hooke

ROBERT HOOKE

Durante mais de 35 anos, Hooke foi professor de Geometria do Gresham College e deu aulas de matemática ao público em geral. A Royal Society fazia as suas reuniões no College e Hooke, como Curador de Experimentos da sociedade, tinha de projetar e apresentar experiências regularmente. Dessa maneira, o College se tornou um centro importante de pesquisa e debate científico.

Hooke se interessava pelos princípios matemáticos que embasavam muitas experiências suas e projetou alguns instrumentos matemáticos. Também se interessou pelo projeto de relógios de parede e bolso e formulou a "lei das molas de Hooke": quando se prende um peso a uma mola, a extensão resultante da mola é proporcional ao peso acrescentado.

EDMOND HALLEY

Em 1684, Wren, Hooke e Halley, na Royal Society, tentavam definir a órbita de um planeta que se movia sob a influência de uma lei de gravitação inversamente proporcional ao quadrado das distâncias. Halley foi a Cambridge perguntar a Newton:

> Sir Isaac respondeu imediatamente que seria uma elipse, o Doutor cheio de alegria e espanto perguntou-lhe como sabia. Ora, disse ele, porque calculei, e nisso o Dr. Halley lhe pediu o cálculo, sem mais delongas Sir Isaac procurou entre os seus papéis mas não conseguiu encontrar, mas prometeu-lhe refazê-lo e em seguida lhe enviar.

Em consequência dessa conversa, Halley passou os três anos seguintes bajulando Newton para convencê-lo a refazer os cálculos e apresentá-los para publicação. O resultado foram os *Principia Mathematica* de Newton, que começa com a exagerada *Ode a Newton*, de Halley:

> *Então vós que agora vos deleitais com o néctar dos céus,*
> *Vinde celebrar comigo o nome de Newton, o amado das Musas; pois ele Decifrou os tesouros ocultos da verdade [...]*
> *Mais perto dos deuses, nenhum mortal há de chegar.*

Sem Halley, os *Principia* nunca teriam sido publicados. Além disso, como a Royal Society não tinha como custear a publicação por ter gasto os seus recursos numa luxuosa *História dos peixes*, Halley a pagou do próprio bolso; a Sociedade o recompensou com cinquenta exemplares da *História dos peixes*.

Em 1704, depois da morte de John Wallis, Halley foi nomeado professor saviliano de Geometria da Universidade de Oxford. Ele preparou uma edição definitiva das *Cônicas* de Apolônio e, em 1720, tornou-se o segundo Astrônomo Real. Baseou os seus cálculos em princípios newtonianos e previu com exatidão o retorno de um cometa em dezembro de 1758; mais tarde, esse corpo celeste passou a se chamar *cometa Halley*.

A fundação da Royal Society

LEIBNIZ

Gottfried Wilhelm Leibniz (1646-1716) foi o maior teórico da lógica e da linguagem desde Aristóteles além de ser matemático e filósofo do mais alto nível. Nas suas investigações, guiava-se pelo desejo de encontrar uma "lógica da descoberta" e uma linguagem que refletisse a estrutura do mundo. Isso ficou visível na sua obra sobre aritmética binária, lógica simbólica, no cálculo e na sua máquina de calcular.

A máquina de calcular de Leibniz

Leibniz nasceu em Leipzig e foi para a Universidade de lá (onde o pai era professor de Filosofia Moral) na tenra idade de 14 anos; depois, foi para Altdorf, onde obteve o doutorado com apenas 20 anos. Era excepcionalmente talentoso, com interesses abrangentes em muitas disciplinas, mas não ocupou nenhuma posição acadêmica depois de sair da universidade. Passou quarenta anos em cargos menores, viajando pela Europa e representando os interesses do eleitor de Mainz e do duque de Hanover.

ARITMÉTICA BINÁRIA

Leibniz, seguindo ideias de Ramón Lull, determinou a inspiração que o norteava num ensaio de 1666: a intenção de imaginar

> Um método geral no qual todas as verdades da razão se reduzam a um tipo de cálculo.

A aritmética binária foi um exemplo da tentativa de reduzir ideias complexas à forma mais simples, e, por volta de 1679, ele escreveu que, em vez do sistema decimal:

É possível usar em seu lugar um sistema binário, de modo que, assim que chegarmos a dois, comecemos de novo a partir da unidade, da seguinte maneira:

(0) (1) (2) (3) (4) (5) (6) (7) (8)
 0   1 10 11 100 101 110 111 1000

[...] que maneira maravilhosa, todos os números se exprimem pela unidade e nada.

Hoje, essas representações binárias são rotineiramente usadas pelos computadores modernos.

A MÁQUINA DE CALCULAR

A máquina de calcular de Leibniz mostra outro aspecto do seu plano de usar o cálculo mecânico para encontrar um caminho para a verdade sem erros. A inovação fundamental da máquina eram engrenagens esca-

Gottfried Leibniz

106

A DISPUTA DA PRIORIDADE

Quem inventou o cálculo primeiro?

É provável que Newton tenha sido o primeiro a encontrar os seus resultados sobre o cálculo, mas, embora tivesse mostrado as suas descobertas particularmente aos amigos, elas só foram publicadas depois da sua morte.

Leibniz, que trabalhava de modo independente, apresentou em 1675 a sua notação superior; publicou os seus resultados sobre o cálculo diferencial em 1684 e sobre o integral, em 1686. Neste último texto, ele também explicava a relação inversa entre diferenciação e integração.

Isso levou a uma disputa acirrada pela prioridade entre Newton e Leibniz, com os seguidores de Newton acusando Leibniz de plágio. Com muita animosidade entre a Grã-Bretanha e a Europa a respeito dessa questão, Newton (como presidente da Royal Society) organizou uma comissão "independente" para investigar o caso. Não foi uma situação lisonjeira para Newton: ele escolheu pessoalmente os integrantes da comissão e escreveu boa parte das provas a serem examinadas; não surpreende que a comissão decidisse a seu favor.

---

lonadas com número variável de dentes que permitiam a multiplicação com o girar de uma manivela. A engrenagem escalonada de Leibniz foi um componente importante das calculadoras mecânicas até serem substituídas por calculadoras eletrônicas.

O CÁLCULO

O cálculo de Leibniz foi, de longe, a sua obra mais ambiciosa e influente e, mais uma vez, surgiu do seu desejo de encontrar métodos simbólicos gerais para descobrir a verdade.

O cálculo de Leibniz se originou de maneira diferente do de Newton e se baseava em somas e subtrações em vez de velocidade e movimento.

Em 1675, Leibniz criou dois símbolos que seriam usados para sempre no cálculo. Um foi a notação d (ou dy/dx) para a diferenciação, referindo-se à diminuição de uma dimensão — por exemplo, de áreas (x^2) a comprimentos (x). O outro foi o sinal de integral: na tentativa de encontrar áreas sob curvas somando linhas, ele definiu *omnia l* (todos os *l*) que, então, representou com um S alongado de soma: é o símbolo $\int$ de integral.

Será útil escrever $\int$ para significar todos...

Leibniz apresentou regras algébricas para a diferenciação que podem ser usadas para encontrar tangentes e localizar limites máximos e mínimos. Além de explicar as regras, ele também diferenciou potências de x:

$d(x^a) = a\,x^{a-1}dx$, em que a é qualquer fração, de modo que $d(x^2) = 2x\,dx$ e $d(x^{1/2}) = {}^{1}/_{2}\,x^{-1/2}\,dx$.

REGRAS DE DIFERENCIAÇÃO DE LEIBNIZ

- Para qualquer constante a:
  $d(a) = 0$, $d(ax) = a\,dx$
- $d(v + y) = dv + dy$
- $d(vy) = v\,dy + y\,dv$
- $d(v/y) = (y\,dv - v\,dy)\,/\,y^2$

Essas regras são fáceis de usar; por exemplo, podemos usá-las para diferenciar

$w = x^{1/2}/(x^2 + 4)$.

Pela última regra, $v = x^{1/2}$ e $y = x^2 + 4$. Então:

$dw = \{(x^2 + 4)\,d(x^{1/2}) - x^{1/2}\,d(x^2 + 4)\}\,/\,(x^2 + 4)^2$.

Pela segunda regra,

$d(x^2 + 4) - d(x^2) + d(4) = d(x^2) + d(4) = d(x^2)$, já que, pela primeira regra, $d(4) = 0$.

Finalmente, ao substituir

$d(x^2) = 2x\,dx$ e $d(x^{1/2}) = {}^{1}/_{2}\,x^{-1/2}\,dx$,

obtemos:

$dw = ((x^2 + 4) \cdot {}^{1}/_{2}x^{-1/2}\,dx - x^{1/2} \cdot 2x\,dx)\,/\,(x^2 + 4)^2$,

que pode ser rearrumado como

$dw = \{(2 - {}^{3}/_{2}x^2)\,/\,x^{1/2} \cdot (x^2 + 4)^2\}\,dx$.

JACOB BERNOULLI

Em toda a história da ciência e da matemática, é difícil encontrar uma família de maior destaque do que os Bernoulli. O primeiro membro importante foi Jacob Bernoulli (1654-1705), nascido em Basileia, na Suíça, e mais tarde, em 1687, professor de Matemática na universidade de lá. Com uma ampla variedade de interesses, ele estudou séries infinitas, cicloides, curvas transcendentais, a espiral logarítmica e a catenária e criou o termo *integral*. O seu texto póstumo sobre probabilidade contém a famosa lei dos grandes números.

Jacob Bernoulli foi professor de matemática em Basileia até a sua morte, sucedido então pelo irmão Johann. Os irmãos Bernoulli foram os maiores defensores do cálculo leibniziano e o divulgaram, publicaram textos sobre ele e o aplicaram para resolver novos problemas.

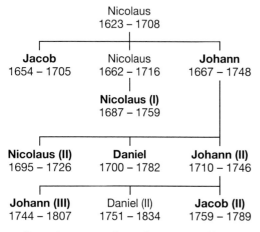

A dinastia matemática dos Bernoulli, com oito matemáticos em negrito

Jacob confirmou que a série harmônica

$$1 + \frac{1}{2} + \frac{1}{3} + \frac{1}{4} + \frac{1}{5} + \frac{1}{6} + \dots$$

não converge para um número finito, enquanto a série

$$1 + (\tfrac{1}{2})^2 + (\tfrac{1}{3})^2 + (\tfrac{1}{4})^2 + (\tfrac{1}{5})^2 + (\tfrac{1}{26})^2 + \dots$$

converge; mas ele não conseguiu encontrar a soma.

Os irmãos Jacob e Johann competiam feroz e publicamente. Certa ocasião, Jacob propôs o problema de como encontrar a forma assumida por uma corrente pesada pendurada entre dois pontos. Galileu supusera incorretamente que seria uma parábola, e Johann ficou contentíssimo ao vencer o irmão com a resposta correta, que é uma curva chamada *catenária*.

A catenária

ARS CONJECTANDI

Ars Conjectandi (A arte de conjeturar), livro de Jacob Bernoulli sobre probabilidade, foi a sua obra mais importante e influente. Culminou vinte anos de trabalho e foi publicada em 1713, oito anos depois da sua morte.

As três primeiras partes do livro se baseiam em obras prévias; na verdade, a primeira parte é um comentário sobre o tratamento anterior de Huygens. Ali, ele calculou a soma de potências inteiras (quadrados, cubos...) e obteve um resultado geral que envolvia os *números de Bernoulli*, como dizemos hoje.

A última parte era muito inovadora. O tema principal era quantificar probabilidades em situações nas quais fosse impossível listar ou contar todas as possibilidades. Sua abordagem foi ver o que acontecia em situações semelhantes:

> *Por exemplo, se observamos que, de 300 pessoas da mesma idade e com a mesma constituição de um certo Tício, 200 morreram em dez anos enquanto o resto sobreviveu, podemos concluir com razoável certeza que há duas vezes mais probabilidade de Tício pagar a sua dívida com a natureza dentro da década seguinte do que de viver além desse tempo.*

Bernoulli acreditava que, quanto mais observações fizermos, melhor será a previsão de resultados futuros, e quantificou isso na sua *lei dos grandes números*. Ele mostrou que o aumento do número de observações nos permite estimar a probabilidade com qualquer grau de precisão e calculou quantas observações são necessárias para termos certeza de estar dentro de um grau de precisão pré-definido. Isso envolvia trabalhar com somas de coeficientes binomiais.

A ESPIRAL LOGARÍTMICA

Bernoulli estava interessado na espiral logarítmica e a chamava de *spira mirabilis* (a espiral maravilhosa). Uma das suas propriedades é que a tangente de cada ponto faz um ângulo fixo com a reta que une o ponto ao centro. Essa espiral tem uma simetria agradável e se reproduz sob várias transformações; por exemplo, cada braço da espiral tem o mesmo formato do anterior, só que maior.

Bernoulli pediu que essa espiral fosse gravada na sua lápide com a inscrição *EADEM MUTATA RESURGO* (embora mudada, ressurjo). Está na parte de baixo da lápide (à direita).

JOHANN BERNOULLI

Johann Bernoulli (1667-1748), irmão caçula de Jacob, foi um matemático prolífico que trabalhou como tutor do marquês de l'Hôpital e de Leonhard Euler. Propôs muitos problemas ligados ao debate da prioridade entre Newton e Leibniz e, deles, o mais significativo para o desenvolvimento da matemática foi o da *braquistócrona* — encontrar a curva de descida mais rápida. Bernoulli foi chamado de "Arquimedes do seu tempo" e isso está gravado na sua lápide.

Johann Bernoulli

Johann Bernoulli nasceu e morreu em Basileia. Na década de 1690, desenvolveu as técnicas de Leibniz e, com o apoio de Huygens, ocupou a cátedra de Matemática de Groningen (na Holanda) de 1695 a 1705, quando sucedeu ao irmão em Basileia.

O CÁLCULO

Antes de se mudar para Groningen, Bernoulli trabalhou na França como tutor de cálculo leibniziano do marquês de l'Hôpital. Isso resultou na *Analyse des Infiniment Petits pour l'Intelligence des Lignes Courbes* (Análise do infinitamente pequeno para o entendimento das linhas curvas) (1696), de l'Hôpital, primeiro livro impresso sobre cálculo diferencial. Continha muitos resultados de Johann, inclusive um método de calcular limites hoje mais conhecido como *regra de l'Hôpital*. No prefácio, o marquês deu o crédito a Bernoulli:

> Devo sentir-me muitíssimo agradecido aos esforços dos Messieurs Bernoulli, principalmente aos do atual professor em Groningen, por terem sido generosos com as suas descobertas assim como com as de Mr. Leibniz: portanto, tudo o que desejarem declarar como seu, com franqueza lhes devolvo.

No entanto, Johann considerou que isso fora feito de modo bastante leviano.

A obra abrangente de Bernoulli sobre cálculo integral foi publicada em 1742, embora a maior parte tivesse sido escrita em 1700. Ele definiu integração como inverso de diferenciação e mostrou várias técnicas para avaliar integrais. Explicou que servia principalmente para encontrar áreas e depois a usou para resolver *problemas inversos de tangente*, nos quais nos dão alguma propriedade da tangente de uma curva em cada ponto e nos pedem que encontremos a curva. O mais importante foi que Bernoulli mostrou como re-enunciar os problemas de geometria ou mecânica com a linguagem do cálculo; isso levou os problemas inversos de tangente a serem chamados de *equações diferenciais*, por terem sido re-enunciados como equações que envolviam diferenciais.

O PROBLEMA DA BRAQUISTÓCRONA

Em junho de 1696, Bernoulli propôs o seguinte "novo problema que os matemáticos são convidados a resolver", relativo ao objeto que, pela ação da gravidade, desce por uma curva do ponto A ao ponto B.

Dados dois pontos A e B num plano vertical, atribuir a uma partícula móvel M a trajetória AMB ao longo da qual, descendo sob ação do próprio peso, ela passe do ponto A ao ponto B no tempo mais curto.

A princípio, pode-se pensar que a "curva de descida mais rápida" de A a B é a reta que une esses pontos, mas na verdade não é; também não obtemos o tempo mais curto se a curva for íngreme demais no início e plana demais depois. A conciliação desejada entre esses dois aspectos é a chamada *braquistócrona*, cujo nome vem das palavras gregas que significam "menor tempo".

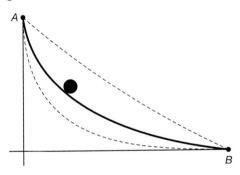

Com uma analogia óptica, Bernoulli deduziu que, em cada ponto da curva desejada, o seno do ângulo entre a tangente à curva e o eixo vertical é proporcional à raiz quadrada da distância percorrida. Isso deu origem à equação diferencial

$dy/dx = \sqrt{x/(1-x)}$,

que ele então resolveu para mostrar que a curva desejada é uma *cicloide*, curva que Roberval estudara e Huygens usara para construir o seu relógio de pêndulo.

O problema da braquistócrona foi resolvido por Jacob Bernoulli, Leibniz e Newton. Jacob Bernoulli mostrou, usando o cálculo, que não importa o ponto de partida do objeto sobre essa curva; ele sempre chegará ao fim no mesmo tempo. Newton resolveu o problema numa noite e mandou a solução anonimamente, mas ao vê-la Johann Bernoulli identificou o estilo e disse que "reconheço o leão pelas garras".

O problema da braquistócrona deu origem a novas linhas na matemática. O método de Jacob Bernoulli para resolvê-lo usou uma abordagem que deu origem a um campo inteiramente novo, o *cálculo das variações*, no qual se busca uma curva que satisfaça o máximo ou o mínimo de uma propriedade dada; aqui, a cicloide minimiza o tempo da descida.

Enquanto isso, a partir do seu estudo da curva de descida mais rápida, Johann propôs o problema de encontrar duas famílias de curvas com a propriedade de que cada curva da primeira família cruza cada curva da segunda família em ângulo reto. São as chamadas *famílias ortogonais*, que inspiraram novos conceitos para conceber expressões que dependam de mais de uma variável.

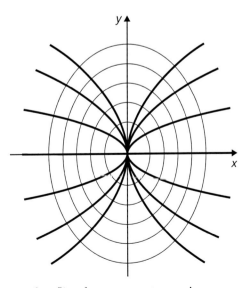

Duas famílias de curvas ortogonais

SUCESSORES DE NEWTON

A publicação dos Principia de Newton em 1687 provocou sensação, mas os cientistas ficaram desconcertados com a natureza de uma força de atração da gravidade que, aparentemente, podia agir em distâncias astronômicas. Para Huygens, especificamente, essa era uma ideia "absurda" e que nada explicava. Seria preferível algum tipo de teoria mecânica como a de Descartes, na qual os planetas são levados por vórtices como folhas num redemoinho. Mas havia duas áreas principais nas quais a teoria de Newton provocava dificuldades: a forma da Terra e o movimento da Lua. Ambas eram importantes para a navegação e, em ambas, a opinião de Newton acabou se confirmando.

Em 1728, um ano depois da morte de Newton, Voltaire, o grande escritor, historiador e filósofo francês, escreveu sobre as visões de mundo diferentes da França e da Inglaterra:

> Em Paris, vê-se o universo composto de vórtices de matéria sutil; em Londres, nada desse tipo se vê. Para nós, é a pressão da Lua que causa as marés; para os ingleses, é o mar que gravita em torno da Lua.

Voltaire estava em boas condições de comentar, já que tinha o conhecimento de Madame du Châtelet para informá-lo. Ela era a matemática talentosa que traduziu para o francês os Principia de Newton. Voltaire continuou:

> Em Paris, vê-se a Terra em forma de limão; em Londres, ela é achatada em dois lados.

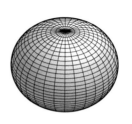 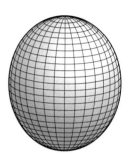

Um melão (esferoide oblato) e um limão (esferoide prolato)

O FORMATO DA TERRA

Pelas hipóteses de Newton, a rotação da Terra provoca o achatamento dos polos, de modo que o planeta teria forma de melão; pela teoria da matéria e dos vórtices de Descartes, há um alongamento dos polos, de modo que o planeta teria o formato de um limão siciliano.

Para decidir a verdadeira forma da Terra, a Academia de Paris mandou duas expedições medirem o tamanho de um

Emilie de Breteuil, marquesa du Châtelet

grau de latitude: uma ao Peru, em 1735, comandada por Charles-Marie de la Condamine, e outra à Lapônia, em 1736, encabeçada por Pierre de Maupertuis. Só em 1739 ambas as expedições apresentaram os relatórios e Maupertuis confirmou que Newton estava certo: a Terra é achatada nos polos. Isso valeu a Maupertuis o apelido de "o grande achatador".

Embora a abordagem de Newton se comprovasse, o achatamento que calculara estava incorreto devido aos pressupostos que adotara sobre a pressão fluida, embora tivesse previsto corretamente a natureza do formato da Terra.

O MOVIMENTO DA LUA

Embora Newton lidasse bem com o movimento de dois corpos com atração gravitacional mútua, o movimento da Lua não depende só da Terra, mas também do Sol. Até hoje não temos solução exata para o *problema dos três corpos* — o problema de prever posições e velocidades futuras de três corpos que se movem sob atração gravitacional mútua.

Sem a influência do Sol, a trajetória da Lua seria uma elipse. Newton simplificou o problema ao supor que o efeito do Sol seria fazer a órbita elíptica da Lua girar devagar. Ele calculou que levaria dezoito anos para a órbita retornar à posição original, mas a observação mostrou que leva apenas nove anos. Como Newton escreveu em edições posteriores dos *Principia*:

A apside da Lua é cerca de duas vezes mais veloz.

No final da década de 1740, a teoria da gravitação de Newton estava sob investigação conjunta dos matemáticos que a entendiam melhor: d'Alembert, Clairaut e Euler. Em 1747, Clairaut, que participara da expedição de Maupertuis à Lapônia, propôs modificar a lei da gravitação do inverso do quadrado das distâncias acrescentando-lhe um termo, enquanto d'Alembert e Euler apresentaram outras

Alexis Claude Clairaut

abordagens. Parecia que a lei da gravitação de Newton podia estar errada!

Então, em 17 de maio de 1749, Clairaut fez uma retratação drástica:

Fui levado a conciliar observações do movimento da Lua com a teoria da atração sem supor nenhuma outra força atrativa senão aquela proporcional ao inverso do quadrado da distância.

Clairaut adotou uma nova abordagem das equações diferenciais que descrevem o movimento da Lua ao verificar que as diferenças prévias entre teoria e observação deviam-se ao modo como essas equações foram aproximadas.

Isso levou Euler a publicar a sua teoria da Lua em 1753, o que permitiu ao astrônomo Tobias Mayer preparar um conjunto de tabelas para descrever o seu movimento — e a Lua passou a ser usada como "relógio celestial". Com isso, eles acabaram recebendo parte do prêmio conferido pela Diretoria Britânica de Longitude por descobrir um modo prático de calcular a longitude no mar.

D'ALEMBERT

Jean le Rond d'Alembert (1717-1783) foi um personagem importante do Iluminismo. Nos últimos anos de vida, ele redigiu muitos verbetes matemáticos e científicos da famosa *Encyclopédie* de Denis Diderot, que tentava classificar o conhecimento da época. Antes, fora o primeiro a obter a equação da onda que descreve o movimento de uma corda em vibração. Também tentou formalizar a ideia de limite para dar uma base firme ao cálculo e estudou a convergência das séries infinitas, obtendo um resultado hoje conhecido como *teste da razão*.

O primeiro volume da *Encyclopédie*

Quando bebê, d'Alembert foi abandonado pela mãe diante da igreja de Saint Jean le Rond, perto de Notre Dame, em Paris — daí o seu nome — e criado pela esposa de um vidraceiro. Embora se formasse advogado em 1738, o seu principal interesse era a matemática. Aparentemente, era um conversador brilhante, dotado de memória soberba. Também brigava à toa — com Clairault, Euler e Daniel Bernoulli, entre outros.

A *ENCYCLOPÉDIE*

A *Encyclopédie* foi publicada entre 1751 e 1777, com contribuições de mais de 140 pessoas, e continha mais de 70.000 verbetes. Foi a principal realização do Iluminismo francês, cuja meta, nas palavras de Diderot, era "mudar o modo comum de pensar". D'Alembert foi um membro importante do grupo de filósofos — *Uma sociedade de pessoas de letras*, como diz o frontispício — que produziu essa bíblia do Iluminismo.

A VIBRAÇÃO DAS CORDAS

D'Alembert deu contribuições notáveis à análise do movimento de uma corda em vibração. Quando uma corda é estendida horizontalmente entre dois pontos fixos e forçada a vibrar, como ele observou num artigo de 1747, o deslocamento vertical $u(x, t)$ da corda depende tanto da distância horizontal x quanto do tempo t.

Jean le Rond d'Alembert

Uma corda em vibração

A contribuição de d'Alembert foi obter uma equação diferencial que descrevia o movimento da corda. Foi a primeira vez que as técnicas do cálculo foram utilizadas num problema com mais de uma variável, que envolve a diferenciação tanto de x quanto de t. Hoje, a equação diferencial que ele descobriu se chama *equação da onda*:

$c^2 \partial^2 u(x, t)/\partial x^2 = \partial^2 u(x, t)/\partial t^2$,

em que c é uma constante que depende da corda.

D'Alembert resolveu essa "equação diferencial parcial" para encontrar o movimento da corda. As suas soluções foram muito gerais, mas isso não surpreende, já que a corda pode ser liberada a partir de qualquer formato inicial com qualquer velocidade inicial. A sua solução foi:

$u(x, t) = f(x + ct) + g(x - ct)$,

onde f e g são funções arbitrárias. Como ele observou:

Essa equação contém uma infinidade de curvas.

A questão de até que ponto essas curvas da solução podem ser gerais se tornou um dos problemas matemáticos mais estimulantes do século XVIII.

Dois modos de vibração (k = 3 e 4)

Em 1752, d'Alembert tentou encontrar soluções da forma

função do tempo × função da distância

isto é, $u(x, t) = F(t) \times G(x)$, em que F depende de t e G depende de v. Isso converte a equação da onda com duas variáveis independentes em duas equações diferenciais com uma variável cada. Essas são mais fáceis de resolver, e ele deduziu a solução

$u(x, t) = \cos(k\pi c/L)t \times \sin(v\pi/L)x$,

onde L é o comprimento da corda e k pode ser qualquer inteiro positivo. Valores diferentes de k geram modos diferentes de vibração com frequência diferente.

Foi Daniel Bernoulli, filho de Johann, que sugeriu que uma corda que vibra pode exibir infinitos modos de vibração, todos sobrepostos. A solução, portanto, é a soma infinita:

$u(x, t) = \alpha \cos(\pi c/L)t \sin(\pi/L)x$
$\qquad + \beta \cos(2\pi c/L)t \sin(2\pi/L)x$
$\qquad + \gamma \cos(3\pi c/L)t \sin(3\pi/L)x + ...$

D'ALEMBERT E A IDEIA DE LIMITE

No livro *The Analyst* (O analista), de 1734, o bispo Berkeley de Cloyne (na Irlanda) criticou severamente a base frágil do cálculo de Newton e Leibniz. D'Alembert se preocupou com essas críticas e tentou salvar a situação baseando o cálculo na ideia de "limite". Numa das suas contribuições à *Encyclopédie*, ele escreveu:

Diz-se que uma quantidade é o limite de outra quantidade quando a segunda pode se aproximar da primeira mais do que qualquer quantidade dada, por menor que seja, sem que a quantidade que se aproxima ultrapasse a quantidade de que se aproxima; de modo que a diferença entre a quantidade e o seu limite é absolutamente indeterminável.

D'Alembert teve sucesso apenas parcial na tentativa e só em 1821 a tarefa foi finalmente cumprida por Augustin-Louis Cauchy.

EULER

Leonhard Euler (1707-1783) foi o matemático mais prolífico de todos os tempos. Produziu mais de oitocentos livros e artigos sobre uma grande variedade de áreas, desde tópicos "puros" como a teoria dos números e a geometria do círculo até temas práticos como óptica, astronomia e a estabilidade dos navios, passando por mecânica, logaritmos, séries infinitas e cálculo. Ele também criou os símbolos *e* para o número exponencial, *f* para função e *i* para $\sqrt{-1}$. Nas palavras de Laplace: *leiam Euler, leiam Euler, ele é o mestre de todos nós.*

A vida de Euler pode ser convenientemente dividida em quatro períodos. Passou os primeiros anos de vida em Basileia, na Suíça, entrou na Universidade de lá com 14 anos e recebeu instrução pessoal de Johann Bernoulli. Aos 20 anos, mudou-se para a Academia de São Petersburgo, recém-fundada por Pedro, o Grande, onde se tornou chefe da divisão de Matemática. De 1741 a 1766, esteve na Academia de Ciências de Frederico, o Grande, em Berlim, antes de voltar para São Petersburgo, onde ficou até o fim da vida.

EULER, O POLÍMATA

Leonhard Euler

Agora examinaremos apenas algumas das muitas contribuições de Euler à matemática.

SÉRIES INFINITAS

Em São Petersburgo, Euler se interessou pelas séries infinitas.

OS LIVROS DE EULER

Leonhard Euler escreveu vários livros inovadores. *Introductio in Analysin Infinitorum* (Introdução à análise de quantidades infinitas), de 1748, esclarecia as séries infinitas, a função exponencial, as propriedades das cônicas, as partições de números e muito mais.

Em 1755, ele publicou um enorme volume sobre cálculo diferencial, reformulando o assunto em termos da ideia de função e contendo todos os resultados mais recentes, muitos devidos a ele. Em 1768, seguiu-se uma influente obra em três volumes sobre cálculo integral e, em 1772, uma descrição do movimento da Lua com 775 páginas.

A sua obra mais conhecida, ainda publicada hoje, foram as *Cartas a uma princesa alemã*, escritas em Berlim à princesa de Anhalt-Dessau sobre vários tópicos científicos.

Vimos que as "séries harmônicas" de recíprocos não têm soma finita, mas Euler notou que somar os primeiros *n* termos dessa série (até $1/n$) dá um valor muito próximo de $\log_e n$. Na verdade, como demonstrou, a diferença entre eles,
$(1 + 1/2 + 1/3 + 1/4 + 1/5 + 1/n) - \log_e n$,
tende a um valor limite próximo de 0,577, hoje chamado *constante de Euler*.

Um problema difícil na época conhecido como *problema de Basileia* era encontrar a soma dos inversos dos quadrados perfeitos:
$1 + 1/4 + 1/9 + 1/16 + 1/25 + \ldots$;
sabia-se que a resposta era próxima de 1,645, mas ninguém conseguia encontrar o valor exato. Euler conquistou a fama ao demonstrar que a soma é $\pi^2/6$.

A FUNÇÃO EXPONENCIAL

Todos já ouvimos falar de "crescimento exponencial", querendo dizer algo que cresce muito depressa. Esse crescimento surge nos juros compostos ou no aumento populacional, enquanto há "redução exponencial" no decaimento do rádio ou no esfriamento de uma xícara de chá.

Expressões como 2^n e 3^n crescem muito mais depressa do que n^2 ou n^3 quando n aumenta; por exemplo, se $n = 50$, um computador que calcule um milhão de números por segundo contará até $n^3 = 125.000$ em 1/8 de segundo, mas levará 23 bilhões de anos para contar até 3^n.

Na verdade, os matemáticos costumam considerar não 2^n ou 3^n, mas e^n, onde $e = 2,6182818...$ A razão de escolher esse estranho número e é que, se traçarmos a curva $y = e^x$, *a inclinação dessa curva em qualquer ponto x também é e^x* — isto é, $dy/dx = y$ em todos os pontos da curva. Uma equação diferencial simples como essa é verdadeira para $y = e^x$ e seus múltiplos, mas não para outras curvas.

A função exponencial e^x surge em toda a matemática e suas aplicações. Por exemplo, Euler a escreveu como um limite: e^x é o limite de $(1 + x/n)^n$ quando x aumenta, e a expandiu como série infinita: $e^x = 1 + x/1! + x^2/2! + x^3/3! + ...$; especificamente, $e = 1 + 1/1! + 1/2! + 1/3! + ...$

Além disso, a função exponencial é o inverso da função logarítmica: *se $y = e^x$, então $x = \log_e y$*.

A realização mais renomada de Euler foi estender a série infinita acima para os números complexos, obtendo o resultado $e^{ix} = \cos x + i \sin x$, que, curiosamente, liga a função exponencial às trigonométricas. Um caso especial que relaciona as constantes mais importantes da matemática é $e^{i\pi} = -1$ ou $e^{i\pi} + 1 = 0$.

Depois ele ampliou os seus cálculos e, de forma engenhosa, encontrou a soma dos inversos de todas as quartas potências ($\pi^4/90$), das sextas potências ($\pi^6/945$) e assim por diante, até a vigésima sexta potência!

Mecânica

Durante a vida inteira Euler se interessou por mecânica. Em 1736, publicou *Mechanica*, um tratado de 500 páginas sobre a dinâmica de uma partícula. Mais tarde, num trabalho sobre o movimento de corpos rígidos, obteve o que hoje chamamos de *equações do movimento de Euler* e cunhou a expressão *momento de inércia*. Mais resultados sobre mecânica foram obtidos na década de 1770. Boa parte desse trabalho utilizava equações diferenciais, área com a qual Euler contribuiu extensamente.

As pontes de Königsberg

Em 1735, Euler resolveu um problema recreativo bem conhecido. A cidade de Königsberg, na Prússia Oriental, consistia de quatro regiões unidas por sete pontes, e os seus cidadãos costumavam se divertir tentando atravessar cada ponte apenas uma vez. Isso pode ser feito?

Usando um argumento de contagem que envolvia o número de pontes que saíam de cada região, Euler provou que esse passeio é impossível. Depois, estendeu o argumento para qualquer arranjo de terras e pontes.

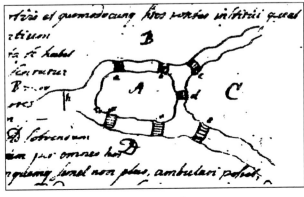

Desenho das sete pontes de Euler

LAGRANGE

Joseph-Louis Lagrange (1736-1813) sobressaiu-se em todos os campos da análise, da teoria dos números e da mecânica analítica e celeste. Escreveu a primeira "teoria das funções", usando a ideia de uma série de potências para tornar o cálculo mais rigoroso, e os seus textos sobre mecânica também tiveram muita influência. Na teoria dos números, ele provou que todo inteiro positivo pode ser escrito como a soma de, no máximo, quatro quadrados perfeitos.

Joseph-Louis Lagrange

Lagrange nasceu em Turim, na Itália, numa família de ascendência ítalo-francesa, e se tornou professor de Matemática da Real Escola de Artilharia de Turim em 1755, com apenas 19 anos. A convite de Frederico, o Grande, ele sucedeu Euler em Berlim em 1766 e lá ficou até a morte do monarca, em 1786. Passou o resto da vida em Paris.

Lagrange presidiu o comitê formado para aplicar o sistema métrico na França. Também teve papel de liderança na reforma da educação universitária e se tornou professor da École Normale de Paris em 1795 e da École Polytechnique em 1797.

As suas primeiras obras deram contribuições ao cálculo das variações, que ele aplicou a problemas de dinâmica. Lagrange também estudou a *libração* da Lua; esse movimento faz a face que a Lua apresenta à Terra oscilar de leve de modo que, com o tempo, mais da metade da superfície do satélite pode ser vista da Terra.

A TEORIA DAS FUNÇÕES

Os dois livros de Lagrange sobre funções, *Théorie des Fonctions Analytiques* (1797) e *Leçons sur le Calcul des Fonctions* (1801), tentaram dar ao cálculo fundamentos mais firmes com a adoção de uma abordagem algébrica não baseada na teoria dos limites. O seu método era evitar qualquer menção a tangentes e o uso de imagens e definir as funções como "séries de potências" infinitas. Em particular, partindo de uma função escrita na forma
$$f(x) = a + bx + cx^2 + dx^3 + \ldots,$$
ele *definiu* a sua derivada como
$$f'(x) = b + 2cx + 3dx^2 + \ldots;$$
por exemplo, ao diferenciar a função
$$\operatorname{sen} x = x - \tfrac{1}{6}x^3 + \tfrac{1}{120}x^5 - \ldots,$$
obtemos $1 - \tfrac{1}{3}x^2 + \tfrac{1}{24}x^4 - \ldots$, que é $\cos x$.

Embora essa abordagem dos fundamentos do cálculo acabasse se mostrando insatisfatória, o tratamento abstrato das funções foi um avanço considerável. Em essência, ele deu origem à primeira

SOLUÇÃO DE EQUAÇÕES POLINOMIAIS

Como vimos, as equações quadráticas são resolvidas desde a época mesopotâmica usando apenas operações aritméticas (adição, subtração, multiplicação e divisão) e extração de raízes. No século XVI, os matemáticos italianos desenvolveram soluções semelhantes para equações cúbicas (do terceiro grau) e quárticas (do segundo grau). Podemos resolver todas essas equações por meio de fórmulas que envolvem apenas operações aritméticas e extração de raízes.

Mas que tal as equações de quinto grau (ou mais)? A busca correspondente de uma fórmula ou solução geral para elas ocupou os melhores matemáticos, como Descartes e Euler, mas houve pouco avanço no problema até que Lagrange o abordou e abriu caminho para a solução final.

A abordagem de Lagrange foi considerar determinadas expressões que envolviam a solução das equações (como a sua soma ou produto) e investigar quantos valores diferentes essas expressões podem assumir quando as soluções são permutadas; por exemplo, se as soluções de uma equação são *a*, *b* e *c* e a expressão é *ab + c*, então obtemos *três* valores diferentes ao permutar as soluções: *ab + c*, *ac + b* e *bc + a*. Dessa investigação veio um resultado que, mais tarde, em ambiente mais geral, passou a se chamar *teorema dos grupos de Lagrange*.

Só na década de 1820 surgiu finalmente a prova da impossibilidade de resolver a equação geral de quinto grau (ou mais) com operações aritméticas e extração de raízes. Essa prova valeu-se intensamente das ideias apresentadas por Lagrange.

Alunos da École Polytechnique no túmulo de Gaspard Monge

teoria das funções de uma variável real, com aplicação em grande variedade de problemas de geometria e álgebra.

MÉCANIQUE ANALYTIQUE

A *Mécanique Analytique* (Mecânica analítica) de Lagrange foi a sua obra mais importante. Publicada em 1788, pouco mais de um século após os *Principia Mathematica* de Newton, trazia uma abordagem totalmente diferente da mecânica. Ampliava o trabalho de Newton, dos Bernoulli e de Euler e explicava como responder em termos gerais a questões sobre o movimento de pontos e corpos rígidos reduzindo-os a problemas da teoria das equações ordinárias e diferenciais parciais. Como declarava com otimismo a página do sumário, ela apresenta *equações diferenciais para a solução de todos os problemas da Dinâmica*.

Em *Mécanique Analytique*, Lagrange transformou a mecânica num ramo da análise matemática, e a abordagem geométrica empregada por Newton nos *Principia* foi totalmente superada. Na verdade, como Lagrange enfatizou no prefácio:

Não se encontrarão figuras nesta obra. Os métodos que exponho não exigem construções nem argumentos geométricos ou mecânicos, apenas operações algébricas, sujeitas a um curso regular e uniforme.

LAPLACE

Pierre-Simon Laplace (1749-1827) foi o último matemático importante do século XVIII. Escreveu um texto inovador sobre a teoria analítica da probabilidade e também é lembrado pela equação de Laplace e pela "transformada de Laplace" de uma função. A sua monumental obra de cinco volumes sobre mecânica celeste lhe garantiu o título de "Newton da França".

LAPLACE E NAPOLEÃO

Uma história famosa, provavelmente apócrifa, diz respeito à *Mécanique Céleste*. Convocado por Napoleão a descrever o seu livro recentemente publicado sobre o sistema solar, o imperador perguntou a Laplace por que, ao contrário de Isaac Newton, não mencionara Deus no seu tratado. "Senhor", respondeu Laplace, "não precisei dessa hipótese".

Laplace nasceu na Normandia, na França. Com a influência de d'Alembert, obteve um cargo de professor na École Militaire, em Paris, e diz a lenda que lá examinou (e aprovou) Napoleão. Em 1790, durante a Revolução Francesa, foi nomeado membro do comitê da Academia de Ciências criado para padronizar pesos e medidas e, mais tarde, envolveu-se na organização da École Normale e da École Polytechnique.

Pierre-Simon Laplace

A *MÉCANIQUE CÉLESTE*

O *Traité de Mécanique Céleste* (Tratado de mecânica celeste) de Laplace, publicado em cinco volumes (os dois primeiros em 1799), consolidou a obra de Newton, Clairaut, d'Alembert, Euler e Lagrange e pesquisas próprias. Era acompanhado de um ensaio, *Exposition du Système du Monde* (Exposição do sistema do mundo), em que ele declarava a sua filosofia da ciência:

> Se o homem se restringisse a colecionar fatos, as ciências seriam apenas uma nomenclatura estéril e ele jamais conheceria as grandes leis da natureza. É ao comparar os fenômenos entre si, ao buscar compreender as suas relações, que ele é levado a descobrir essas leis [...]

A obra de Laplace considerava:
- A atração gravitacional de um esferoide sobre uma partícula externa e a *equação de Laplace*, como a chamamos hoje, para o potencial gravitacional.
- O movimento da Lua.
- O movimento de três corpos sob atração gravitacional mútua.
- As perturbações dos planetas e a estabilidade do sistema solar.

DETERMINISMO

Laplace acreditava no determinismo, que explica na seguinte citação da introdução do não técnico *Essay Philosophique sur les Probabilités* (Ensaio filosófico sobre a probabilidade):

> Podemos considerar o estado presente do universo como efeito do seu passado e causa do seu futuro. Um intelecto que, em determinado momento, conheça todas as forças que põem a natureza em movimento e todas as posições de todos os itens dos quais a natureza se compõe, se fosse também vasto o suficiente para submeter esses dados a análise esse intelecto abraçaria, numa única fórmula, o movimento dos maiores corpos do universo e os do átomo mais minúsculo; para tal intelecto, nada seria incerto e o futuro, assim como o passado, seria presente diante dos seus olhos.

282   ATRAÇÕES DE ESFEROIDES   [Méc. Cél.

portanto, teremos:

[459]
Equação importante para calcular as atrações de Esferoides e das figuras dos Corpos Celestes.
[459']

$$0 = \left(\frac{dd\,V}{d\,x^2}\right) + \left(\frac{dd\,V}{d\,y^2}\right) + \left(\frac{dd\,V}{d\,z^2}\right). \quad (A)$$

Essa equação notável nos será da maior valia na teoria das figuras dos corpos celestes. Podemos apresentá-la de outras formas mais convenientes em várias ocasiões.

Equação de Laplace, de uma tradução inglesa da *Mécanique Céleste*

- A hipótese nebular da formação do sistema solar, surgida da contração e do resfriamento de uma grande massa de gás quente em rotação.

TEORIA DAS PROBABILIDADES

A *Théorie Analytique des Probabilités* (Teoria analítica das probabilidades) de Laplace, publicada em 1812, contém a definição de probabilidade do autor:

> A teoria do acaso consiste na redução de todos os eventos do mesmo tipo a um certo número de casos igualmente prováveis que são casos tais que ficamos igualmente indecisos sobre a sua existência e ao determinar o número de casos favoráveis ao evento cuja probabilidade se busca. A razão àquela de todos os casos possíveis é a medida dessa probabilidade, que, portanto, é simplesmente a fração cujo numerador é o número de casos favoráveis e cujo denominador é o número de todos os casos possíveis.

Laplace apresentou funções geradoras para a solução de equações de diferenças e também obteve aproximações para distribuições binomiais. Ele trabalhou no "teorema de Bayes", como é chamado hoje, importante quando um evento pode ser produzido por diversas causas: se o evento ocorrer, qual a probabilidade de ter sido produzido por uma causa específica? Como exemplo da sua análise, ele perguntou:

> No período de 1745 a 1770, nasceram 251.527 meninos e 241.945 meninas em Paris. Isso indica que a probabilidade de nascer um menino é maior do que 0,5?

A análise mostrou, com probabilidade altíssima, que é isso mesmo.

Estátua de Laplace no local do seu nascimento em Beaumont-en-Auge

121

CAPÍTULO 4
A ERA DAS REVOLUÇÕES

O século XIX assistiu ao desenvolvimento da profissão de matemático, na qual os indivíduos ganhavam a vida ensinando, estudando e pesquisando. O centro de gravidade matemático passou da França para a Alemanha, enquanto o latim dava lugar aos idiomas nacionais na publicação de obras matemáticas. Houve também um aumento drástico do número de revistas e livros especializados.

Devido a esse aumento de atividade no campo, os matemáticos começaram a se especializar (na verdade, precisaram disso). Onde no século XVIII se usaria a palavra *matemático*, agora havia *analistas*, *algebristas*, *geômetras*, *teóricos dos números*, *lógicos* e *matemáticos aplicados*. Essa necessidade de especialização só foi evitada pelos maiores: Gauss, Hamilton, Riemann e Klein.

Houve uma revolução (assim como uma evolução) na profundidade, na extensão e até na própria existência de cada disciplina. Mas cada uma delas sofreu um movimento rumo a um estilo cada vez mais abstrato, com ênfase crescente em pôr a matemática sobre base sólida e rigorosa e em examinar os seus fundamentos. Ilustramos isso considerando a revolução em três áreas: análise, álgebra e geometria.

DO CÁLCULO À ANÁLISE

Na década de 1820, Augustin-Louis Cauchy, o matemático mais prolífico do século, deu rigor ao cálculo baseando-o no conceito de *limite*. Em seguida, usou essa ideia para desenvolver as áreas de análise real e complexa. Esse aumento do rigor exigiu a formulação de uma definição confiável dos números reais, que, por sua vez, levou ao estudo dos conjuntos infinitos por Georg Cantor e outros.

O trabalho de Joseph Fourier sobre a condução de calor também deu origem

Universidade de Göttingen, onde trabalharam Gauss, Riemann e Klein

As revoluções não aconteceram apenas na matemática: essa é uma revolta de mineiros que ocorreu na Bélgica em 1868

a processos infinitos — nesse caso, séries infinitas —, e estimulou Bernhard Riemann no seu trabalho sobre integração. As técnicas analíticas passaram a ser aplicadas a uma grande variedade de problemas: em eletricidade e magnetismo por William Thomson (Lord Kelvin) e James Clerk Maxwell, na hidrodinâmica por George Gabriel Stokes e na probabilidade e na teoria dos números por Pafnuti Tchebyshev.

DAS EQUAÇÕES ÀS ESTRUTURAS

A álgebra também mudou drasticamente durante o século XIX. Em 1800, o tópico tratava da solução de equações, mas em 1900 se tornou o estudo das estruturas matemáticas — conjuntos de elementos combinados de acordo com regras específicas chamadas axiomas.

No início do século, Gauss lançou as bases da teoria dos números e criou a aritmética modular, exemplo precoce de uma nova estrutura algébrica chamada *grupo*.

Um problema muito antigo buscava encontrar um método geral para resolver equações polinomiais de quinto grau ou mais usando apenas operações aritméticas e extração de raízes. Niels Abel mostrou que não pode haver essa solução geral, e Évariste Galois desenvolveu as suas ideias examinando grupos de permutações das raízes de uma equação.

A mística relativa aos números complexos foi finalmente removida por William Rowan Hamilton, que os definiu como pares de números reais com determinadas operações. Outras estruturas algébricas foram descobertas: Hamilton inventou a álgebra dos quatérnios, George Boole criou uma álgebra para uso em lógica e probabilidade e Cayley estudou a álgebra das matrizes retangulares de símbolos.

DE UMA A MUITAS GEOMETRIAS

No decorrer de cem anos, o estudo da geometria foi completamente transformado. Em 1800, a única geometria "verdadeira" era a euclidiana, embora houvesse alguns resultados esporádicos sobre geometria esférica e projetiva. No final do século, conheciam-se infinitas geometrias, e a geometria em geral vinculou-se intimamente à teoria dos grupos e se postou sobre fundamentos mais rigorosos.

Gauss estudou as superfícies e a sua curvatura e encontrou uma relação entre a curvatura e a soma dos ângulos de um triângulo sobre a superfície, e isso acabou relacionado ao estudo do postulado das paralelas da geometria euclidiana. Nikolai Lobatchevski e János Bolyai desenvolveram, de forma independente, a geometria não euclidiana na qual o postulado das paralelas não se aplica.

Mas levou tempo para as ideias da geometria não euclidiana serem absorvidas, e foi a obra de Riemann, em meados do século, que mostrou a importância das novas ideias e ampliou o trabalho de Gauss. Com essas técnicas abstratas, a geometria também ia além das duas e das três dimensões e chegava a dimensões mais altas. Mais tarde, Felix Klein usou grupos para examinar e classificar diversos tipos de geometria.

GAUSS

Carl Friedrich Gauss (1777-1855) foi um dos maiores matemáticos de todos os tempos. Deu contribuições importantes para uma grande variedade de campos, como astronomia, geodésia, óptica, estatística, geometria diferencial e magnetismo. Apresentou a primeira prova satisfatória do teorema fundamental da álgebra e o primeiro estudo sistemático da convergência das séries. Na teoria dos números, apresentou as congruências e descobriu quando um polígono regular pode ser construído apenas com régua e compasso. Embora afirmasse ter descoberto uma "geometria não euclidiana", nada publicou a respeito.

Gauss no seu observatório astronômico em Göttingen

Gauss nasceu no ducado de Brunswick, hoje na Alemanha. Criança prodígio, dizem que somou todos os inteiros de 1 a 100 ao perceber que o total de 5.050 vem de 50 pares de números, cada um deles com soma 101:

$101 = 1 + 100 = 2 + 99 = ... = 50 + 51$.

Foi para a Universidade de Göttingen em 1795 e mais tarde voltou a Brunswick, até ser nomeado diretor do Observatório de Göttingen em 1807. Lá ficou pelo resto da vida.

Disquisitiones Arithmeticae (Discursos sobre aritmética), de Gauss, foi publicado em 1801, quando tinha apenas 24 anos. Foi a sua obra mais famosa, que lhe conferiu o título de "Príncipe da Matemática". A sua visão da teoria dos números foi captada numa citação famosa que lhe é atribuída:

A matemática é a rainha das ciências, e a teoria dos números é a rainha da matemática.

CONSTRUÇÃO DE POLÍGONOS

Quando adolescente, Gauss se interessou pela construção de polígonos regulares usando apenas compasso e uma régua não marcada. Na primeira proposição dos *Elementos* de Euclides, aprendemos a construir um triângulo equilátero, e os *Elementos* também contêm instruções para construir um quadrado e um pentágono regular.

Também podemos começar com um polígono regular de *n* lados e construir um polígono de *2n* lados. Por exemplo, a partir de um triângulo equilátero podemos construir polígonos regulares de 6, 12 e 24 lados; um quadrado permite polígonos de 8, 16 e 32 lados; e um pentá-

> **TEOREMA FUNDAMENTAL DA ÁLGEBRA**
>
> Tema da tese de doutorado de Gauss, esse teorema afirma que:
>
> *Todo polinômio se fatoriza completamente em fatores lineares e quadráticos.*
>
> Segue-se que toda equação polinomial de grau *n* tem *n* soluções complexas.

gono, de 10, 20 e 40 lados. Mas ninguém consegue construir um polígono regular de 7 ou 9 lados — então quais polígonos regulares *podem* ser construídos?

Gauss abordou a questão descrevendo primeiro um método geométrico complicado para construir um polígono regular de 17 lados. Depois, analisou o caso geral e chegou a uma resposta surpreendente que envolve os primos de Fermat: os conhecidos são 3, 5, 17, 257 e 65.537. Ele descobriu que:

> Um polígono regular de n lados pode ser construído se e somente se n puder ser obtido multiplicando-se qualquer número primo de Fermat diferente e dobrando o resultado quantas vezes quisermos.

ARITMÉTICA MODULAR

No começo das *Disquisitiones Arithmeticae*, Gauss lançou as bases da teoria dos números como disciplina com técnicas e métodos próprios. Para isso, apresentou as congruências e a aritmética modular, tópico que exemplifica a abstração crescente da matemática do século XIX.

Para qualquer inteiro positivo *n*, considera-se que dois números *a* e *b* são *côngruos* ou *congruentes módulo n* quando *n* divide $a - b$; *n* é chamado de *módulo* e escrevemos $a \equiv b \pmod{n}$; assim, $37 \equiv 7 \pmod{10}$, já que 10 divide $37 - 7$. Portanto, se $n = 10$, tratamos dos restos 0, 1, 2, ... , 9 obtidos depois da divisão por 10, porque todo inteiro é côngruo (mod 10) a apenas um deles.

Usando as suas congruências, Gauss provou um resultado famoso de Euler conhecido como *teorema da reciprocidade quadrática*:

> *Se p e q são números primos ímpares, então $x^2 \equiv p \pmod{q}$ terá solução se e somente se $x^2 \equiv q \pmod{p}$ tiver, a não ser quando $p \equiv 3 \pmod 4$ e $q \equiv 3 \pmod 4$.*

ASTRONOMIA E ESTATÍSTICA

Também em 1801, ano das *Disquisitiones Arithmeticae*, Gauss se estabeleceu como um dos principais astrônomos da Europa. No primeiro dia do século, Giuseppe Piazzi descobriu o asteroide Ceres, primeiro objeto novo descoberto no sistema solar desde que William Herschel encontrara Urano vinte anos antes. Piazzi conseguiu observá-lo durante apenas 42 dias antes que desaparecesse atrás do Sol. Mas onde reapareceria? Muitos astrônomos fizeram previsões, mas só a de Gauss estava correta, o que veio a provocar grande empolgação.

No estudo da órbita de Ceres, Gauss desenvolveu técnicas numéricas e estatísticas que teriam importância duradoura, como, especificamente, o seu trabalho sobre o *método dos mínimos quadrados*, que trata do efeito de erros de medição. Neste, ele supôs que os erros de medição se distribuem de um modo hoje conhecido como *distribuição gaussiana* ou *normal*.

Ceres

GERMAIN

No mundo predominantemente masculino da matemática universitária no final do século XVIII, era difícil que mulheres talentosas fossem aceitas. Desestimuladas a estudar o assunto, eram impedidas de entrar na universidade ou de fazer parte de academias. Uma matemática que teve de lutar contra tais preconceitos foi Sophie Germain (1776-1831).

Germain nasceu em Paris, filha de um mercador rico que mais tarde se tornou diretor do Banco da França. O seu interesse pela matemática surgiu supostamente durante os primeiros anos da Revolução Francesa.

Confinada ao lar devido aos tumultos na cidade, passou muito tempo na biblioteca do pai. Lá, leu um relato da morte de Arquimedes nas mãos de um soldado romano e decidiu estudar o assunto que tanto o absorvera. Mas os pais se opunham com veemência a tais atividades por acreditar que seriam prejudiciais a moças. À noite, chegaram a remover o aquecimento e a luz da filha e a esconder as suas roupas para dissuadi-la, mas ela persistiu e eles acabaram cedendo.

MONSIEUR LE BLANC

Durante o Reinado do Terror na França, Sophie Germain permaneceu em casa, estudando cálculo diferencial. Em 1794, quando estava com 18 anos, a École Polytechnique foi fundada para formar os tão necessários matemáticos e cientistas. A escola seria o lugar ideal para os seus estudos, mas não estava aberta a mulheres.

Frustrada mas sem se abater, ela se decidiu por um plano de estudos ocultos. Conseguiu obter as anotações das aulas empolgantes do novo curso de Lagrange sobre análise e, no final do semestre, apresentou um artigo sob o pseudônimo de M. Antoine Le Blanc, ex-aluno da École.

Lagrange ficou tão impressionado com a originalidade desse artigo que insistiu em conhecer o autor. Quando, nervosa, Germain apareceu, ele se espantou mas ficou contente. Passou a lhe dar toda a ajuda e estímulo, pondo-a em contato com outros matemáticos franceses e auxiliando-a a desenvolver os interesses matemáticos.

Desses, um dos mais importantes era a teoria dos números. Germain escreveu a Adrien-Marie Legendre, autor de um renomado livro sobre o assunto, a respeito de algumas dificuldades que tivera com o seu livro. Isso levou a uma correspondência prolongada e frutífera.

Outra correspondência produtiva foi com o grande Gauss. Os recentes *Disquisitiones Arithmeticae* sobre a teoria dos

Sophie Germain com 14 anos

números impressionaram tanto Sophie Germain que ela juntou coragem para lhe mandar as suas descobertas, preferindo mais uma vez se apresentar como Monsieur Le Blanc da École Polytechnique.

O ÚLTIMO TEOREMA DE FERMAT

Um tópico que Sophie Germain incluiu na sua comunicação com Gauss foi o último teorema de Fermat — que, para qualquer inteiro n (> 2), não existem inteiros positivos x, y e z para os quais $x^n + y^n = z^n$. Fermat afirmara ter uma prova geral e apresentou uma para o caso de $n = 4$; mais tarde, Euler o provou para o caso $n = 3$; mas na época não se conheciam outros resultados.

Nos anos seguintes, Germain obteve vários resultados novos para o último teorema de Fermat e provou especificamente que, se n for um número primo menor do que 100, então não há soluções inteiras positivas se x, y e z forem primos entre si e entre cada um e n.

Gauss ficou impressionado com as descobertas de Germain e continuou a se corresponder com ela. A sua identidade continuou secreta até 1807, quando soldados franceses ocuparam a cidade de Hanover, onde Gauss morava. Com medo de que Gauss tivesse destino semelhante ao de Arquimedes, ela entrou em contato com o general Pernety, comandante francês e amigo da família, que concordou em garantir a segurança de Gauss e lhe revelou a fonte do pedido. Gauss lhe escreveu para lhe contar a sua surpresa e o seu prazer, elogiando-a pela "mais nobre coragem, talento bastante extraordinário e gênio superior".

ELASTICIDADE

Em 1808, quando Gauss foi para Göttingen, Sophie Germain perdeu o interesse pela teoria dos números e, inspirada por algumas palestras do físico alemão Ernst Chladni, envolveu-se com a elasticidade e a acústica; Chladni espalhara

Alguns padrões de Chladni

areia num prato de vidro e observara os desenhos surgidos ao passar um arco de violino na borda do prato.

Essas observações não tinham base teórica conhecida, e a Academia de Ciências francesa ofereceu um prêmio para quem formulasse uma teoria matemática para as superfícies elásticas e explicasse como concordava com a observação. Com alguns resultados de Sophie Germain, Lagrange descobriu a equação diferencial parcial das vibrações de um prato plano, a partir da qual ela desenvolveu uma teoria geral das vibrações de uma superfície curva. Isso impressionou tanto os juízes que ela ganhou o prestigioso prêmio e uma medalha do Instituto da França. Mais tarde, o seu trabalho nessa área foi a base da moderna teoria da elasticidade.

A partir do trabalho com superfícies curvas, Germain passou a estudar a sua curvatura — números que descrevem quanto a superfície se "curva" em diversas direções. A sua última e principal realização foi definir a *curvatura média* de uma superfície, conceito que, desde então, tem importância na geometria das superfícies.

MONGE E PONCELET

Os anos turbulentos da Revolução Francesa e a chegada ao poder de Napoleão Bonaparte produziram importantes progressos matemáticos. Um dos maiores partidários de Napoleão foi o geômetra Gaspard Monge (1746-1818), que o orientou na construção de fortificações na expedição ao Egito em 1798. O aluno mais talentoso de Monge foi Jean Victor Poncelet (1788-1867), o "Pai da Geometria Projetiva Moderna".

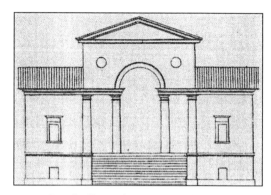

Desenho do livro de J. Durand sobre geometria descritiva (1802-1805)

Napoleão era entusiasta da matemática e dos seus ensinamentos e há um resultado da geometria que se costuma atribuir a ele:

Dado um triângulo qualquer ABC, construam-se triângulos equiláteros e unam-se os centros de gravidade desses três triângulos; o triângulo resultante é sempre equilátero.

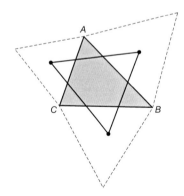

Teorema de Napoleão

Uma consequência importante da Revolução Francesa foi a fundação por Napoleão da École Normale e da École Polytechnique de Paris. Nessas instituições, os melhores matemáticos do país, como Monge, Lagrange, Laplace e Cauchy, ensinavam alunos destinados a servir em instituições civis e militares. Os livros didáticos produzidos pelos professores da École foram depois amplamente usados na França e nos Estados Unidos.

MONGE

Amigo íntimo de Napoleão, o geômetra Gaspard Monge dava aulas na escola militar de Mézières, onde estudou as propriedades de retas e planos na geometria cartesiana tridimensional. Enquanto investigava possíveis posicionamentos de canhões numa fortaleza, ele aprimorou muito os métodos conhecidos para projetar objetos tridimensionais num plano; esse assunto logo se tornou conhecido como "geometria descritiva".

Monge também se envolveu com a "geometria diferencial", na qual se usam técnicas de cálculo para estudar curvas traçadas em superfícies, e escreveu o primeiro livro importante sobre o assunto.

O talento didático de Gaspard Monge na École Polytechnique, da qual foi diretor, ajudou a estabelecer a geometria

GEOMETRIA PROJETIVA

Vimos que as propriedades da perspectiva foram estudadas por pintores do Renascimento e depois por Desargues e Pascal, dando origem a alguns resultados interessantes.

Na geometria de Euclides,

Dois pontos quaisquer determinam uma única reta, e duas retas quaisquer se cruzam num único ponto (a menos que sejam paralelas).

Essa exceção das paralelas parece esquisita e ficamos tentados a ver o que acontece se alterarmos essa declaração para:

Dois pontos quaisquer determinam uma única reta, e duas retas quaisquer se cruzam num único ponto.

Paralelas que se encontram no infinito

Podemos então pensar em paralelas que se encontram num "ponto no infinito", embora este ponto não deva ser considerado diferente de nenhum outro.

Isso produz um tipo de geometria completamente diferente, conhecida como *geometria projetiva*. Especificamente, como notaram Poncelet e o seu contemporâneo parisiense Joseph Gergonne, agora há uma *dualidade* entre ponto e retas: todo resultado relativo a pontos sobre retas pode ser "dualizado" em outro sobre retas que passam por pontos e vice-versa: prove um e leve outro grátis!

Essa ideia revolucionária permitiu um verdadeiro rompimento com o passado. Tão profunda quanto controvertida, provocou dificuldades que os geômetras franceses foram incapazes de resolver.

descritiva e a inspirar os alunos talentosos. Embora a sua abordagem fosse principalmente prática, ele também desenvolveu a maquinaria algébrica necessária para tornar o tema compensador e versátil. Após o exílio de Napoleão em 1815, ele perdeu o cargo na Polytechnique e morreu pouco depois.

PONCELET

Depois da malsinada invasão da Rússia por Napoleão em 1812, Jean Victor Poncelet, aluno de Monge, foi lançado numa prisão russa. Enquanto lá definhava, desenvolveu a ideia de uma "transformação projetiva" (como projetar um diagrama numa tela a partir de uma fonte luminosa pontual) e investigou as propriedades geométricas das figuras que não são alteradas por essas transformações. O seu trabalho foi muito influenciado pelo de Desargues e Monge, mas era intuitivo e pouco rigoroso e foi mal recebido pela hierarquia matemática de Paris.

O tratado de Poncelet sobre as propriedades projetivas das figuras saiu em 1822:

Este livro é o resultado de pesquisas que realizei na primavera de 1813 nas prisões da Rússia: privado de qualquer tipo de livro e auxílio e das instalações adequadas, e acima de tudo distraído pelos infortúnios do meu país, fui incapaz de lhe dar toda a perfeição desejável. No entanto, na época encontrei os teoremas fundamentais do meu trabalho: ou seja, os princípios da projeção central das figuras [...]

Jean Victor Poncelet

CAUCHY

Como vimos, os fundamentos do cálculo foram considerados questionáveis e d'Alembert e outros tentaram resgatá-los. As dificuldades foram superadas por Augustin-Louis Cauchy (1789-1857), principal matemático da França e o analista mais importante do início do século XIX. Na década de 1820, ele transformou o tópico ao formalizar os conceitos de limite, continuidade, derivada e integral. Além disso, ajudou a desenvolver a ideia algébrica de "grupo" e, quase sozinho, criou o campo da análise complexa.

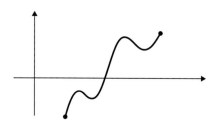

Depois de se formar engenheiro civil, Cauchy foi para Cherbourg, onde trabalhou em projetos para o porto e as fortificações. Os primeiros artigos matemáticos foram sobre álgebra e poliedros. Logo ele foi eleito para a Academia de Ciências e se mudou para Paris, onde deu aulas na École Polytechnique.

BOLZANO

Em 1817, na sua cidade natal de Praga, um padre católico chamado Bernard Bolzano lançou um panfleto com o título incisivo de *Prova puramente analítica do teorema de que, entre dois valores quaisquer que dão resultados de sinais opostos, há pelo menos uma raiz real da equação*. Hoje esse resultado se chama *teorema do valor intermediário* e nos diz que:

> Um gráfico contínuo que fique abaixo do eixo x num lugar e acima dele em outro tem de cruzar o eixo x em algum ponto intermediário.

Embora esse resultado pareça óbvio, o panfleto de Bolzano continha a primeira prova rigorosa.

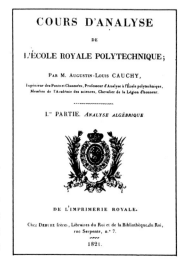

Intuitivamente, um gráfico é "contínuo" quando não tem lacunas, mas Bolzano achou necessário formalizar essa ideia:

> Uma função f(x) varia continuamente para todos os valores de x em determinado intervalo se, para qualquer x nesse intervalo, a diferença f(x + ω) − f(x) puder se tornar menor do que qualquer quantidade dada ao insistir que ω seja tão pequeno quanto se queira.

Por exemplo, se $f(x) = x^2$ entre 0 e 1, então, para qualquer valor de x nesse intervalo,

A ANÁLISE COMPLEXA DE CAUCHY

Vimos que Leibniz definiu a integral $\int_a^b f(x)\,dx$ de uma função f como uma "soma de retas"; podemos pensar informalmente que é o resultado de "adicionar todos os valores de $f(x)$" conforme x vai de a a b.

No final da década de 1820, Cauchy explicou como ampliar essa ideia para números complexos. Se $f(z)$ é função de uma variável complexa z (como $f(z) = z^2$) e se P é uma curva no plano complexo, então podemos definir, analogamente, $\int_P f(z)\,dz$ como o resultado de "somar todos os valores de $f(z)$" conforme z percorre a curva P.

Cauchy provou muitos resultados espetaculares relativos a essas integrais complexas. O mais poderoso deles envolve integrar funções que sejam diferenciáveis em torno de curvas fechadas (curvas cujas extremidades coincidem, como as mostradas). Conhecido como *teorema de Cauchy*, ele nos diz que

$\int_P f(z)\,dz = 0$ sempre que f for diferenciável e P for uma curva fechada.

Além disso, a fórmula da integral de Cauchy afirma que, se a é um ponto dentro da curva fechada P, então

$f(a) = 1/(2\pi i) \int_P f(z)/(z-a)\,dz$

Alguns figuras fechadas

— isso nos diz que podemos encontrar o valor de $f(a)$ em qualquer ponto a *dentro de P* a partir dos valores de $f(z)$ em todos os pontos z *sobre P*. É como calcular a temperatura de uma cidade no interior de uma ilha conhecendo a temperatura de todos os pontos do litoral — um resultado extraordinário.

$f(x + \omega) - f(x) = (x + \omega)^2 - x^2 = (2x + \omega)\omega$, que pode ser tão pequeno quanto se queira escolhendo ω suficientemente pequeno. Assim, $f(x) = x^2$ é contínua nesse intervalo.

No entanto, o trabalho de Bolzano nunca teve o crédito que merecia, porque Praga ficava longe dos centros de atividade matemática.

O *COURS D'ANALYSE* DE CAUCHY

Enquanto isso, fazia-se muito progresso em Paris. Em 1821, Cauchy lançou um livro inovador intitulado *Cours d'Analyse* (Curso de análise), no qual formalizou a ideia de limite:

> Quando os valores sucessivamente atribuídos à mesma variável se aproximam indefinidamente de um valor fixo de tal maneira que acaba por diferir dele por tão pouco quanto se queira, este último valor é chamado de limite de todos os outros.

Por exemplo, $f(x) = (\text{sen } x)/x$ não é definido quando $x = 0$ (uma vez que $0/0$ não tem sentido), mas conforme x se aproxima do valor 0, $f(x)$ se aproxima do valor 1, logo 1 é o limite nesse caso.

$f(x) = (\text{sen } x)/x$

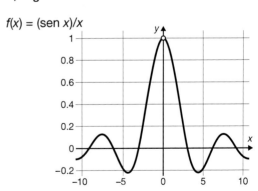

Com essa definição, Cauchy foi capaz de transformar o campo todo. Deu explicações rigorosas do que significa dizer que um gráfico é *contínuo* (sem lacunas nem cantos) e também fez apresentações rigorosas dos dois conceitos fundamentais do cálculo, *diferenciação* e *integração*.

FOURIER E POISSON

Joseph Fourier

Joseph Fourier (1768-1830) trabalhou na *série de Fourier*, como dizemos hoje: isso levou a muitas descobertas matemáticas importantíssimas do século XIX e teve grande aplicação na física matemática. Simeon Denis Poisson (1781-1840) tem o seu nome ligado à *equação de Poisson* na teoria do potencial e à *distribuição de Poisson* na teoria da probabilidade.

Fourier nasceu em Auxerre, na Borgonha, e, em 1797, sucedeu Lagrange na cátedra de Análise e Mecânica da École Polytechnique, partindo com Monge no ano seguinte para participar, como consultor científico, da invasão do Egito por Napoleão. Ao retornar, recebeu de Napoleão um cargo administrativo em Grenoble, no sudeste da França, para organizar a drenagem dos pântanos de Bourgoin e supervisionar a construção da estrada entre Grenoble e Turim. No tempo livre, ele realizou a sua importante pesquisa matemática sobre a condução de calor.

A CONDUÇÃO DE CALOR

Na *Théorie Analytique de la Chaleur* (Teoria analítica do calor), de 1822, Fourier escreveu:

> As causas fundamentais não nos são conhecidas; mas estão sujeitas a leis simples e constantes que se pode descobrir pela observação e cujo estudo é objeto da filosofia natural.

Fourier começou a sua investigação do calor obtendo uma equação diferencial parcial para a distribuição da temperatura de equilíbrio numa região retangular em que a temperatura do contorno se mantém constante. Isso o levou derivar a representação de uma *onda quadrada* não em termos de uma série de potências, mas da série trigonométrica infinita
$\cos u - \frac{1}{3}\cos 3u + \frac{1}{5}\cos 5u - \frac{1}{7}\cos 7u + \dots$,
que é igual a 0 quando $u = \pi/2$, a $\pi/4$ quando u fica entre $-\pi/2$ e $\pi/2$, e a $-\pi/4$ quando u fica entre $\pi/2$ e $3\pi/2$. Sobre esse resultado surpreendente, ele escreveu:

> Como esses resultados parecem se afastar das consequências ordinárias do cálculo, é necessário examiná-los com atenção e interpretá-los no seu verdadeiro sentido.

Então, Fourier considerou a questão mais geral de que funções podem ser representadas por séries de Fourier, definindo primeiro o que queria dizer com função:

> Em geral, uma função f(x) representa uma sucessão de valores ou ordenadas, cada um dos quais é arbitrário. Ao dar à abscissa x uma infinidade de valores, há um número igual de ordenadas f(x). [...] Não supomos que

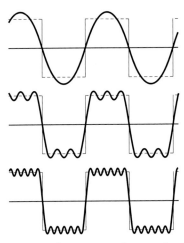

Aproximação de uma onda quadrada por uma série de Fourier

essas ordenadas estejam sujeitas a uma lei comum: elas se sucedem de qualquer maneira que seja, e cada uma delas é dada como se fosse uma quantidade única.

Fourier não considerava funções tão gerais quanto as descritas na sua definição, mas sim aquelas dadas por regras diferentes em seções diferentes onde sejam definidas. Ele também derivou fórmulas (envolvendo integrais) para os coeficientes da série de Fourier da função.

A questão das condições a impor a uma função para assegurar que a sua série de Fourier realmente convirja para a função original gerou muita atividade nova de Abel e Riemann, entre outros.

POISSON

Poisson nasceu em Pithiviers, no centro-norte da França, e logo obteve sucesso acadêmico e ocupou muitos cargos educacionais — em 1806, especificamente, sucedeu Fourier na École Polytechnique depois que Napoleão o mandou para Grenoble. Publicou muitas obras matemáticas e, de acordo com François Arago, dizia frequentemente:

A vida só é boa para duas coisas: descobrir matemática e ensinar matemática.

Poisson realizou um trabalho importante sobre eletricidade, magnetismo e elasticidade e obteve, por exemplo, uma equação diferencial parcial que dá o potencial elétrico de uma distribuição dada de cargas elétricas. Em 1812, ganhou o Grand Prix da Academia francesa, cujo tópico era:

Determinar pelo cálculo e confirmar por experimentos a maneira como a eletricidade se distribui na superfície de corpos elétricos considerados em isolamento ou na presença um do outro — por exemplo, na superfície de duas esferas eletrificadas na presença uma da outra.

Em *Récherches sur la Probabilité des Jugements en Matière Criminelle et en Matière Civile* (Pesquisas sobre a probabilidade de juízos em questões civis e criminais), ele apresentou o que hoje se conhece como *distribuição de Poisson*. Essa distribuição importante dá a probabilidade de quantas vezes um evento ocorrerá num intervalo de tempo ou uma região do espaço. Baseia-se em determinados pressupostos de que os eventos ocorrem de forma independente e de quantos ocorrem num intervalo de tempo curto ou numa pequena região do espaço. Ele também criou a expressão *lei dos grandes números*.

Simeon Denis Poisson

ABEL E GALOIS

As histórias trágicas de Niels Henrik Abel (1802-1829) e Évariste Galois (1811-1832) são tristemente semelhantes. Ambos tiveram dificuldades para fazer os seus resultados serem aceitos e, embora apresentassem grandes avanços na teoria das equações — Abel provou que não pode existir solução geral para equações polinomiais de grau 5 ou mais e Galois determinou quando essas equações *podem* ser resolvidas —, ambos morreram jovens, Abel de tuberculose e Galois depois de ferido num duelo.

Já vimos que as equações polinomiais de segundo, terceiro e quarto graus foram resolvidas usando apenas operações aritméticas e extração de raízes, mas ninguém fora capaz de fazer o mesmo com equações gerais de grau mais elevado. Também vimos a nova abordagem que Lagrange usou nesses problemas, em que contou o número de expressões diferentes que se pode obter permutando as soluções da equação dada.

ABEL

Criado na Noruega, Abel estava desesperado para estudar nos principais centros da vida matemática da França e da Alemanha e acabou conseguindo um estipêndio que lhe permitiu passar algum tempo em Paris e Berlim.

Na Alemanha, conheceu Leopold Crelle e publicou muitos

Niels Henrik Abel

artigos nos primeiros números da nova revista deste último; assim, ajudou-a a se tornar o principal periódico alemão do século XIX. Entre esses artigos, estava o que continha a prova da impossibilidade de revolver a equação geral de grau 5 ou mais. Ele também obteve resultados fundamentais em outros tópicos (convergência das séries, funções elípticas e "integrais abelianas"), muitos dos quais estavam na sua "memória de Paris", de 1826.

A história das tentativas de Abel de ser reconhecido pela comunidade matemática e da sua falta de sucesso para conseguir um cargo acadêmico é triste. Por algum tempo, as suas memórias de Paris se perderam. Então, ele voltou à Noruega, onde contraiu tuberculose e morreu precocemente aos 26 anos. Dois dias depois, chegou à sua casa uma carta informando que a sua memória fora encontrada e lhe oferecendo uma cátedra de prestígio em Berlim.

GALOIS

O trabalho de Lagrange e Abel sobre a impossibilidade de resolver a equação geral do quinto grau foi desenvolvido pelo brilhante Évariste Galois, que determinou critérios (em termos de um objeto hoje chamado *grupo de Galois*) para decidir *quais* equações polinomiais podem ser resolvidas com operações aritméticas e extração de raízes. O seu trabalho acabou levando a áreas

Évariste Galois

inteiramente novas da álgebra, hoje conhecidas como *teoria dos grupos* e *teoria de Galois*.

Os anos da adolescência de Galois foram traumáticos. Ele não passou na prova para entrar na École Polytechnique. Um manuscrito que mandou para a Academia de Ciências francesa se perdeu, outro foi rejeitado por ser obscuro e o seu pai se suicidou.

Agitador republicano que se envolveu em atividades políticas depois da revolução de julho de 1830, Galois ameaçou a vida do rei Luís Felipe mas foi absolvido. Um mês depois, foi descoberto armado, com a farda da guarda proibida de artilharia, e preso.

Galois passou a noite antes do duelo escrevendo freneticamente uma carta ao amigo August Chevalier, resumindo os seus resultados e solicitando a Chevalier que os mostrasse a Gauss e Jacobi. Mas se passariam vários anos até que alguém avaliasse o que significavam e o gênio que o mundo perdeu.

APLICAÇÃO DA ÁLGEBRA DO SÉCULO XIX

Como vimos, os gregos eram fascinados por construções geométricas. Com apenas um compasso e uma régua não marcada, faziam a bissecção de ângulos, a trissecção de segmentos de reta e construíam quadrados com a mesma área de um polígono dado. Mas não conseguiram resolver três tipos de construção:

Dobrar um cubo
Dado um cubo, construir outro com o dobro do volume.

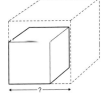

Trissecção de um ângulo
Dado um ângulo qualquer, dividi-lo em três partes iguais.

Quadratura do círculo
Dado um círculo qualquer, construir um quadrado com a mesma área.

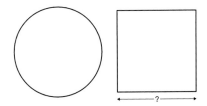

Todos esses datam do século IV a.C. e, nos dois milênios seguintes, buscaram-se construções válidas sem sucesso.

A partir de um segmento de reta de comprimento 1, podemos marcar os seus múltiplos e construir retas de qualquer comprimento que seja um número racional (frações). Ao interceptar essas retas com círculos e interceptar círculos com outros círculos, descobrimos que:

Podemos construir quaisquer comprimentos que envolvam operações aritméticas básicas e a extração sucessiva de raízes quadradas, mas nenhum outro.

DOBRAR UM CUBO
Se o primeiro cubo tem lado 1, o cubo dobrado tem lado $\sqrt[3]{2}$, que é uma raiz cúbica e, portanto, não pode ser construído.

TRISSECÇÃO DE UM ÂNGULO
Se tentarmos fazer a trissecção de um ângulo de 60°, descobriremos que $x = \cos 20°$ satisfaz a equação $8x^3 - 6x - 1 = 0$, cuja solução envolve raízes cúbicas que não podem ser construídas.

QUADRATURA DO CÍRCULO
Essa envolve π, que também não pode ser construído.

Portanto, depois que os algebristas do século XIX provaram que nenhum dos comprimentos $\sqrt[3]{2}$, $\cos 20°$ e π podem ser construídos, conclui-se que:

os três tipos de construção são impossíveis.

MÖBIUS

Nas décadas de 1820 e 1830 houve uma passagem da atividade matemática da França para a Alemanha, com as Écoles de Paris dando lugar às universidades de Berlim e Göttingen. Mas vários matemáticos, como Gauss, também se dedicavam à astronomia e trabalhavam em observatórios e não em universidades. **August Möbius (1790-1868) combinou os cargos de professor de Astronomia da Universidade de Leipzig e de diretor do Observatório enquanto praticava os seus abrangentes interesses matemáticos.**

Möbius nasceu em Schulpforta, na Saxônia, e estudou na Universidade de Leipzig antes de ir para Göttingen estudar astronomia com Gauss. A sua tese de doutorado tratou da ocultação de estrelas fixas, e a sua "habilitação" em Leipzig (que lhe permitia ensinar na Universidade) foi sobre equações trigonométricas. Nomeado professor de Astronomia da Universidade de Leipzig, o

Observatório de Leipzig

Observatório foi desenvolvido sob sua supervisão. Além do cargo de professor da universidade, em 1816 ele se tornou observador do Observatório e foi promovido a diretor em 1848.

COORDENADAS BARICÊNTRICAS

Embora a moderna geometria projetiva tenha nascido na França, oriunda da obra de Poncelet, o palco logo se deslocou para a Alemanha, com contribuições de Möbius e outros. Em 1827, Möbius levou métodos algébricos para a geometria projetiva, assim como Descartes e os seus sucessores tinham feito com a geometria analítica dois séculos antes, ao representar pontos por pares de números (a, b) e retas por equações da forma $ax + by + c = 0$.

Para isso, Möbius criou as *coordenadas baricêntricas*. Consideremos um objeto preso a três fios que passam por fu-

August Möbius

> ### OS CINCO PRÍNCIPES
> Nas suas aulas em Leipzig, por volta de 1840, Möbius fazia a seguinte pergunta aos alunos:
> *Era uma vez um rei com cinco filhos. No seu testamento, ele determinou que, depois da sua morte, os filhos deveriam dividir o reino em cinco regiões de tal maneira que cada uma fizesse fronteira com as outras quatro. Os termos do testamento podem ser satisfeitos?*
> Esse é um dos problemas mais antigos da área da matemática hoje conhecida como *topologia*. A resposta à pergunta é *não*.

TRANSFORMAÇÕES DE MÖBIUS

Há muitas maneiras de transformar o plano complexo em si mesmo. Por exemplo:
- a transformação $f(z) = (1 + i)z$ tem o efeito de rotacionar e expandir grades quadradas de retas:

- a transformação $f(z) = 1/z$ transforma em círculos retas horizontais e verticais:

Há casos especiais que chamamos de *transformações de Möbius*, que assumem a forma
$f(z) = (az + b)/(cz + d)$, em que $ad \neq bc$.
Essas transformações muito versáteis nos permitem transformar áreas escolhidas do plano em outras; por exemplo, podemos transformar a metade direita do plano no interior do círculo de raio 1 por meio da transformação $f(z) = (z-1)/(z+1)$:

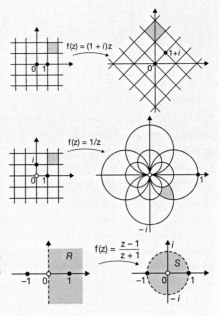

ros A, B e C de uma mesa. Ao pendurar nos fios os pesos a, b e c, o objeto encontra o equilíbrio no ponto P dentro do triângulo ABC, ao qual damos as coordenadas [a, b, c].

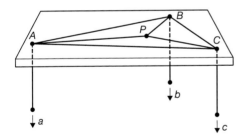

Se então dobrarmos todos os pesos ou os multiplicarmos por qualquer número fixo, o ponto P se mantém no mesmo lugar. Mas, em geral, trios de pesos diferentes dão origem a pontos diferentes; além disso, nenhum ponto corresponde ao trio de pesos [0, 0, 0]. Möbius então mostrou como obter pontos fora do triângulo ABC, permitindo que os pesos assumissem valores negativos.

Assim, obtemos uma geometria em que os pontos são trios de números [a, b, c] (que não [0, 0, 0]), definidos até os múltiplos. Podemos também definir retas nessa geometria como equações da forma $ax + by + cz = 0$. Então, pontos e retas se relacionam por meio da dualidade [a, b, c] $\leftrightarrow$ $ax + by + cz = 0$.

A FITA DE MÖBIUS

Provavelmente Möbius é mais lembrado por descrever, em 1858, o objeto conhecido como *fita* (ou *faixa*) *de Möbius*. Para construí-la, pegue uma tira comprida de papel, torça uma das pontas em 180° e depois cole as duas pontas.

A fita de Möbius tem várias propriedades inesperadas. Por exemplo, tem apenas um lado, como se descobre ao traçar com um lápis uma linha pelo meio até chegar ao ponto de partida. Ao cortar ao longo dessa linha, obtemos dois anéis de papel interligados.

137

BOLYAI E LOBATCHEVSKI

Como vimos, os *Elementos* de Euclides se baseiam em cinco verdades evidentes por si sós chamadas *postulados*. Quatro deles são óbvios, mas o quinto tem estilo diferente. Durante dois mil anos, muitos tentaram deduzi-lo dos outros quatro, mas ninguém conseguiu. Isso porque há geometrias "não euclidianas" que satisfazem aos quatro primeiros postulados mas não ao quinto. A sua existência foi publicada pela primeira vez por volta de 1830 pelo transilvano János Bolyai (1802-1860) e pelo russo Nikolai Lobatchevski (1792-1856).

No decorrer dos séculos, muitos tentaram provar o quinto postulado deduzindo-o dos outros resultados dos *Elementos* de Euclides aos quais é equivalente. Dois deles eram o "postulado das paralelas":

> Dada uma reta qualquer L e um ponto qualquer P que não esteja na reta, há exatamente uma única reta paralela a L que passa por P.

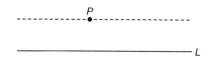

e o "teorema da soma dos ângulos do retângulo":

Os ângulos de qualquer retângulo somam 360°.

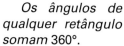

soma dos ângulos = 360°

Caso se consiga deduzir qualquer um deles a partir dos quatro primeiros postulados, o quinto também terá de ser verdadeiro; já descrevemos a tentativa malsucedida de Alhazen de provar o postulado das paralelas.

TENTATIVA DE SACCHERI

O primeiro avanço realmente significativo aconteceu em 1733, em *Euclides ab Omni Naevo Vindicatus* (Euclides inocentado de todas as falhas), do geômetra italiano Gerolamo Saccheri. A sua abordagem foi considerar geometrias nas quais não se pressupõe o quinto postulado e tirar daí uma contradição.

Para isso, Saccheri tentou provar que não podem existir retângulos cuja soma dos ângulos não seja igual a 360°. Daí se seguiria que a soma dos ângulos é sempre 360° e que o quinto postulado é verdadeiro.

soma dos ângulos > 360°   soma dos ângulos < 360°

As primeiras tentativas de Saccheri foram bem-sucedidas. Ele demonstrou que, se a soma dos ângulos for maior do que 360°, é possível provar que o postulado das paralelas é verdadeiro e falso ao mesmo tempo; como observou:

> Isso é absolutamente falso, porque destrói a si mesmo.

Essa contradição mostra que nenhuma geometria pode ter essa propriedade.

Em seguida, ele tentou repetir o processo para um retângulo com soma dos ângulos menor do que 360°, afirmando que:

> A hipótese do ângulo agudo é absolutamente falsa, por ser repugnante à natureza das retas.

Mas aqui o argumento continha um erro.

Se Saccheri *tivesse* sucesso neste caso, teria provado que a soma dos ângulos de todos os retângulos tem de ser 360°. Daí se seguiria que o quinto postulado realmente pode ser deduzido dos outros.

GEOMETRIAS NÃO EUCLIDIANAS

Provou-se de forma espetacular que a abordagem de Saccheri estava errada. Por volta de 1830, Bolyai e Lobatchevski, de forma independente, criaram um novo tipo de geometria na qual

> Os ângulos de qualquer retângulo somam menos de 360°.

Na sua geometria, os quatro primeiros postulados de Euclides ainda se aplicam, mas não o quinto.

Essa geometria de Bolyai-Lobatchevski tinha algumas características muito estranhas.

> Dada uma reta qualquer L e um ponto qualquer P que não esteja na reta, há infinitas retas paralelas a L que passam por P.

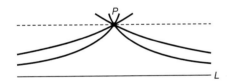

Além disso, *se dois triângulos forem semelhantes* (tiverem os mesmos ângulos), *então também serão congruentes* (terão o mesmo tamanho), o que também não é verdadeiro na geometria euclidiana.

Nem Bolyai nem Lobatchevski conseguiram tornar o seu trabalho amplamente conhecido e receberam pouco crédito pela extraordinária descoberta. Só depois de mortos a sua geometria foi completamente compreendida.

A CONTRIBUIÇÃO DE GAUSS

As geometrias não euclidianas de Bolyai e Lobatchevski foram consideradas muito controvertidas, já que se considerava que não correspondiam ao mundo em que vivemos. Alguns anos antes, Gauss pensara algo parecido:

> *Estou cada vez mais convencido de que a necessidade da nossa geometria [euclidiana] não pode ser provada [...] Talvez em outra vida sejamos capazes de obter noções da natureza do espaço que agora são inatingíveis.*

No entanto, ele não se dispôs a publicar as suas espantosas previsões, temendo "os uivos dos beócios" caso o fizesse; os beócios eram gregos antigos que resistiam a mudanças.

Farkas Bolyai, pai de János, também trabalhara com o postulado das paralelas e tentou com todo o ardor dissuadir o filho de fazer o mesmo:

> *Não deves tentar essa abordagem das paralelas. Conheço o caminho até o final. Atravessei essa noite sem fundo, que extinguiu toda luz e alegria da minha vida [...] Viajei por todos os recifes desse Mar Morto infernal e sempre voltei de mastro quebrado e velas rasgadas.*

Mas o filho persistiu e, quando Farkas Bolyai informou ao velho amigo Gauss o sucesso do filho, Gauss aceitou os resultados, mas declarou-os seus:

> *Se eu começasse dizendo que sou incapaz de elogiar esse trabalho, sem dúvida ficarias um momento surpreso. Mas não posso dizer outra coisa. Elogiá-lo seria elogiar a mim mesmo. Na verdade, todo o conteúdo do trabalho, o caminho adotado por teu filho, os resultados aos quais foi levado, coincidem quase inteiramente com as minhas meditações, que ocuparam em parte a minha mente nos últimos trinta ou trinta e cinco anos.*

János Bolyai nunca perdooU Gauss por isso.

Nikolai Lobatchevski

BABBAGE E LOVELACE

No século XIX, o personagem central da computação foi Charles Babbage (1791-1871), que pode ser chamado de pioneiro da moderna era do computador com as suas "máquinas diferenciais" e o seu "engenho analítico", embora seja difícil avaliar a influência que teve sobre as gerações subsequentes. Ada, condessa de Lovelace (1816-1852), filha de Lord Byron e amiga íntima de Babbage, produziu um comentário claro e perspicaz sobre os poderes e o potencial do engenho analítico; essencialmente, foi uma introdução ao que hoje chamamos de programação.

A MÁQUINA DIFERENCIAL

A Real Sociedade Astronômica pediu a Charles Babbage e John Herschel que produzissem novas tabelas astronômicas. Foi isso que levou Babbage a projetar a sua máquina de calcular.

Ele queria mecanizar o cálculo de fórmulas como $x^2 + x + 41$ para diferentes valores de x; esse foi o seu exemplo ilustrativo. O âmago da ideia pode ser visto na tabela abaixo. Na segunda coluna estão os valores da expressão para $x = 0, 1, 2, ..., 7$; na terceira, a diferença entre termos sucessivos da segunda (a *primeira diferença*); na quarta, a diferença entre termos sucessivos da terceira (a *segunda diferença*); aqui, as segundas diferenças são todas iguais.

x	$x^2 + x + 41$	primeiras diferenças	segundas diferenças
0	41		
		2	
1	43		2
		4	
2	47		2
		6	
3	53		2
		8	
4	61		2
		10	
5	71		2
		12	
6	83		2
		14	
7	97		

Observe que podemos reconstruir os valores da função em degraus a partir da região sombreada que contém o primeiro termo (41), a primeira diferença inicial (2) e a segunda diferença constante (2).

Essa técnica pode ser aplicada a qualquer função polinomial, porque continuar a calcular diferenças acaba gerando valores constantes. Além disso, muitas funções de interesse que não são polinomiais (como *sen*, *cos* e *log*) podem ser aproximadas com polinômios.

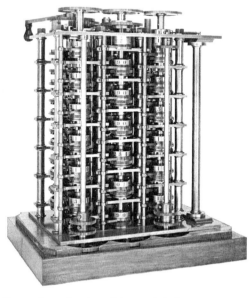

Parte da máquina diferencial de 1832: precisava ter a capacidade de imprimir os resultados, uma vez que surgiam mais erros na impressão e na revisão do que nos cálculos originais

Charles Babbage

A construção da máquina diferencial enfrentou dificuldades mecânicas, financeiras e políticas e foi abandonada em 1833.

O ENGENHO ANALÍTICO

Babbage se perguntou se a sua máquina diferencial poderia trabalhar com o resultado dos próprios cálculos ou, como ele disse:

O engenho come a própria cauda.

Com isso em mente, ele projetou uma nova máquina e, no sistema de controle, usou os cartões perfurados empregados por Jacquard no seu tear automático.

O projeto desse engenho analítico permitia inserir números e guardá-los num *armazém*. As instruções das operações a serem realizadas com os números seriam registradas separadamente. Essas operações se realizariam numa parte do computador chamada *moinho* e o resultado voltaria ao armazém para ser impresso ou usado como entrada para novos cálculos, dependendo das instruções do controle. O importante era que as operações a realizar podiam depender do resultado de cálculos anteriores.

Ada, condessa de Lovelace, foi estimulada no seu interesse pela matemática por Mary Somerville e Augustus De Morgan.

Nos seus textos sobre o engenho analítico, ela descreveu o que a máquina podia fazer e como lhe dar instruções;

Ada, condessa de Lovelace

essa descrição é considerada o primeiro programa de computador. Ela escreveu:

A característica que distingue o Engenho Analítico [...] é a introdução do princípio que Jacquard inventou para regular, por meio de cartões perfurados, os desenhos mais complicados na fabricação de tecidos brocados. É nisso que jaz a distinção entre as duas máquinas. Nada do tipo existe na Máquina Diferencial. Podemos dizer mais corretamente que o Engenho Analítico tece padrões algébricos assim como o tear de Jacquard tece flores e folhas.

Embora o engenho analítico nunca tenha sido construído, estudos modernos são da opinião de que, se fosse, funcionaria como Babbage pretendia. Hoje, o nome ADA foi dado a uma linguagem de programação desenvolvida para o Departamento de Defesa dos Estados Unidos.

HAMILTON

William Rowan Hamilton (1805-1865) foi um menino prodígio que, ainda na adolescência, descobriu um erro no tratado de Laplace sobre mecânica celeste. Ele realizou trabalhos teóricos fundamentais sobre mecânica e óptica geométrica, usando o cálculo das variações e baseando-se no princípio da ação mínima. Desmistificou os números complexos e revolucionou a álgebra com a descoberta dos quatérnios, um sistema algébrico não comutativo.

Nascido em Dublin em 1805, Hamilton demonstrou desde tenra idade aptidão notável para calcular, enquanto também aprendia vários idiomas. Começou a ler *Mécanique Céleste*, de Laplace, em 1822 e, no ano seguinte, ficou em primeiro lugar nos exames para ingressar no Trinity College. Subiu rapidamente os degraus acadêmicos e, em 1827, com 22 anos, pouco antes de se formar, se tornou professor de Astronomia e Astrônomo Real da Irlanda.

ÓPTICA GEOMÉTRICA

Um dos primeiros e grandes sucessos de Hamilton foi na área da óptica geométrica, na qual as suas investigações teóricas previram o fenômeno da refração cônica da luz num cristal. Essa previsão foi verificada pouco depois, em 1832, por Humphrey Lloyd, seu colega do Trinity College e professor de Filosofia Natural. Isso provocou sensação por ser uma daquelas ocasiões pouco frequentes em que uma investigação teórica previu com antecedência um comportamento físico desconhecido.

No diagrama seguinte, há duas versões da refração cônica. Em ambos os casos, o cristal faz o raio de luz se refratar num cone oco. A previsão e a sua verificação deram mais apoio à aceitação crescente da teoria ondulatória da luz (em oposição à teoria corpuscular).

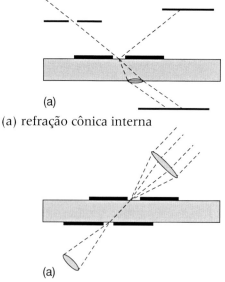

(a) refração cônica interna

(a)
(b) refração cônica externa

Sir William Rowan Hamilton

A obra de Hamilton era muito geral e teórica e a sua formulação da mecânica, baseada no princípio da ação mínima, foi a única abordagem da mecânica clássica que passou para a mecânica quântica. O *hamiltoniano* é a energia total do sistema, usado tanto na mecânica clássica quanto na quântica para discutir a evolução de um sistema no decorrer do tempo.

NÚMEROS COMPLEXOS

Durante muitos séculos, os números complexos foram vistos com desconfiança. Euler, que trabalhou bastante com eles, disse:

> *Sobre tais números, podemos em verdade afirmar que não são nada, nem maiores do que nada nem menores do que nada, o que necessariamente faz deles imaginários ou impossíveis.*

Mesmo no início do século XIX, ainda havia muito descontentamento com os números complexos e os chamados números "imaginários" que pareciam não existir. Por exemplo, Augustos De Morgan, professor de Matemática do University College, em Londres, declarou que:

> *Demonstramos que o símbolo $\sqrt{-1}$ é vazio de sentido, ou melhor, autocontraditório e absurdo.*

Foi Hamilton que, finalmente deu uma explicação dos números complexos geralmente aceita. Ao recordar a ideia de representar cada número complexo $x + iy$ como um ponto (x, y) no plano, ele diluiu grande parte da desconfiança ao propor que o número complexo $a + bi$ fosse definido como um par (a, b) de números reais. Combinamos esses pares (a, b) e (c, d) usando as seguintes regras:

Adição:
$(a, b) + (c, d) = (a + c, b + d)$;
isso corresponde à equação
$(a + bi) + (c + di) = (a + c) + (b + d)i$

Multiplicação:
$(a, b) \times (c, d) = (ac - bd, ad. + bc)$;
isso corresponde à equação
$(a + bi) \times (c + di) = (ac - bd) + (ad + bc)i$.

O par $(a, 0)$, portanto, corresponde ao número real a, o par $(0, 1)$ corresponde ao número imaginário i e temos a equação

$(0, 1) \times (0, 1) = (-1, 0)$,
que corresponde à equação $i \times i = -1$.

A ÁLGEBRA DOS QUATÉRNIOS

Então, Hamilton tentou ampliar as suas ideias generalizando os números complexos em tripletos tridimensionais. Ele lutou com esse problema durante mais de uma década até chegar aos *quatérnios*, cada um deles composto de quatro números (a, b, c, d), correspondentes a uma expressão da forma

$a + bi + cj + dk$,

na qual $i^2 = j^2 = k^2 = ijk = -1$. No entanto, a regra da multiplicação não é comutativa; a ordem em que se multiplicam dois quatérnios pode gerar diferença na resposta. Especialmente,

$ij = -ji$, $jk = -kj$ e $ik = -ki$.

A partir daí, pode-se deduzir que

$ij = k$, $jk = i$ e $ki = j$.

Hamilton teve a ideia dos quatérnios em 1856, quando caminhava pelo Canal Real em Dublin com a esposa. Como recordou:

> *E ali me veio à mente a noção de que devemos admitir, em certo sentido, uma quarta dimensão do espaço com o propósito de calcular com tripletos, [...] Um circuito elétrico pareceu se fechar e uma fagulha lampejou...*

e ele rabiscou as fórmulas na ponte de Brougham, fato hoje comemorado por uma placa.

A placa na ponte de Brougham

BOOLE

Embora George Boole (1815-1864) tenha dado contribuições à probabilidade, aos métodos de diferenças finitas e às equações diferenciais, a sua maior realização foi criar uma álgebra da lógica hoje chamada *álgebra booleana*. Além de importante para o desenvolvimento da álgebra em meados do século XIX, ela continua a ter uso corrente — por exemplo, no projeto lógico de circuitos de computação digital.

George Boole (à direita) nasceu em Lincoln, na Inglaterra. Matemático autodidata, estudou as obras de Lagrange e Laplace enquanto sustentava a família trabalhando como mestre-escola. Mais tarde, obteve o cargo de primeiro professor de Matemática do recém-fundado Queen's College Cork, na Irlanda. Embora trabalhasse com equações diferenciais, interesse que tinha em comum com Hamilton, houve pouca comunicação entre os dois. Na verdade, embora residisse na Irlanda Boole tinha mais contato com matemáticos ingleses do que com os seus contemporâneos irlandeses.

ÁLGEBRA BOOLEANA

Em 1854, Boole publicou a sua obra-prima, *An Investigation of the Laws of Thought, on Which are Founded the Mathematical Theories of Logic and Probability* (Investigação das leis do pensamento nas quais se baseiam as teorias matemáticas da lógica e da probabilidade). Ele começava:

> O desígnio do seguinte tratado é investigar as leis fundamentais daquelas operações da mente por meio das quais se realiza o raciocínio.

No livro, Boole criou uma linguagem de símbolos e as leis a que satisfazem, com uma letra para representar um conjunto ou classe de objetos.

Um dos seus exemplos é:

> Se x = classe dos "homens" e y = classe de "coisas boas", então xy é a classe de coisas que pertencem a x e a y (a classe dos "homens bons").

Essa lei específica da multiplicação satisfaz a propriedade comutativa: $xy = yx$ para todos x e y.

No caso da adição, ele definiu $x + y$ como a classe de todas as coisas que pertencem a x ou y; no seu exemplo, $x + y$ é a classe de coisas que são "homens" ou "boas". Ele usou 0 para representar a classe sem membros (a classe vazia) e 1 para representar a classe universal, o "universo do discurso".

Algumas leis da álgebra booleana são:
- $0x = 0$, uma vez que a classe de coisas que pertencem a 0 e x é a classe vazia
- $1x = x$, uma vez que a classe de coisas que pertencem ao conjunto universal e x é x
- $xx = x$, uma vez que a classe de todas as coisas que pertencem a x e x é x
- $x + x = x$, uma vez que a classe de todas as coisas que pertencem a x ou x é x

EQUAÇÕES DIFERENCIAIS

Boole fez contribuições importantes à teoria das equações diferenciais. Para ilustrar a sua abordagem, consideremos a equação diferencial

$d^2y/dx^2 + 2dy/dx - 3y = 0$.

Se D significa diferenciação e D^2 significa diferenciar duas vezes, então podemos converter essa equação diferencial numa equação algébrica:

$D^2y + 2Dy - 3y = 0$ ou $(D^2 + 2D - 3)y = 0$.

Fatorizar essa expressão resulta em

$(D - 1)(D + 3)y = 0$.

Agora resolvemos $(D - 1)y = 0$ e $(D + 3)y = 0$ e combinamos as soluções adequadamente para resolver a equação diferencial original. A resposta é

$y = Ae^x + Be^{-3x}$,

em que A e B são constantes arbitrárias.

- $(x + y)z = xz + yz$, para todo x, y e z
- $x + yz = (x + y)(x + z)$, para todo x, y e z.

As ideias da álgebra booleana também aparecem na teoria da probabilidade, porque esta última pode tratar da probabilidade de um resultado advindo de uma combinação de outras possibilidades.

John Venn

JOHN VENN

Um modo prático de exibir essas relações entre classes é usar os *diagramas de Venn*, criados em 1881 pelo matemático de Cambridge John Venn.

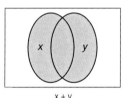
x + y

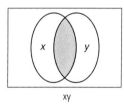
xy

As áreas sombreadas abaixo mostram o resultado de somar e multiplicar duas classes.

Também podemos usar esses diagramas para ilustrar relações entre classes; por exemplo, a área sombreada abaixo representa

   $x + (yz)$

e

   $(x + y)(x + z)$.

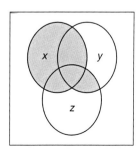

145

GREEN E STOKES

George Green (1793-1841) foi um físico e matemático pioneiro cuja obra teve pouco reconhecimento público durante a sua vida. Ele cunhou o termo "potencial", aplicou-o à eletricidade e ao magnetismo e é lembrado pelo *teorema de Green* e pela *função de Green*. George Gabriel Stokes (1819-1903) deu uma contribuição importante a áreas como hidrodinâmica, elasticidade, gravidade, luz, som, calor, meteorologia, física solar e química. O seu nome é lembrado na física matemática pelo *teorema de Stokes* e pelas *equações de Navier-Stokes*.

Green nasceu em Nottingham, na Inglaterra, e largou a escola em tenra idade. Moleiro de profissão, aprendeu matemática sozinho lendo as obras disponíveis na biblioteca local e, em 1828, publicou o seu trabalho mais importante, *An Essay on the Application of Mathematical Analysis to the Theories of Electricity and Magnetism* (Ensaio sobre a aplicação da análise matemática às teorias da eletricidade e do magnetismo). Aos 40 anos, foi estudar matemática no Caius College, em Cambridge, e se formou em 1837.

O moinho de Green em Sneinton, perto de Nottingham

Stokes nasceu no condado de Sligo, na Irlanda, e frequentou escolas em Dublin e Bristol antes de ir para Cambridge e entrar para o Pembroke College. Em 1841, formou-se como *senior wrangler* (o aluno de matemática com melhores notas no exame final) e, em 1849, tornou-se professor lucasiano de Matemática de Cambridge. Durante o longo período no cargo (mais de cinquenta anos até a sua morte), devolveu à cátedra a elevada reputação que tivera ao ser ocupada por Isaac Newton.

George Gabriel Stokes

O *ESSAY* DE GREEN

O objetivo declarado de Green no *Essay* era

> *Submeter à análise matemática os fenômenos do equilíbrio dos fluidos elétricos e magnéticos e estabelecer alguns princípios gerais igualmente aplicáveis a condutores perfeitos e imperfeitos.*

Ele começou apresentando a *função potencial*, que usou para estudar a eletricidade e o magnetismo. Ela é obtida somando-se, para cada massa, "a quantidade de eletricidade que contém" dividida pela distância a um ponto dado.

O *Essay* de Green foi publicado por assinatura, com cerca de cinquenta assinantes. Teve impacto limitado até William Thomson obter um exemplar em 1845 e republicá-lo com uma introdução. Ao perceber a importância do *Essay*, Thomson elogiou o autor:

As suas pesquisas [...] sugerem ao matemático os métodos mais simples e poderosos de tratar de problemas que, atacados pela mera força da antiga análise, ficariam para sempre sem solução.

8. Sejam X, Y, Z funções das coordenadas retangulares x, y, z, dS um elemento de qualquer superfície líquida, l, m, n os cossenos das inclinações da normal em dS até os eixos, ds um elemento da linha do limite; demonstre que

$$\iint \left\{ l\left(\frac{dZ}{dy} - \frac{dY}{dz}\right) + m\left(\frac{dX}{dz} - \frac{dZ}{dx}\right) + n\left(\frac{dY}{dx} - \frac{dX}{dy}\right) \right\} dS$$
$$= \int \left(X\frac{dx}{ds} + Y\frac{dy}{ds} + Z\frac{dz}{ds} \right) ds,$$

sendo parciais os coeficientes diferenciais X, Y, Z e a integral única tomada à toda volta do perímetro da superfície.

Primeira aparição do teorema de Stokes em letra de forma, numa questão de prova de 1854!

OS TEOREMAS DE GREEN E STOKES

O *teorema fundamental do cálculo*, que representa a diferenciação e a integração como processos inversos, pode ser escrito:

$\int_a^b df = f(b) - f(a)$.

É possível considerar que ele relaciona o comportamento de uma função dentro do intervalo entre *a* e *b* com os valores de outra nas extremidades (ou limites) *a* e *b*. Os teoremas que levam o nome de Green e Stokes (embora eles não fossem os primeiros a descobri-los) generalizam essa ideia para duas e três dimensões.

O teorema de Green (abaixo), especialmente, relaciona os valores de uma função dentro da área *D* com os de outra no seu limite *C*.

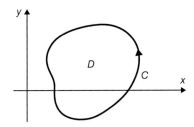

STOKES E A HIDRODINÂMICA

Mais tarde, Stokes explicou por que se dedicou ao estudo da hidrodinâmica:

Achei que experimentaria uma pesquisa original; e, seguindo uma sugestão que me foi feita por Mr. Hopkins [famoso professor de Cambridge] enquanto estudava para obter o meu grau, abracei o tema da Hidrodinâmica, então em maré bem baixa nas leituras gerais do lugar, não obstante o fato de George Green, que fez um trabalho admirável neste e em outros departamentos, residir na Universidade até a morte.

Na reunião de 1846 da Associação Britânica pelo Progresso da Ciência, Stokes falou da hidrodinâmica. O seu estudo perspicaz aumentou a sua reputação e mostrou a familiaridade com o trabalho de Lagrange, Laplace, Fourier, Poisson e Cauchy, além do de Green. Como disse em seu relatório:

Pode-se considerar que a hipótese fundamental sobre a qual se baseia a ciência da hidrostática seja que a ação mútua de duas porções adjacentes de um fluido em repouso é normal à superfície que as separa [...] e, portanto, a hipótese supramencionada pode ser considerada uma hipótese fundamental da teoria ordinária da hidrodinâmica, assim como da hidrostática.

Depois de 1850, a sua produção de publicações acadêmicas se desacelerou. Em parte, isso se deveu ao seu papel na administração acadêmica — por exemplo, ele se tornou secretário de Ciências Físicas da Royal Society — mas também ao tempo e esforço que dedicava à correspondência com colegas, estimulando-os, comentando o seu trabalho e divulgando os seus resultados.

THOMSON E TAIT

Peter Guthrie Tait

William Thomson (1824-1907), mais tarde conhecido como Lord Kelvin, foi um personagem dominante na ciência vitoriana, com contribuições à matemática, à física e à engenharia, principalmente nas áreas da eletricidade e do magnetismo. Personagem de destaque na criação da termodinâmica, área da física que trata do calor e da energia, ele foi fundamental na instalação do primeiro cabo telegráfico transatlântico. Peter Guthrie Tait (1831-1901) realizou pesquisas sobre uma grande variedade de tópicos: quatérnios, teoria dos nós, fenômenos atmosféricos e meteorológicos, termodinâmica, aerodinâmica e teoria cinética, além da coloração de mapas. Na década de 1860, Thomson e Tait colaboraram num livro muito influente sobre filosofia natural.

Thomson nasceu em Belfast, na Irlanda. Estudou nas universidades de Glasgow e Cambridge e foi nomeado professor de Filosofia Natural da Universidade de Glasgow aos 22 anos. Permaneceu na cidade até a morte e foi sepultado na Abadia de Westminster ao lado de Isaac Newton.

Tait nasceu em Dalkeith, na Escócia, e estudou nas universidades de Edimburgo e Cambridge. Em 1854, tornou-se professor de Matemática do Queen's College, em Belfast, e, em 1860, assumiu a cátedra de Filosofia Natural de Edimburgo, que ocupou durante mais de quarenta anos. Colaborou com Thomson e também com Maxwell e Hamilton.

TRATADO DE FILOSOFIA NATURAL

Provavelmente o legado mais influente da colaboração entre Thomson e Tait tenha sido a produção, em 1867, do *Treatise on Natural Philosophy* (Tratado de filosofia natural). Os dois começaram a trabalhar na obra em 1861, pouco depois de se conhecerem, e ela se mostrou importantíssima para identificar e colocar a conservação de energia no centro da abordagem, embora a sua abrangência ficasse aquém da intenção original dos autores.

Os dois tinham naturezas muito diferentes. Thomson viajava com frequência enquanto Tait só saiu da Escócia depois de 1875. Tait também sabia ser briguento, com disputas azedas (por exemplo) com Heaviside e Gibbs a respeito do mérito relativo de vetores e quatérnios; mas foi ele que conduziu a colaboração até a publicação, repreendendo, bajulando e persuadindo Thomson a cumprir os prazos. Podemos ilustrar a frustração de Tait numa carta que escreveu a Thomson em junho de 1864, a meio caminho da colaboração:

> *Estou ficando muito enjoado do grande Livro [...] se mandas apenas retalhos e estes a grandes intervalos, o*

que posso fazer? Não me deste sequer uma ideia do que queres fazer no nosso atual capítulo sobre a estática dos líquidos e gases!

O tratado foi universalmente abreviado como T&T', e Thomson e Tait usaram essa abreviatura na sua extensa correspondência. Como uma das fórmulas era *dp/dt = jcm*, James Clerk Maxwell, amigo íntimo dos dois, passou a ser conhecido como *dp/dt*! Maxwell e Tait eram amigos desde quando frequentavam a Academia de Edimburgo, com 10 anos, e de lá foram para as universidades de Edimburgo e de Cambridge.

Thomson e Tait tinham três propósitos principais no projeto que resultou no T&T':
- Oferecer livros didáticos apropriados e a custo razoável para embasar as aulas.
- Alimentar a intuição física e reduzir a confiança na manipulação matemática.
- Embasar a filosofia natural nos princípios da conservação e do extremo, substituindo "os *Principia* de força de Newton por novos *Principia* de energia e extremos".

O tratado foi bem recebido. A opinião de Maxwell sobre a sua realização foi:

> *O crédito de romper o monopólio dos grandes mestres do discurso e tornar todos os seus encantos familiares aos nossos ouvidos como palavras domésticas pertence em grande medida a Thomson e Tait. Os dois magos do norte foram os primeiros a, sem compunção nem temor, pronunciar na língua materna os nomes próprios e verdadeiros daqueles conceitos dinâmicos que os mágicos de antigamente só se habituavam a invocar com o auxílio de símbolos murmurados e equações não articuladas. E agora o mais débil dentre nós consegue repetir as palavras mágicas e participar de discussões dinâmicas que, há apenas alguns anos, teríamos de deixar para os nossos melhores.*

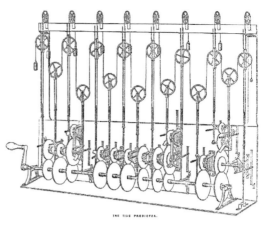

Máquina de prever marés

Lord e Lady Kelvin na coroação do rei Eduardo VII

MÁQUINAS DE CÁLCULO CONTÍNUO

A segunda edição de T&T' traz uma discussão maravilhosa sobre máquinas de cálculo contínuo que reúne trabalhos anteriores de Thomson e do seu irmão James. Há máquinas para resolver equações simultâneas, integrar o produto de duas funções dadas e achar as soluções de equações diferenciais lineares de segunda ordem com coeficientes variáveis. Uma máquina para prever marés computava a profundidade da água num período de anos para qualquer porto no qual "os constituintes da maré foram encontrados com a análise harmônica de observações da medida da maré" — isto é, com os coeficientes da série de Fourier que representava preamar e baixa-mar.

MAXWELL

James Clerk Maxwell (1831-1879) é considerado por muitos um dos mais importantes físicos matemáticos de todos os tempos, atrás apenas de Newton e Einstein. A sua principal contribuição à ciência foi a formulação da teoria do eletromagnetismo, em que se demonstra que luz, eletricidade e magnetismo são manifestações do campo eletromagnético. Ele também deu contribuições importantes à óptica e à teoria da visão das cores, à teoria cinética dos gases e da termodinâmica e à compreensão da dinâmica e da estabilidade dos anéis de Saturno.

Michael Faraday dá uma aula de Natal no Royal Institution, em 1856

Maxwell nasceu em Edimburgo, na Escócia, e entrou na universidade de lá aos 16 anos. Em 1850, transferiu-se para a Universidade de Cambridge e, seis anos depois, retornou à Escócia para ocupar a cátedra de Filosofia Natural do Marischal College, em Aberdeen, que deixou de existir quando o College passou a pertencer à Universidade de Aberdeen.

Em seguida, ele foi professor do King's College, em Londres, e primeiro professor da cátedra Cavendish de Física do Laboratório Cavendish de Cambridge, projetado por ele e cujo equipamento foi comprado com a sua contribuição; também organizou e comentou os manuscritos de Cavendish sobre eletricidade.

ELETROMAGNETISMO

Os físicos Michael Faraday, inglês, e Hans Christian Oersted, dinamarquês, fizeram descobertas fundamentais sobre eletricidade e magnetismo, entre as quais:
- A conversão de energia elétrica em energia mecânica, já que as correntes elétricas criam campos magnéticos.
- A conversão de energia mecânica em energia elétrica, já que um ímã em movimento induz uma corrente elétrica num fio metálico.

Essas observações foram importantíssimas para o trabalho de Maxwell, coisa que ele várias vezes ressaltou. A sua

James Clerk Maxwell

> **Equações de Maxwell**
>
> curl $\mathbf{H} = j + \partial\mathbf{D}/\partial t$
>
> div $\mathbf{B} = 0$
>
> curl $\mathbf{E} = -\partial\mathbf{B}/\partial t$
>
> div $\mathbf{D} = \rho$

principal realização foi formular matematicamente o trabalho de Faraday sobre linhas de força elétrica e magnética. Com algumas equações relativamente simples, Maxwell captou o comportamento dos campos elétricos e magnéticos e a sua interação. Os seus cálculos mostraram que a velocidade de propagação de um campo eletromagnético é aproximadamente a da luz, e ele escreveu:

> Mal podemos evitar a conclusão de que a luz consiste de ondulações transversais do mesmo meio que é a causa dos fenômenos elétricos e magnéticos.

O *Treatise on Electricity and Magnetism* (Tratado sobre eletricidade e magnetismo) foi publicado em 1873. A influência dessa obra foi profunda. Einstein se entusiasmou:

> Desde a época de Maxwell, pensou-se a realidade física como representada por campos contínuos e incapazes de qualquer interpretação mecânica. Essa mudança na concepção da realidade é a mais profunda e frutífera que a física sofreu desde a época de Newton.

Enquanto o destacado físico Richard Feynman previu:

> Com uma longa visão da história da humanidade — vista, digamos, daqui a dez mil anos — pouca dúvida existe de que o evento mais significativo do século XIX será considerado a descoberta das leis da eletrodinâmica por Maxwell.

Tait e Thomson eram amigos e correspondentes de Maxwell, que lhes agradeceu na introdução do seu tratado.

O DEMÔNIO DE MAXWELL

Em dezembro de 1867, Maxwell escreveu a Tait delineando um experimento em que pensara, ligado à segunda lei da termodinâmica. Ele imaginou um recipiente cheio de gás com uma partição que o dividisse em dois. As moléculas do gás se movem com velocidades diferentes. Há um furinho na partição que um "ser" pode abrir ou fechar para permitir que as moléculas mais rápidas passem apenas do lado esquerdo para o direito. Sem nenhum gasto de trabalho, o ser aumenta a temperatura do lado direito e baixa a temperatura do lado esquerdo, contradizendo a segunda lei da termodinâmica. William Thompson (Lord Kelvin) foi o primeiro a usar a palavra "demônio" para o conceito de Maxwell.

> ### UMA AULA SOBRE O GALVANÔMETRO DE THOMSON
>
> *Dada a um único aluno numa alcova com as cortinas fechadas*
>
> A luz da lâmpada fura até a parede escura
> Atravessando finas perfurações;
> O longo raio passa sobre descascada massa,
> Com decadentes oscilações.
> Flui, corrente! flui! põe a luz rápida a correr!
> Flui, corrente! responde, luz! a piscar, tremer, morrer.
>
> Oh! que bizarro! tão fino e claro
> E mais fino, claro e nítido a ficar,
> O fogo escorregadio, que no centro tem um fio
> Os belos graus distintos a se mostrar.
> Oscila, ímã! oscila! a avançar e retroceder;
> Oscila, ímã! responde, meu bem, em ti o que devo ler?
>
> Oh, amor! Para, cala, não lês a escala
> Correta em décimos da divisão?
> Para refletir o céu estes olhos recebeste,
> E não para métodos de precisão.
> Abre, contato! abre! faz a luzinha livre correr!
> Abre, contato! descansa, ímã! a oscilar, se esgueirar, morrer.
>
> dp/dt

O senso de humor de Maxwell se revela neste poema ao galvanômetro de Thomson (instrumento para medir correntes)

KIRKMAN

É uma pena quando os conceitos matemáticos são creditados à pessoa errada. Isso aconteceu duas vezes com o reverendo Thomas Penyngton Kirkman (1806-1895), pároco rural do condado inglês de Lancashire que deu contribuições significativas ao estudo de sistemas triplos, poliedros, grupos e nós.

Thomas Kirkman nasceu em Bolton, no Lancashire. Depois de trabalhar alguns anos no escritório do pai, foi para o Trinity College, em Dublin, onde estudou matemática e outras disciplinas. Depois de se formar, entrou para a Igreja e acabou se tornando reitor da paróquia de Croft-with-Southworth, no Lancashire, cargo que exerceu durante 52 anos.

Os deveres paroquiais consumiam pouco a sua energia e ele passava o tempo livre gozando a vida familiar com a esposa e os sete filhos e escrevendo artigos sobre uma grande variedade de tópicos da matemática pura. Por morar muito longe de Londres e raramente se encontrar com outros matemáticos, tendia a criar terminologia própria (boa parte dela incompreensível) e teve dificuldade em ver as suas pesquisas totalmente aceitas.

SISTEMAS TRIPLOS

No *Lady's and Gentleman's Diary* (Diário da dama e do cavalheiro), de 1846, o editor perguntou quando é possível arrumar os números de 1 a n em trios de modo que quaisquer dois números fiquem juntos em exatamente um trio; por exemplo, quando $n = 7$, podemos arrumar os trios verticalmente, como a seguir:

```
1 2 3 4 5 6 7
2 3 4 5 6 7 1
4 5 6 7 1 2 3
```

e quando $n = 9$, temos o arranjo

```
1 1 1 1 2 2 2 3 3 3 4 7
2 4 5 6 4 5 6 4 5 6 5 8
3 7 9 8 9 8 7 8 7 9 6 9
```

Argumentos de contagem simples mostram que esses arranjos só são possíveis quando n tem a forma $6k + 1$ ou $6k + 3$, para algum inteiro k — isto é, quando n é um dos números

7, 9, 13, 15, 19, 21, 25, 27, ...

Kirkman se interessou por esses sistemas e mostrou como construí-los para todos esses valores de n.

Ele continuou a investigar se é possível arrumar os trios em blocos, cada um deles contendo todos os números de 1 a n. Por exemplo, quando $n = 9$, podem-se arrumar os trios da seguinte maneira:

1 4 7	1 2 3	1 2 3	1 2 3
2 5 8	4 5 6	6 4 5	5 6 4
3 6 9	7 8 9	8 9 7	9 7 8

No *Lady's and Gentleman's Diary* de 1850, ele pediu um arranjo semelhante de trios quando $n = 15$:

Quinze meninas de uma escola saem de três em três durante sete dias sucessivos; pede-se para arrumá-las diariamente de modo que duas não andem lado a lado duas vezes.

Esse problema passou a ser conhecido como o *problema das meninas de Kirkman* e a solução foi publicada no *Diário* de 1851.

Dois anos depois, o famoso geômetra suíço Jakob Steiner

Reverendo Thomas Penyngton Kirkman

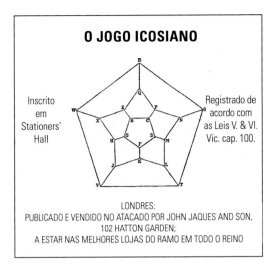

GRUPOS

Um *grupo* é um objeto algébrico que consiste de um conjunto de elementos e um modo de combiná-los em pares para satisfazer determinadas regras específicas.

São exemplos de grupo:
- somar inteiros para obter outros inteiros
- multiplicar números positivos para obter outros números positivos
- combinar as simetrias de um cubo
- combinar todas as permutações de uma coleção de objetos dada.

A teoria dos grupos surgiu da permutação de soluções de equações, e Lagrange e Cauchy foram dos primeiros a trabalhar na área, mas foi a obra de Galois que realmente deu início ao tópico. Outros que escreveram depois sobre a teoria dos grupos foram Cayley e Kirkman.

Em 1857, a Academia de Ciências francesa propôs um concurso de estudos dos grupos. Entre os três inscritos estava Kirkman, mas, para seu desgosto, o prêmio não foi conferido.

escreveu uma breve nota numa revista alemã perguntando quando tais sistemas poderiam ser construídos, sem saber que Kirkman publicara uma solução do problema seis anos antes. Devido à fama de Steiner, hoje esses sistemas se chamam *sistemas triplos de Steiner*.

POLIEDROS

Outra área em que Kirkman não recebeu o crédito que lhe era devido foi no estudo dos poliedros. Em 1856, a partir do trabalho com sistemas algébricos, William Rowan Hamilton foi levado a investigar caminhos cíclicos num dodecaedro. Fascinado por eles, Hamilton comercializou um quebra-cabeça chamado *jogo icosiano*, que rotulava os vértices com as vinte consoantes do alfabeto e desafiava os leitores a encontrar "uma viagem em torno do mundo", visitando cada cidade de B (Bruxelas) a Z (Zanzibar) exatamente uma vez antes de voltar ao princípio (ver acima).

Um ano antes de Hamilton, Kirkman escrevera extensamente sobre caminhos cíclicos em poliedros em geral (não apenas dodecaedros). Hoje esses caminhos cíclicos são chamados *caminhos hamiltonianos*, embora a prioridade seja claramente de Kirkman.

NÓS

No fim da vida, Kirkman se interessou por algumas pesquisas de Tait sobre o estudo dos nós. Tait construíra tabelas com todos os tipos de nó com até sete cruzamentos, e Kirkman colaborou com ele para encontrar todos os nós com oito, nove e dez cruzamentos. Nos últimos anos, a teoria dos nós se tornou uma área de estudo muito ativa.

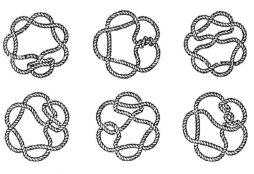

Alguns nós com oito cruzamentos

153

CAYLEY E SYLVESTER

No livro *Men of Mathematics* (Homens da matemática), de 1937, E. T. Bell apelidou Arthur Cayley (1937) e James Joseph Sylvester (1821-1895) de "gêmeos invariantes" pelas contribuições conjuntas à teoria algébrica dos invariantes. A vida dos dois permite uma comparação interessante: ambos se opuseram às regras religiosas de Cambridge, ambos trabalharam algum tempo em Londres e, juntos, transformaram a álgebra na Grã-Bretanha. Mas, em termos de temperamento, eram diametralmente opostos: a personalidade serena e metódica de Cayley geralmente contrastava com a do amigo mais impetuoso e desorganizado.

CAYLEY

Desde tenra idade, Arthur Cayley desenvolveu uma notável aptidão para a matemática. Aos 14 anos, matriculou-se como aluno externo no King's College, Londres, e depois foi para o Trinity College, Cambridge. Lá, teve uma brilhante carreira acadêmica na graduação: foi o melhor da turma e ganhou o cobiçado prêmio de matemática de Smith.

Com um início de carreira tão espetacular, recebeu naturalmente o título de *fellow* do Trinity College, mas naquela época os *fellows* tinham de estudar para o sacerdócio e Cayley não tinha nenhum desejo de fazer isso. Saiu do Trinity e foi para Gray's Inn, em Londres, estudar Direito. Pouco depois de chegar lá, conheceu Sylvester, e assim começou a sua extraordinária amizade e colaboração matemática.

Durante os dezessete anos que passou como advogado bem-sucedido em Londres, Cayley escreveu mais de duzentos artigos matemáticos, inclusive algumas das suas contribuições mais importantes para a disciplina — especificamente, iniciou a álgebra de matrizes e a teoria dos invariantes (estudo das expressões algébricas que não se alteram com determinadas transformações).

Em 1863, a Universidade de Cambridge criou a cátedra sadleiriana de Matemática Pura, sem nenhuma exigência religiosa. Cayley foi devidamente nomeado e voltou à universidade de origem, onde passou o resto da vida.

Um dos matemáticos mais prolíficos de todos os tempos, Cayley produziu, em ritmo espantoso, quase mil artigos de pesquisa numa ampla variedade de tópicos, da álgebra e da geometria à análise e à astronomia.

SYLVESTER

Sylvester também foi uma promessa precoce na matemática e, com 14 anos, frequentava as aulas de matemática de Augustus De Morgan no University College, Londres. Embora não fosse judeu ortodoxo, para ele a sua fé era importan-

Arthur Cayley

James Joseph Sylvester

ÁRVORES E QUÍMICA

Além dos interesses algébricos, Cayley e Sylvester se envolveram com o estudo das *estruturas em árvore*. Parecida com a árvore genealógica, a *árvore matemática* consiste de um número de pontos unidos de maneira a não formar ciclos.

Árvore genealógica   Árvore matemática

Cayley se dedicou à contagem das árvores e desenvolveu métodos iterativos para encontrar o número de árvores diferentes com qualquer número dado de pontos; por exemplo, há apenas três tipos de árvore com cinco pontos.

Enquanto isso, Sylvester se interessou pela química e observou a estrutura de árvore de alguns tipos de molécula, como as parafinas (alcanos) C_nH_{2n+2} e os álcoois $C_nH_{2n+1}OH$. Cayley, então, desenvolveu métodos de contagem de árvores para enumerar essas moléculas.

propano (C_3H_8)   álcool propílico (C_3H_7OH)

te e, no início da vida, sofreu insultos e preconceito. Embora lhe permitissem estudar em Cambridge, só conseguiu receber o diploma em 1871, quando as regras foram mudadas. Além disso, embora ficasse em segundo lugar nos exames finais, não pôde se tornar *fellow* em Oxford nem em Cambridge.

Mas Sylvester desejava uma carreira acadêmica que lhe permitisse realizar as suas pesquisas matemáticas. Foi nomeado professor de Filosofia Natural em Londres e de Matemática na Universidade da Virgínia, mas nenhum desses cargos se mostrou satisfatório e, em meados da década de 1840, ele voltou a Londres sem cargo acadêmico. Tornou-se atuário da seguradora Equity and Law Life Assurance Society e, enquanto esteve em Londres, conheceu Arthur Cayley e com ele trabalhou. Em 1855, foi nomeado professor de Matemática da Real Academia Militar, em Woolwich, onde ficou quinze anos, até que os regulamentos militares o forçaram a se aposentar com a idade de 55 anos.

Os seus dias de emprego regular pareciam terminados e ele buscou outros interesses, como canto e poesia. Mas, em 1876, foi convidado a ser o primeiro professor de Matemática da recém-fundada Universidade Johns Hopkins, em Baltimore, nos EUA. Lá passou sete anos felizes e produtivos, trabalhando em pesquisas próprias, ensinando outros a serem matemáticos profissionais e construindo uma escola de pesquisa de um tipo conhecido no continente europeu mas desconhecido na Grã-Bretanha e nos Estados Unidos.

Em 1883, com 69 anos, Sylvester voltou à Inglaterra para embarcar na última carreira ao ser nomeado professor saviliano de Geometria da Universidade de Oxford, cargo que ocupou até que a perda da visão o forçou a abandonar.

TCHEBYSHEV

Pafnuti Tchebyshev

Pafnuti Tchebyshev (1821-1894) ensinou na Universidade de São Petersburgo e lá fundou a Escola de Matemática. É lembrado principalmente pelo seu trabalho com funções ortogonais e probabilidade e pela importante contribuição à prova do teorema dos números primos. Também trabalhou com integrais e formas quadráticas e estudou mecânica teórica e acoplamentos.

Tchebyshev foi um dos mais eminentes matemáticos russos do século XIX. Nascido em Okatovo, na Rússia ocidental, frequentou a Universidade de Moscou em 1837. Depois dos estudos, mudou-se para São Petersburgo como professor de Matemática e lá ficou até se aposentar.

APROXIMAÇÃO

Tchebyshev interessava-se por mecânica e máquinas e acreditava nos efeitos benéficos da interação entre teoria e prática. Em 1856, escreveu:

Uma maior aproximação mútua entre os pontos de vista da teoria e da prática traz resultados muito benéficos, e não é exclusivamente o lado prático que ganha; sob a sua influência, as ciências se desenvolvem, uma vez que essa aproximação traz novos objetos de estudo ou novos aspectos de temas há muito conhecidos.

O seu trabalho sobre a abordagem de funções por meio dos *polinômios de Tchebyshev* foi parcialmente motivado pelo interesse pela teoria das máquinas. Com o uso da integração, ele definiu um conceito de dois polinômios análogo ao ângulo entre duas linhas que se cruzam. Dizemos que duas retas são *ortogonais* quando se cruzam em ângulo reto, e com o seu conceito mais geral de ângulo, todos os polinômios de Tchebyshev podem ser considerados ortogonais entre si. Ele desenvolveu essa ideia na teoria geral dos polinômios ortogonais.

Acoplamento de Tchebyshev que traça a aproximação de uma reta, como se usa, por exemplo, no movimento do pistão de um motor

O TEOREMA DOS NÚMEROS PRIMOS

Embora a lista de números primos continue para sempre, os primos propriamente ditos são distribuídos irregularmente. Nas palavras do teórico dos números Don Zagier:

> Os números primos estão entre os objetos mais arbitrários estudados pelos matemáticos: crescem como ervas daninhas, parecem não obedecer a nenhuma lei que não seja a do acaso e ninguém consegue prever onde estará o próximo.

Em particular, parece que há "primos gêmeos" (pares que diferem por 2, como 29 e 31 ou 107 e 109) por mais que avancemos, embora isso nunca tenha sido provado; mas ainda podemos encontrar segmentos arbitrariamente longos de não primos. No entanto, quanto mais avançamos mais os primos ficam espacejados de forma bastante regular. Como Don Zagier acrescentou paradoxalmente:

> Os números primos exibem regularidade espantosa: há leis que governam o seu comportamento e eles obedecem a essas leis com precisão quase militar.

Quais são essas leis? Por volta de 1792, Gauss, com 15 anos, construiu extensas tabelas de números primos até 3.000.000 e notou que a densidade de primos perto de cada número n é de cerca de $1/\log_e n$, isso equivale a dizer que, se $P(n)$ denota o número de primos até n (de modo que $P(10) = 4$, os primos sendo 2, 3, 5, e 7), então $P(n)$ se comporta de modo bastante parecido com $n/\log_e n$ quando n cresce; mais exatamente, a razão entre $P(n)$ e $n/\log_e n$ tem limite 1 quando n tende ao infinito; esse é o *teorema dos números primos*.

Mas Gauss e os seus contemporâneos não conseguiram prová-lo. Por volta de 1851, Tchebyshev provou que, se essa razão tende a um limite, então este limite é 1. Mas o teorema dos números primos só foi inteiramente provado em 1896 pelo francês Jacques Hadamard e, de forma independente, pelo belga Charles-Jean de la Vallée Poussin.

PROBABILIDADE

Tchebyshev é considerado o pai intelectual da extensa e distinta série de probabilistas russos que contribuíram para o desenvolvimento subsequente do tópico.

A *distribuição de probabilidade* é uma curva que descreve a variação de um conjunto de resultados. As probabilidades, então, são dadas por áreas sob a curva; por exemplo, na figura abaixo a probabilidade de uma observação entre *a* e *b* é a área sombreada entre esses valores. Um exemplo importante é a *distribuição normal*, também chamada *distribuição gaussiana* ou *curva de sino* (devido ao formato).

O *valor médio* (*esperado* ou *média*) de uma distribuição de probabilidade pode ser calculado por integração, essencialmente pela adição do produto de cada observação pela sua probabilidade. A *desigualdade de Tchebyshev* estabelece um limite superior à probabilidade de que as observações divirjam da média. É um resultado poderoso e, como escreveu o matemático Andrei Kolmogorov:

> O principal significado do trabalho de Tchebyshev é que, com ele, o seu autor sempre aspirou a estimar exatamente, na forma de desigualdades [...], os desvios possíveis das regularidades dos limites. Além disso, Tchebyshev foi o primeiro a estimar com clareza e utilizar noções como "quantidade aleatória" e o seu "valor (médio) de expectativa".

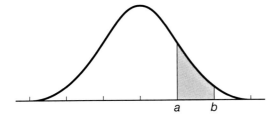

NIGHTINGALE

Florence Nightingale (1820-1910), a "dama da lâmpada" que salvou vidas durante a Guerra da Crimeia, também era uma ótima estatística que recolheu e analisou os dados de mortalidade da guerra e os exibiu com os seus "diagramas polares", antecessores do gráfico de setores ou "torta". O seu trabalho foi muito influenciado pelo estatístico belga Adolphe Quetelet.

Florence Nightingale mostrou interesse precoce pela matemática; aos 9 anos, exibia dados em forma tabular e, aos 20, teve aulas de matemática, possivelmente com James Joseph Sylvester.

Ela considerava a estatística "a ciência mais importante do mundo" e usava métodos estatísticos para embasar o seu esforço em prol da reforma social e administrativa. Foi a primeira mulher eleita para a Real Sociedade de Estatística e foi membro estrangeiro honorário da Associação Estatística Americana.

Florence Nightingale

INFLUÊNCIA ESTATÍSTICA

Em 1852, Nightingale já tinha reputação de eficaz administradora e gerente de projetos. O seu trabalho na profissionalização da enfermagem levou-a a aceitar o cargo de "superintendente da instituição de enfermagem feminina nos hospitais militares gerais ingleses na Turquia" para os soldados britânicos que lutavam na Guerra da Crimeia. Ela lá chegou em 1854 e ficou horrorizada com o que viu. Na tentativa de mudar práticas e atitudes, empregou diagramas pictóricos para exibir informações estatísticas e desenvolveu os seus *gráficos de área polar*.

Os gráficos têm doze setores, um para cada mês, e revelam mudanças durante o ano na morte por ferimentos em combate, doenças e outras causas. Eles mostraram de forma dramática o volume de mortes desnecessárias de soldados durante a Guerra da Crimeia e foram usados para convencer os médicos e outros profissionais de que era possível prevenir mortes caso houvesse reformas sanitárias e outras.

Ao voltar a Londres em 1858, ela continuou a usar a estatística para informar e influenciar a política de saúde pública. Insistia na coleta dos mesmos dados em diversos hospitais sobre:
- O número de pacientes internados.
- O tipo de tratamento, classificado por idade, sexo e doença.
- A duração da estada no hospital.
- A taxa de recuperação dos pacientes.

Ela defendeu a inclusão, no recenseamento de 1861, de perguntas sobre o número de doentes nas famílias e sobre o padrão de moradia, pois percebera a importante relação entre saúde e habitação. Em outra iniciativa, tentou explicar a integrantes do governo a utilidade da

ADOLPHE QUETELET

Quetelet era supervisor de estatística na Bélgica e foi pioneiro das técnicas de realização do recenseamento nacional. O seu desejo de encontrar as características estatísticas do "homem médio" levou-o a compilar a medida do tórax de 5.732 soldados escoceses e a observar que os resultados se organizavam em torno da média de 40 polegadas (101,6 cm) de acordo com a distribuição normal (ou gaussiana). Junto com alguns estudos anteriores de pagamentos de pensão anual de Edmond Halley e outros, as investigações de Quetelet ajudaram a lançar as bases da moderna ciência atuarial.

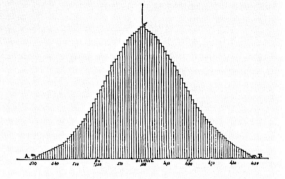

Curva de Quetelet mostrando a distribuição de alguns resultados seus

estatística e influenciar o futuro criando o ensino da disciplina nas universidades.

Para Nightingale, a coleta de dados era apenas o começo. A análise e interpretação subsequentes eram fundamentais e levavam a melhoras médicas e sociais e à reforma política, tudo com o intuito de salvar vidas.

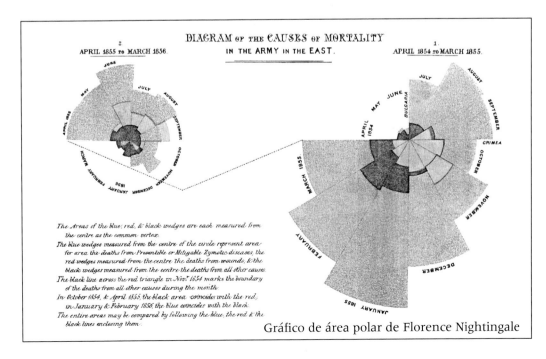

Gráfico de área polar de Florence Nightingale

RIEMANN

Em muitas áreas, o trabalho de Bernhard Riemann (1826-1866) teve tanta influência quanto o de todos os outros matemáticos do século XIX. Com uma combinação extraordinária de raciocínio geométrico e noção de física, ele desenvolveu a teoria geral das funções com uma variável complexa e usou as suas "superfícies de Riemann" como ponte entre análise e geometria, ao mesmo tempo em que desenvolvia a teoria da integração e a convergência das séries. Em outra direção, obteve uma generalização notável da ideia de "geometria", tanto euclidiana quanto não euclidiana; anos depois, uma das suas geometrias se mostrou o ambiente natural para a teoria da relatividade de Einstein. Na teoria dos números, ele nos deixou um problema que muitos consideram o mais importante que ainda não foi resolvido na matemática.

Riemann nasceu em Breselenz, no norte da Alemanha, e estudou na Universidade de Göttingen, onde obteve o doutorado em 1851. Gauss escreveu que a tese de Riemann revelava:

> Uma mente criativa, ativa, verdadeiramente matemática e de uma originalidade gloriosamente fértil.

Em 1859, Riemann foi nomeado para o antigo cargo de Gauss como professor de Matemática em Göttingen e sucedeu ao algebrista e teórico dos números Lejeune Dirichlet. Riemann ficou sete anos no cargo até a morte prematura aos 40 anos.

A GEOMETRIA DE RIEMANN

O trabalho de Riemann sobre a análise complexa foi o verdadeiro início da topologia, área da geometria que trata das propriedades do espaço que não se alteram com a deformação contínua.

Riemann também se interessava pela geometria de muitas dimensões. Embora não possamos visualizar mais de três dimensões, ainda assim podemos investigá-las matematicamente. Qualquer ponto do plano bidimensional pode ser representado por duas coordenadas (a, b) e, de modo semelhante, podemos representar qualquer ponto do espaço tridimensional por três coordenadas (a, b, c).

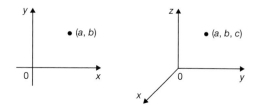

Analogamente, podemos representar qualquer ponto do espaço quadridimensional por quatro coordenadas (a, b, c, d), e o mesmo vale para cinco, seis ou mais dimensões. Podemos então elaborar comprimentos e ângulos nessas dimensões mais altas exatamente como antes, mas com menos facilidade de visualização.

Riemann também estudou a maneira como as superfícies podem se "curvar" para dentro e para fora (como um globo

A HIPÓTESE DE RIEMANN

Vimos que Euler resolveu um dos grandes desafios do início do século XVIII (o *problema de Basileia*) ao provar que

$1 + (1/2)^2 + (1/3)^2 + (1/4)^2 + (1/5)^2 + ... = \pi^2/6$.

Ele também provou que

$1 + (1/2)^4 + (1/3)^4 + (1/4)^4 + (1/5)^4 + ... = \pi^4/90$,

$1 + (1/2)^6 + (1/3)^6 + (1/4)^6 + (1/5)^6 + ... = \pi^6/945$,

e assim por diante, até a 26ª potência. Ele generalizou essa ideia e definiu a *função zeta* $\zeta(k)$ como

$\zeta(k) = 1 + (1/2)^k + (1/3)^k + (1/4)^k + (1/5)^k + ...$;

de modo que $\zeta(2) = \pi^2/6$, $\zeta(4) = \pi^4/90$, $\zeta(6) = \pi^6/945$, etc.

Acontece que $\zeta(k)$ é definida para todo número real $k > 1$. No entanto, como já vimos, a série harmônica $1 + 1/2 + 1/3 + 1/4 + 1/5 + ...$ não tem soma finita, logo $\zeta(1)$ não é definida.

Poderemos definir a função zeta para outros números como 0, –4 ou até o número complexo $1/2 + 3i$? Em 1859, Riemann encontrou um modo de fazer isso para todo número real ou complexo (exceto 1) e, hoje, a função é conhecida como *função zeta de Riemann*.

Acontece que problemas importantes que envolvem números primos estão ligados aos *zeros da função zeta* — as soluções da equação $\zeta(z) = 0$ no plano complexo. Também acontece que a função zeta tem zeros em –2, –4, –6, –8, ... e que todos os outros zeros estão numa faixa vertical entre 0 e 1, chamada de *faixa crítica*. Além disso, todos os zeros *conhecidos* na faixa crítica (vários bilhões deles, na verdade!) ocorrem nos pontos da forma $1/2 + ki$ para algum número k e ficam numa reta vertical chamada *reta crítica*. Portanto, surge a pergunta: todos *os zeros da faixa crítica ficam nessa reta?* Essa é a grande questão que hoje chamamos de *hipótese de Riemann*. Em geral se acredita que seja verdadeira, mas ninguém foi capaz de prová-la, nem depois de 150 anos.

ou a torre de resfriamento de uma usina nuclear) e propôs ideias generalizadas de distâncias nessas superfícies, não só em três dimensões como também nos seus análogos de mais dimensões (chamadas *variedades*). Ao desprezar o espaço circundante com mais dimensões, ele conseguiu estudar as variedades propriamente ditas e medir distâncias sobre elas. A partir desse trabalho, conseguiu descrever *infinitas* geometrias diferentes, todas igualmente válidas e todas candidatas ao espaço físico onde vivemos.

FUNÇÕES E SÉRIES

Outras áreas pioneiras de pesquisa surgiram das investigações de Riemann nas quais funções podem ser representadas por séries de Fourier. Isso desenvolveu a teoria das funções de variável real, propôs um problema que inspirou Cantor na famosa teoria dos conjuntos e levou à definição da *integral de Riemann*.

Parte dessa investigação foi o seu *teorema do rearranjo*, que ilustra a sutileza necessária no estudo das séries infinitas. Dirichlet mostrara que uma série infinita pode convergir para diferentes respostas quando alteramos a ordem em que os termos são combinados. Por exemplo, se tomarmos a série

$1 - 1/2 + 1/3 - 1/4 + 1/5 - 1/6 + 1/7 - ... = \log_e 2$

e a rearranjarmos de modo que dois termos positivos sejam seguidos por um negativo, a série resultante tem soma diferente:

$(1 + 1/3) - 1/2 + (1/5 + 1/7) - 1/4 + ... = 3/2 \log_e 2$.

Riemann desenvolveu essa ideia ao mostrar que essas séries infinitas podem ser rearranjadas para dar qualquer resposta que seja!

DODGSON

Charles Dodgson (1832-1898) é mais conhecido pelos livros infantis *Alice no País das Maravilhas e Através do espelho*, escritos com o pseudônimo de Lewis Carroll. Ele também foi um fotógrafo imaginoso e pioneiro. Mas a sua carreira principal era de professor de Matemática do Christ Church, um dos colégios da Universidade de Oxford, onde escreveu extensamente sobre geometria euclidiana, lógica silogística, álgebra dos determinantes e a matemática das votações.

Depois de crescer no norte da Inglaterra, Charles Dodgson foi para Oxford, onde passou o resto da vida. De 1856 a 1881, como professor de Matemática, escreveu livros e panfletos sobre geometria euclidiana, álgebra, trigonometria e outros tópicos para ajudar os seus alunos de Oxford nos exames. Também gostava de divertir os amigos (adultos e crianças) com charadas matemáticas e costumava usar esses entretenimentos como veículo para transmitir ideias matemáticas sérias.

GEOMETRIA EUCLIDIANA

Dodgson era defensor apaixonado dos *Elementos* de Euclides e o considerava um treinamento perfeito para a mente. Escreveu comentários sobre os livros I, II e V e propôs algumas variações do postulado das paralelas de Euclides.

Na Grã-Bretanha vitoriana, os *Elementos* eram estudo obrigatório para os que pretendiam entrar na Igreja, no exército ou no serviço público e centenas de edições foram publicadas. Mas houve uma reação dos que consideravam a geometria axiomática e o aprendizado das provas obscuros, inadequados para iniciantes e artificiais na insistência de um conjunto mínimo de axiomas. A crescente classe média exigia uma abordagem mais prática da matemática e a educação clássica tradicional se tornava cada vez mais irrelevante.

Dodgson entrou no debate com entusiasmo e produziu a sua obra geométrica mais popular, *Euclid and his Modern Rivals* (Euclides e os seus rivais modernos), na qual, com habilidade, comparou os *Elementos*, sempre favoravelmente, com treze textos rivais bem conhecidos. Na tentativa de atingir um público mais amplo, Dodgson escreveu o livro sob a forma de uma peça em quatro atos.

Nem todos os textos geométricos de Dodgson eram tão sérios assim. Em *A New Theory of Parallels* (Uma nova teoria das paralelas), ele se entusiasmou com o teorema de Pitágoras:

> É de uma beleza tão ofuscante hoje quanto no dia em que Pitágoras o descobriu e comemorou o seu advento, segundo contam, com o sacrifício de uma hecatombe de bois [100 bois] — um método de homenagear a Ciência que sempre me pareceu meio exagerado e injustificável [...] uma hecatombe de bois! Produziria um suprimento de carne bem inconveniente.

Charles Dodgson

ÁLGEBRA

Uma história bem conhecida que Dodgson negava com veemência conta que a rainha Vitória ficou tão absolutamente encantada com *Alice no País das Maravilhas* que ordenou:

Mandem-me o próximo livro que o Sr. Carroll produzir.

O próximo livro chegou devidamente; intitulava-se

An Elementary Treatise on Determinants with their Application to Simultaneous Linear Equations and Algebraical Geometry (Tratado elementar sobre determinantes com a sua aplicação a equações lineares simultâneas e à geometria algébrica)..

A rainha Vitória não ficou contente.

Como sugere o título, os determinantes podem ser usados na solução de equações simultâneas. Se *a*, *b*, *c* e *d* são números, então o seu *determinante* $\begin{vmatrix} a & b \\ c & d \end{vmatrix}$ é o número *ad – bc*, e há análogos para matrizes maiores de números. Dodgson inventou um método útil, ainda usado hoje e que chamou de *método da condensação*, para transformar os determinantes dessas matrizes maiores em vários menores do tipo mostrado acima.

VOTAÇÕES

Na década de 1870, Dodgson se envolveu bastante com a teoria da votação e das eleições. Partidário entusiasmado da representação proporcional numa época em que a maioria dos distritos eleitorais (inclusive a Universidade de Oxford) era representada por dois ou mais membros, escreveu um panfleto explicando por que vários sistemas de votação amplamente usados, como a maioria simples e o voto único transferível, podem não gerar um resultado justo.

Muitos anos depois, o filósofo de Oxford Michael Dummett lamentou que Dodgson não tivesse terminado o livro que planejava escrever sobre o assunto:

Eram tais a lucidez de exposição e o domínio do tema que parece possível que, caso o tivesse publicado, a teoria política da Grã-Bretanha fosse significativamente diferente.

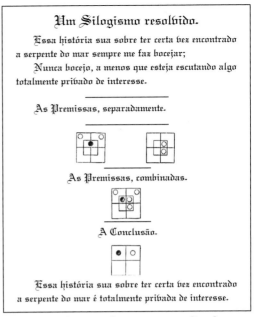

A solução de um silogismo complicado

LÓGICA

Nos seus últimos anos, Dodgson passou boa parte do tempo apresentando a lógica simbólica como tópico sério de estudo adulto e como entretenimento infantil para desenvolver nas crianças o poder de pensamento lógico.

Parte considerável do seu trabalho tratava de silogismos do tipo aristotélico, com um par de premissas que levava a uma conclusão. Dodgson imaginava os seus silogismos para que fossem divertidos; por exemplo, das duas premissas

O homem prudente evita hienas.
Nenhum banqueiro é imprudente

ele deduziu a conclusão

Nenhum banqueiro deixa de evitar hienas.

Para resolver esses silogismos, Dodgson desenvolveu um método que usava um tabuleiro com contadores arrumados de acordo com certas regras e, com ele, instruía adultos e crianças. Depois ele ampliou as suas ideias para situações em que há muito mais premissas — num dos exemplos, até cinquenta — e uma é necessária para encontrar a conclusão.

CANTOR

Georg Cantor

A criação da moderna teoria dos conjuntos se deve a Georg Cantor (1845-1918). Ele determinou a importância das correspondências biunívocas entre conjuntos e criou a teoria dos números transfinitos, mostrando, especificamente, que os infinitos podem ter tamanhos diferentes. Esse trabalho nasceu das suas várias investigações da convergência das séries de Fourier e da possibilidade de uma única série trigonométrica representar uma função dada.

Cantor nasceu em São Petersburgo e começou os estudos universitários na Politécnica de Zurique; um ano depois, foi para a mais prestigiada Universidade de Berlim, onde obteve o doutorado. Em 1869, tornou-se professor-assistente da Universidade de Halle e dez anos depois foi promovido a catedrático. Embora sempre tivesse esperanças de obter uma vaga em Berlim, ficou em Halle pelo resto da vida, ensinando ali durante muitos anos até sucumbir a uma doença mental grave.

A TEORIA DOS CONJUNTOS

Cantor apresentou a sua teoria dos conjuntos em vários artigos datados de 1874. Para ele, um conjunto era

Qualquer coleção dentro de um todo M de objetos m definidos e separados por nossa intuição ou pensamento.

Os objetos *m* que formam o conjunto são chamados *elementos*. Com essa definição muito abstrata, um conjunto pode ter como elementos muitos tipos de coisa diferentes, como pessoas do mundo, inteiros positivos ou números reais. Um *subconjunto* do conjunto B é aquele cujos elementos também são elementos de B.

Dois conjuntos A e B são ditos *equivalentes* — podemos pensar que isso significa que têm o mesmo tamanho — se conseguirmos entre eles uma correspondência exata, isto é, se houver uma correspondência biunívoca (um a um) entre os elementos de A e os de B. Se A e B forem conjuntos finitos, terão de conter o mesmo número de elementos, mas se forem infinitos a situação fica muito mais interessante! Especificamente, vemos ao lado que o conjunto de inteiros e o conjunto de frações são equivalentes, mas o conjunto de inteiros (ou de frações) e o conjunto de números reais não são: eles têm *cardinalidades* diferentes. Como veremos adiante, a *hipótese do contínuo* é a conjetura de que todo subconjunto infinito dos números reais equivale ao conjunto de inteiros (ou de frações) ou ao conjunto de números reais.

Embora a princípio causasse grande controvérsia, a obra de Cantor sobre conjuntos infinitos logo foi adotada por outros matemáticos e verificou-se que tinha aplicações importantes em toda a matemática.

ALGUNS INFINITOS SÃO MAIORES DO QUE OS OUTROS

Em *Duas novas ciências*, Galileu observou que *o conjunto de inteiros positivos* (1, 2, 3, ...) *é maior do que o conjunto dos seus quadrados* (1, 4, 9, ...), mas ainda assim *os dois conjuntos devem ter o mesmo tamanho*, já que podemos estabelecer entre eles uma correspondência exata: 1 ↔ 1, 2 ↔ 4, 3 ↔ 9, 4 ↔ 16, ...

Também podemos fazer corresponder os inteiros positivos com alguns conjuntos maiores como o de *todos* os inteiros (positivos, negativos e zero) listando-os na ordem: 0, 1, -1, 2, -2, 3, -3, 4, ... ; observe que todos os inteiros aparecem em algum ponto dessa lista. Um conjunto que corresponde dessa maneira ao conjunto de inteiros positivos é dito *contável* porque podemos listar (ou contar) todos os seus elementos — de modo que *o conjunto de todos os inteiros é contável*.

Agora vejamos todas as frações. Embora esse conjunto pareça muito maior do que o conjunto de inteiros positivos, Cantor fez a descoberta inesperada de que podemos listar todas as frações em ordem — de modo que *o conjunto de todas as frações é contável*. Por outro lado, como ele também provou, *o conjunto de todos os números reais não é contável*. Segue-se que o conjunto de números reais é estritamente maior do que o conjunto de todas as frações — e assim *alguns conjuntos infinitos são maiores do que outros*. Cantor, então, levou essa ideia adiante ao provar que *o número de infinitos é infinito e todos têm tamanhos diferentes*.

O CONJUNTO DE TODAS AS FRAÇÕES É CONTÁVEL

Listamos primeiro todas as frações *positivas*, como mostrado: a primeira linha lista os inteiros, a segunda lista as "metades" e assim por diante. Então, "serpenteamos" pelas diagonais dessa matriz de números, excluindo todos os que já vimos: isso nos dá a lista

1, 2, ½, ⅓, 3, 4, 1½, ⅔, ¼, ⅕, 5, 6, 2½, ...

Esta lista contém todas as frações positivas.

Para listar em ordem *todas* as frações (positivas, negativas e zero), alternamos então + e −, como antes. Assim, o conjunto de todas as frações é contável.

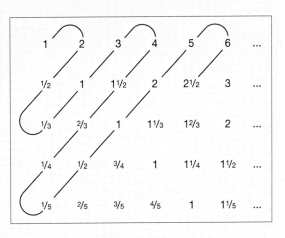

O CONJUNTO DE TODOS OS NÚMEROS REAIS NÃO É CONTÁVEL

Basta provar que *o conjunto de todos os números entre 0 e 1 não é contável*. Para isso, supomos que esse conjunto seja contável e obtemos uma contradição.

Assim, supondo que esse conjunto seja contável, podemos listar os seus números (como decimais) da seguinte maneira:

$0, a_1 a_2 a_3 a_4 a_5...$; $0, b_1 b_2 b_3 b_4 b_5...$; $0, c_1 c_2 c_3 c_4 c_5...$; $0, d_1 d_2 d_3 d_4 d_5...$; etc.

Pela nossa suposição, essa lista contém todos os números entre 0 e 1.

Obtemos a contradição exigida ao construir um novo número entre 0 e 1 que não está nesta lista. Para isso, escolhemos os números $X_1, X_2, X_3, X_4, ...$ de 1 a 9 tais que $X_1 \neq a_1$, $X_2 \neq b_2$, $X_3 \neq c_3$, $X_4 \neq d_4$, ... , e consideramos o número $0, X_1 X_2 X_3 X_4 ...$.

Como $X_1 \neq a_1$, este novo número difere do primeiro número da lista; como $X_2 \neq b_2$, ele difere do segundo número da lista; e assim por diante.

Portanto, esse novo número difere de todos os números da lista. Isso nos leva à contradição exigida, logo o conjunto de todos os números reais não é contável.

KOVALEVSKAIA

A matemática e romancista Sonia Kovalevskaia (1850-1891) fez contribuições valiosas à análise matemática e às equações diferenciais parciais. Sem educação superior disponível para mulheres na Rússia, ela foi para Heidelberg ter aulas com Kirchhoff e Helmholtz e depois para Berlim, onde trabalhou com Weierstrass. Mais tarde, tornou-se a primeira professora universitária de Estocolmo. Ganhou o cobiçado Prêmio Bordin da Academia Francesa por uma dissertação sobre a rotação dos corpos.

Sonia (ou Sofia) Krukovskaia nasceu numa família nobre e era filha de um general de artilharia. Em Palabino, a grande propriedade campestre da família onde ela cresceu, o papel de parede fora insuficiente para revestir o quarto das crianças e a tarefa foi terminada com algumas antigas anotações de cálculo do pai:

> Essas folhas, manchadas com fórmulas estranhas e incompreensíveis, logo atraíram a minha atenção. Lembro-me de, na minha infância, passar longas horas diante daquela parede misteriosa, tentando decifrar mesmo que fosse uma única expressão e descobrir a ordem em que as folhas deviam seguir-se uma à outra.

Naquela época, as universidades russas não aceitavam mulheres. A única maneira de Sonia Krukovskaia continuar os estudos seria viajar para o exterior e, para obter permissão paterna para isso, ela arranjou um "casamento de conveniência" com um jovem paleontólogo chamado Vladimir Kovalevski.

ALEMANHA

Os recém-casados foram primeiro para Heidelberg, onde Kovalevskaia frequentou extra-oficialmente as aulas de física de Kirchhoff e Helmholtz e as de matemática de Leo Konigsberger, ex-aluno de Karl Weierstrass em Berlim.

Dois anos depois, em 1871, o marido foi para Jena, enquanto ela se mudava para Berlim para estudar matemática com Weierstrass. Mais uma vez se descobriu impedida de frequentar as aulas, mas depois que apresentou a entusiástica carta de recomendação de Konigsberger, Weierstrass ficou muito impressionado com o seu talento matemático. Concordou em aceitá-la como aluna particular, dando-lhe as anotações das aulas que perdia, e trabalhou com ela em vários tópicos matemáticos.

Sonia Kovalevskaia

A colaboração dos dois durou quatro anos, durante os quais Kovalevskaia escreveu três excelentes artigos de pesquisa. Um deles era um trabalho inovador sobre a solução de equações diferenciais parciais e continha um resultado hoje conhecido como *teorema de Cauchy-Kovalevskaia*. Outro, no qual generalizava alguns resultados de Euler, Lagrange e Poisson, envolvia a chamada integral *abeliana*. O terceiro, sobre os anéis de Saturno, ampliava trabalhos anteriores de Laplace.

Esses três artigos brilhantes a qualificaram para um doutorado na Universidade de Göttingen e, devido à natureza excepcional do primeiro artigo e da alegada falta de fluência em alemão, abriu-se mão do exame oral. Mas, apesar das referências entusiasmadas de Weierstrass, Kovalevskaia não conseguiu encontrar um cargo acadêmico na Europa central e retornou à Rússia.

ESTOCOLMO

A situação não ia bem entre Sonia e o marido. Tiveram uma filha e depois se separaram. Incapaz de conseguir emprego regular, Vladimir se envolveu com alguns negócios financeiros duvidosos; acabou falindo e se suicidou.

Em desespero, Kovalevskaia recorreu à ajuda de Weierstrass e, por meio dos bons serviços de Gösta Mittag-Leffler, um dos seus ex-alunos, ela conseguiu uma vaga de professora na Universidade de Estocolmo, na Suécia. Embora alguns (como o escritor August Strindberg) se opusessem terminantemente à nomeação de uma professora, o jornal local foi entusiástico:

> Hoje não anunciamos a chegada de algum príncipe de sangue nobre vulgar e insignificante. Não, a Princesa da Ciência, Madame Kovalevskaia, honrou a cidade com a sua chegada. Ela será a primeira professora universitária de toda a Suécia.

Karl Weierstrass

A partir desse momento, a sua situação começou a melhorar. As aulas que dava sobre a análise de Weierstrass eram apreciadas pelos alunos e ela se envolveu cada vez mais com novas pesquisas sobre a refração da luz. Também voltou a escrever romances, atividade que praticara na juventude.

O ponto alto da sua carreira aconteceu em 1888. A Academia de Ciências francesa anunciara o tema do prestigiado Prix Bordin, e a obra que inscreveu, *Da rotação de um sólido em torno de um ponto fixo*, que envolvia a solução de sistemas complicados de equações diferenciais, foi premiada. O trabalho era tão extraordinário que o valor do prêmio passou de 3.000 para 5.000 francos.

Mas a situação acabou mudando. Ela começou a achar Estocolmo limitada e provinciana e ansiava em ir para Paris, cidade que amava. O clima sueco, de invernos frios e tardes longuíssimas no verão, era desagradável. Ela ficou deprimida e deixou de se cuidar direito. Finalmente, sucumbiu à gripe e à pneumonia e morreu com apenas 41 anos.

KLEIN

Felix Klein (1849-1925) foi um matemático alemão que trabalhou com a geometria, principalmente não euclidiana, e a ligação entre geometria e teoria dos grupos. Na Universidade de Göttingen, desenvolveu o centro matemático mais avançado do mundo, onde foi um educador e professor influente. Foi o fundador da grande *Encyklopädie* matemática e editor de uma das principais revistas matemáticas da época, os *Mathematische Annalen*.

Klein nasceu em Düsseldorf e estudou em Bonn, Göttingen e Berlim. De 1872 a 1875, foi professor em Erlangen antes de se mudar para Munique, Leipzig e, finalmente, em 1886, para a Universidade de Göttingen. Como diretor do departamento de Matemática de lá, Klein se mostrou um valoroso sucessor de Gauss, Dirichlet e Riemann. A sua escola de Matemática foi a mais famosa do mundo e atraiu muitos estudiosos brilhantes.

Göttingen começou a aceitar mulheres em 1893, e um dos alunos de doutorado de Klein foi Grace Chisholm (mais tarde, pelo casamento, Grace Chisholm Young), que descreveu as opiniões que havia por lá:

> *A atitude do professor Klein é essa: ele não permitirá a admissão de mulheres que já não tenham feito bons trabalhos e possam comprová-los sob a forma de diplomas ou equivalente [...] e mais passos não dará até se assegurar, com uma entrevista pessoal, da solidez das alegações. A posição do professor Klein é moderada. Há membros do corpo docente mais entusiasmados a favor da admissão de mulheres e outros que a desaprovam completamente.*

Klein dominou a evolução institucional da matemática alemã e foi um grande promotor da organização de conferências matemáticas. Também comandou uma equipe internacional na produção dos muitos volumes da *Enciclopédia da ciência matemática*, publicada entre 1890 e 1920.

O PROGRAMA DE *ERLANGER*

Em 1870, o mundo da geometria ficara complicadíssimo. Além da geometria não euclidiana, havia geometrias euclidianas e esféricas, semelhança, geometrias afim e projetiva e muitas outras. Nos anos restantes do século, houve várias tentativas de organizar a confusão e impor ordem ao assunto.

A mais famosa delas foi o *Programa de Erlangen*, que circulou em forma escrita em 1872 na aula inaugural de Klein na Universidade de Erlangen,

O Clube da Matemática de Göttingen em 1902: à mesa estão David Hilbert, Felix Klein, Karl Schwarzschild e Grace Chisholm.

A GARRAFA DE KLEIN

O legado mais conhecido de Klein é a superfície conhecida como *garrafa de Klein*. Ela é construída a partir de uma fita de Möbius, colando a sua borda no bordo de um disco circular, e não pode existir em três dimensões sem se interceptar.

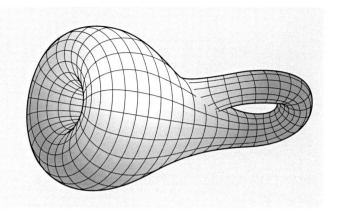

quando ele estava com 23 anos. A aula visava ao público de toda a universidade e tratava da visão pedagógica de Klein sobre a educação matemática, a unidade de todo conhecimento e a importância de uma educação completa e abrangente.

No *Programa de Erlangen*, Klein dava uma definição nova e extraordinária de "geometria" que ajudou a unificar as geometrias existentes e também serviu de "mapa" para as pesquisas futuras. Para ele, *geometria* era um conjunto de pontos (como os pontos do plano) com transformações (como rotações, reflexões e translações) definidas e cujas propriedades que permanecem inalteradas pelas transformações nos interessam:

Felix Klein

Dada uma variedade [o conjunto de pontos] e um grupo de transformações da mesma; investigar as configurações pertencentes à variedade em relação às propriedades que não sejam alteradas pelas transformações do grupo.

No nosso exemplo no plano, obtemos a conhecida geometria euclidiana. Como as nossas transformações não alteram tamanho e formato, nos interessamos por propriedades geométricas como o comprimento das retas e a congruência dos triângulos.

Se agora aumentarmos o grupo de transformações, podemos obter outras geometrias. Por exemplo, se também incluirmos *escalonamentos* (que tornam as figuras maiores ou menores), obtemos uma geometria diferente, às vezes chamada de *geometria da semelhança*. Nela, as transformações preservam o formato (mas, em geral, não o tamanho), portanto menos propriedades geométricas se preservam.

Continuar aumentando o grupo de transformações produz uma "hierarquia de geometrias", e todas acabam contidas na geometria projetiva. Em particular, as geometrias euclidiana e não euclidiana são ambas casos especiais da geometria projetiva, de modo que qualquer resultado da geometria projetiva também é verdadeiro nelas (e, na verdade, em todas as outras geometrias). A tarefa que Klein se atribuiu de unificar todas as geometrias fora cumprida.

Em 1923, Klein resumiu a atitude de toda a sua vida perante a geometria:

Não concebi a palavra geometria unilateralmente como a disciplina dos objetos no espaço e sim como um modo de pensar que pode ser aplicado com proveito a todos os domínios da matemática.

CAPÍTULO 5
A ERA MODERNA

No último capítulo, vamos conhecer os matemáticos que:
- **examinaram os limites do que podemos provar e demonstraram por que algumas tarefas são impossíveis de cumprir**
- **lançaram as bases do nosso atual conhecimento científico**
- **realizaram obras matemáticas de impacto histórico, social e político e, portanto, mudaram o mundo onde vivemos**
- **desenvolveram computadores teóricos e práticos que nos permitem simular, modelar e provar coisas que sem eles não conseguiríamos, ao mesmo tempo que levantam questões sobre a nossa identidade.**

PARADOXOS E PROBLEMAS

Nos capítulos anteriores, vimos o desenvolvimento do desejo de dar à matemática bases mais sólidas, com a história avançando da fundamentação do cálculo para a da aritmética e da teoria dos conjuntos. Conforme examinavam com mais atenção a natureza do infinito e os problemas ligados aos conjuntos, os matemáticos do século XX encontraram vários problemas e paradoxos. Um dos mais famosos foi formulado por Bertrand Russell em 1902 e precisou de um tratamento muito mais meticuloso dos fundamentos da teoria dos conjuntos e da natureza exata da prova dedutiva.

Outra abordagem foi adotada por David Hilbert, cuja tentativa de dar bases

Instituto Princeton de Estudos Avançados, criado em 1930: 25 ganhadores do Nobel e 38 (de 52) agraciados com a medalha de Fields passaram por ele.

G. H. Hardy com a aluna de pesquisa Mary Cartwright, que mais tarde seria a primeira mulher a se tornar presidente da Sociedade Matemática de Londres.

seguras à aritmética foi torná-la *axiomática*, enfoque que já usara com sucesso ao tratar das bases da geometria. Em vez de definir todos os termos básicos como ponto ou reta, ele apresentou um conjunto de regras (ou axiomas) que esses termos teriam de satisfazer.

Embora influente, acabou-se provando que o objetivo de Hilbert era inatingível, como demonstrado na década de 1930 por Kurt Gödel e Alan Turing, que obtiveram vários resultados espantosos e inesperados sobre os limites do que pode ser provado ou decidido.

ABSTRAÇÃO E GENERALIZAÇÃO

A tendência do século XIX a um aumento da generalização e da abstração continuou a se acelerar drasticamente durante todo o século XX. Por exemplo, Albert Einstein usou as formulações abstratas da geometria e do cálculo na sua teoria geral da relatividade, enquanto a álgebra se tornava um campo abstrato e axiomático, influenciado especialmente pela obra de Emmy Noether. Também continuaram os avanços na teoria dos números, com contribuições importantes de Hardy (e dos colegas Littlewood e Ramanujan) e de Andrew Wiles.

Enquanto isso, surgiram novas áreas de conhecimento, como a topologia algébrica e a teoria dos "espaços de Hilbert", enquanto a máquina de computar se tornava rotineira na disciplina, como Appel e Haken ilustraram de forma espetacular com a prova do teorema das quatro cores.

DISSEMINAÇÃO E DESENVOLVIMENTO

No século XX, a matemática se tornou uma profissão importante no mundo inteiro, com empregos na educação e na indústria e numerosas áreas de especialização e aplicação.

Com a matemática se desenvolvendo num ritmo tão veloz, fundaram-se muitas revistas novas e generalizaram-se as conferências nacionais e internacionais. A mais importante delas é o Congresso Internacional de Matemáticos, realizado de quatro em quatro anos, quando são conferidas as prestigiadas medalhas Fields e muitos milhares de matemáticos se reúnem para conhecer a evolução mais recente do seu campo.

HILBERT

Em 8 de agosto de 1900, David Hilbert (1862-1943), um dos maiores matemáticos da época, fez a palestra de matemática mais célebre de todos os tempos. Afinal, foi nessa data, no Congresso Internacional de Matemáticos de Paris, que ele apresentou uma lista de problemas a serem resolvidos pelos matemáticos do século XX. A tentativa de resolver esses problemas ajudou a criar a pauta matemática dos 100 anos seguintes.

David Hilbert nasceu em Königsberg, na Prússia oriental, e lá recebeu o doutorado em 1885. Depois de alguns anos dando aulas em Königsberg, ele foi convidado por Felix Klein a integrar o corpo docente de Göttingen, onde passou o resto da vida.

A sua variedade de interesses matemáticos era imensa: ia da teoria dos números abstratos e da teoria dos invariantes até a teoria do potencial e a teoria cinética dos gases, passando pelo cálculo de variações e pelo estudo da análise (e dos chamados "espaços de Hilbert").

OS FUNDAMENTOS DA GEOMETRIA

Depois da introdução da teoria dos conjuntos de Cantor e das investigações subsequentes de vários matemáticos sobre os fundamentos da aritmética, Hilbert se envolveu cada vez mais com os fundamentos da geometria.

Embora tivesse funcionado bem durante dois mil anos, o sistema de axiomas de Euclides continha vários pressupostos não demonstrados. Hilbert se pôs a substituí-lo devidamente por um conjunto alternativo de axiomas que fosse completamente infalível. Especificamente, a sua meta era encontrar sistemas de axiomas que fossem:
- *coerentes*: os axiomas não podiam levar a contradições
- *independentes:* nenhum axioma pode ser deduzido dos outros
- *completos:* pode-se provar que toda afirmação formulada do sistema é verdadeira ou falsa.

Em 1899, Hilbert publicou o influente *Grundlagen der Geometrie* (Fundamentos da geometria), no qual desenvolveu o seu sistema de axiomas para a geometria euclidiana e projetiva. Quatro anos depois, publicou uma segunda edição na qual também estabeleceu axiomas para a geometria não euclidiana.

Hilbert tinha um plano grandioso. Estava convencido de que a matemática clássica como um todo podia ser axiomatizada do mesmo modo e, com Paul Bernays, escreveu uma obra em dois volumes tendo em mente esse propósito. Mas, ao avançarem, encontraram dificuldades inesperadas nos detalhes dos argumentos, e logo ficou visível que o plano de Hilbert estava condenado ao fracasso.

OS PROBLEMAS DE HILBERT

Quem de nós não ficaria contente de erguer o véu atrás do qual se oculta o futuro: de dar uma olhada nos próximos avanços da nossa ciência e nos segredos do seu desenvolvimento em séculos futuros?

Assim perguntou David Hilbert na famosa palestra do Congresso de Paris na qual apresentou a sua lista de 23 problemas não resolvidos. Já vimos um desses problemas, a hipótese de Riemann, que até hoje não tem solução. Aqui apresentamos outros, dos quais alguns serão discutidos mais adiante neste capítulo.

Problema 1: Prove a hipótese do contínuo, que não há conjunto cuja cardinalidade fique estritamente entre a dos inteiros e a dos números reais.

Recordamos que Cantor provou que os infinitos podem ter tamanhos diferentes e que o conjunto de números reais é estritamente maior do que o conjunto dos inteiros (ou das frações). Esse problema nos pede que provemos que nenhum conjunto infinito é maior do que o conjunto dos inteiros mas menor do que o conjunto de números reais.

Problema 2: Os axiomas da aritmética são coerentes?

Hilbert baseou o seu tratamento da coerência dos axiomas geométricos no pressuposto de que a aritmética (isto é, o nosso sistema de números reais) pode ser axiomatizada de modo semelhante. Esse problema pergunta se este último pressuposto é válido ou se pode haver, "em algum lugar", uma contradição que nunca esperaríamos.

Problema 3: Dados dois poliedros de mesmo volume, será sempre possível cortar o primeiro num número finito de peças que possam depois ser remontadas para formar o segundo?

Em 1833, János Bolyai provou que, se dois polígonos têm a mesma área, o primeiro pode ser cortado em pedaços e rearrumado para formar o segundo; o exemplo seguinte mostra um triângulo rearrumado num quadrado. Esse problema pergunta se um resultado semelhante é verdadeiro em três dimensões.

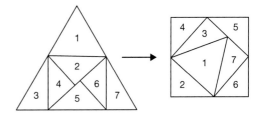

A resposta é não. Em dois anos, Max Dehn provou que o tetraedro regular *não pode* ser cortado em pedaços e rearrumado num cubo de mesmo volume.

Problema 18: Qual a maneira mais eficiente de empilhar esferas para que a quantidade de espaço vazio entre elas seja o menor possível?

Esse problema foi avaliado por Harriot e Kepler. Duas maneiras de empilhar as esferas são a cúbica e a hexagonal, mas nenhuma delas é a mais eficiente. Acontece que a maneira como o feirante empilha as laranjas é a mais eficiente: a proporção de espaço vazio é de cerca de 0,36, menor do que as proporções de 0,48 e 0,40 das outras duas. Mas provar isso rigorosamente foi terrível: em 1998, Thomas Hales apresentou uma prova com auxílio de computador que exigiu três gigabytes de potência computacional.

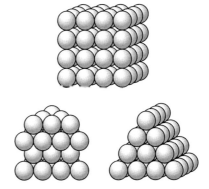

Empilhamento cúbico, hexagonal e do feirante

POINCARÉ

Henri Poincaré (1854-1912) é considerado um dos grandes gênios de todos os tempos e provavelmente foi a última pessoa a cobrir toda a variedade da matemática. Ele praticamente criou as teorias de várias variáveis complexas e da topologia algébrica, e uma das suas conjeturas na topologia, conhecida como *conjetura de Poincaré*, só foi resolvida neste século. Ele deu contribuições extraordinárias às equações diferenciais e à geometria não euclidiana e também trabalhou com eletricidade, magnetismo, teoria quântica, hidrodinâmica, elasticidade, a teoria especial da relatividade e a filosofia da ciência. Como divulgador ativo da disciplina, escreveu obras populares para não matemáticos, insistindo na importância da matemática e da ciência e discutindo a psicologia da descoberta matemática.

Poincaré nasceu em Nancy, no norte da França, e exibiu grande talento e interesse pela matemática desde tenra idade. Vinha de família distinta e o primo Raymond Poincaré se tornou presidente da república francesa durante a Primeira Guerra Mundial. Em 1873, entrou para a École Polytechnique e, depois de se formar, prosseguiu os estudos na École des Mines. Em 1879, obteve um cargo na Universidade de Caen e, dois anos depois, transferiu-se para a Universidade de Paris, onde ficou até a morte, aos 58 anos.

Henri Poincaré

O PRÊMIO DO REI OSCAR

Oscar II, rei da Suécia e da Noruega, era um patrono entusiasmado da matemática. Para marcar o seu 60° aniversário, ofereceu um prêmio de 2.500 coroas suecas a uma dissertação sobre um dos quatro tópicos propostos, um dos quais era a previsão do movimento futuro de um sistema de corpos que se movessem sob atração gravitacional mútua.

ANALYSIS SITUS

Embora a topologia tivesse origem no problema das pontes de Königsberg e na teoria dos poliedros, foram Poincaré e os seus sucessores que a transformaram num modo novo, rico e poderoso de ver os objetos geométricos. A obra *Analysis Situs* (Análise da posição) de Poincaré, publicada em 1895, usou métodos algébricos para distinguir superfícies e foi uma descrição sistemática precoce do que hoje chamamos de *topologia algébrica*.

Dado um sistema com uma quantidade arbitrária de pontos de massa que se atraem entre si de acordo com a lei de Newton e com o pressuposto de que dois pontos nunca colidem, encontrar uma representação das coordenadas de cada ponto como uma série de uma variável que seja função conhecida do tempo de modo que, para todos os seus valores, a série convirja uniformemente.

Newton resolvera esse problema para dois corpos, e Poincaré respondeu ao desafio do rei atacando um caso especial do problema em que só há três corpos (o *problema restrito dos três corpos*), na esperança de ser finalmente capaz de generalizar os resultados para o problema geral dos três corpos e, depois, para mais de três corpos.

Com o uso de aproximações das órbitas, conseguiu fazer um progresso considerável e desenvolver técnicas novas e valiosas de análise. Embora não resolvesse inteiramente o problema dos três corpos, ele desenvolveu tanta matemática nova que ganhou o prêmio.

No entanto, enquanto preparava o artigo para publicação, um dos revisores o questionou, incapaz de acompanhar os argumentos de Poincaré. Este percebeu que cometera um erro: ao contrário do que antes se pensava, até uma pequena mudança nas condições iniciais podem produzir órbitas extremamente diferentes. Isso significava que as suas aproximações não lhe dariam os resultados que esperara, mas levou a algo ainda mais importante. Hoje, as órbitas que Poincaré descobriu se chamam *caóticas*: ele tropeçara na matemática que fundamenta a atual *teoria do caos*, na qual, mesmo com leis deterministas, o movimento resultante pode ser irregular e imprevisível.

O DISCO DE POINCARÉ

Um dos problemas da geometria não euclidiana de Bolyai e Lobatchevski era a dificuldade de visualização. Foram sugeridas algumas representações pictóricas e a mais bem-sucedida foi o "modelo do disco", descoberto por Poincaré em 1880.

Consideremos a seguinte imagem de um disco (o interior de um círculo) e uma geometria na qual *pontos* sejam aqueles que ficam dentro do círculo limitante e *retas*, os diâmetros que passam pelo centro do disco ou arcos circulares que se encontrem em ângulo reto com o círculo circundante.

Como se pode ver,
- alguns pares de *retas* (diâmetros ou arcos circulares) não se encontram;
- alguns pares de *retas* se encontram em *pontos* internos e
- alguns pares de *retas* se encontram no círculo limitante: essas *retas* são ditas *paralelas*.

Com essas definições de *ponto* e *reta*, os quatro primeiros axiomas de Euclides são satisfeitos, mas não o quinto; logo, temos realmente uma geometria não euclidiana. Nessa geometria, muitos conceitos euclidianos (como tamanho e formato) não são mais adequados; por exemplo, todos os triângulos cinzentos e brancos da imagem são congruentes entre si! O artista holandês Maurits Escher baseou algumas gravuras suas (como *Limite do círculo IV*) nessa imagem de uma geometria não euclidiana.

RUSSELL E GÖDEL

Bertrand Russell (1872-1970) e Kurt Gödel (1906-1978) foram os lógicos mais importantes do século XX. Nos primeiros anos do século, os fundamentos da matemática estavam em torvelinho. O famoso paradoxo de Russell provocou grandes dificuldades que demoraram a ser resolvidas. Enquanto Hilbert e outros continuavam a seguir o programa ambicioso de esmiuçar os fundamentos da aritmética, Gödel virou o barco com os seus resultados espantosos sobre a completude e a coerência dos sistemas de axiomas.

Bertrand Russell foi um dos personagens mais extraordinários do século XX. Nascido em família nobre, ficou órfão ainda pequeno e foi criado pela avó antes de ir para o Trinity College, em Cambridge, estudar matemática e ciências morais. Partidário vigoroso da paz, foi preso duas vezes por atividades antibélicas. Em 1950, ganhou o Prêmio Nobel de Literatura.

Kurt Gödel nasceu em Viena. Teve febre reumática aos 6 anos e, a partir de então, tornou-se constantemente obcecado pela saúde. Depois de se formar em Matemática na Universidade de Viena, escreveu lá a sua tese de doutorado sobre lógica matemática e entrou para o corpo docente. Em 1940, emigrou para os EUA, onde passou o resto da sua distinta carreira no Instituto Princeton de Estudos Avançados, recebeu muitos prêmios e se tornou amigo íntimo de Albert Einstein. Sofria de paranoia e, convencido de que estava sendo envenenado, recusou-se a comer e morreu de desnutrição.

Bertrand Russell quando jovem

Kurt Gödel recebe um prêmio de Albert Einstein

O PARADOXO DE RUSSELL

O lógico alemão Gottlob Frege estava prestes a enviar um livro sobre axiomática para a editora quando recebeu uma carta de Bertrand Russell que dizia, efetivamente:

> *Caro Gottlob, considere o conjunto de todos os conjuntos que não são membros de si mesmos. Bertrand.*

Esse paradoxo demoliu boa parte do livro, e a lógica matemática mudou para sempre.

Uma versão mais simples do paradoxo de Russell diz respeito ao barbeiro de uma aldeia que barbeia todos os que não se barbeiam, mas não barbeia os que se barbeiam. E surge a pergunta: *Quem barbeia o barbeiro?*

• Se o barbeiro se barbeia, temos uma contradição, porque ele não barbeia os que se barbeiam.

• Mas se o barbeiro não se barbeia, temos uma contradição, porque ele barbeia todos os que não se barbeiam. Portanto, o problema não tem solução.

A versão de Russell desse paradoxo perguntava: *que S seja*

KURT GÖDEL E OS PROBLEMAS DE HILBERT

Em 1931, Gödel publicou um artigo que mudou a matemática para sempre. A sua primeira "bomba", o *teorema da incompletude*, foi provar que:

> *Em qualquer sistema axiomático que inclua inteiros, há resultados verdadeiros que não podem ser provados e há resultados "indecidíveis" que não se pode provar serem verdadeiros ou falsos.*

Problema de Hilbert 1

Já vimos que Hilbert pediu uma prova da *hipótese do contínuo*, ou seja, de que nenhum conjunto é maior do que o conjunto de inteiros e menor do que o conjunto de números reais. Com o seu teorema da incompletude, Gödel provou que, se usarmos a teoria dos conjuntos de Zermelo-Fraenkel, *a hipótese do contínuo não pode ser refutada*. Mas, em 1963, o matemático americano Paul Cohen deixou o mundo matemático atordoado (e ganhou uma medalha de Fields) ao provar que, nas mesmas condições, *a hipótese do contínuo não pode ser provada*. Ao combinar esses resultados, deduzimos que:

> *Não se pode provar que a hipótese do contínuo seja verdadeira nem falsa; ela é "indecidível".*

Problema de Hilbert 2

Recordemos que ele nos pedia a prova de que os axiomas da aritmética são coerentes, de modo que não pode haver contradições; mas aí Gödel lançou uma segunda bomba ao provar que:

> *A coerência de toda teoria que inclua inteiros não pode ser provada dentro da própria teoria; em outras palavras, não podemos provar que nunca ocorram contradições.*

Talvez pareça que esses resultados poriam fim ao assunto de uma vez por todas; mas a maioria dos matemáticos preferiu ignorá-los e continuar assim mesmo.

---

o conjunto de todos os conjuntos que não são elementos de si mesmos; S é elemento de si mesmo? Quer seja *sim*, quer *não*, a resposta leva a contradições semelhantes àquelas anteriores.

O surgimento do paradoxo de Russell levou filósofos e matemáticos a estudar com mais atenção a teoria dos conjuntos, e surgiram algumas versões que podiam lidar com esses paradoxos de forma mais ou menos satisfatória. Delas, a mais bem-sucedida e universalmente aceita foi a *teoria dos conjuntos de Zermelo-Frankel*, devida originalmente a Ernst Zermelo, de Göttingen, e revista por Adolf Fraenkel, de Marburg.

PRINCIPIA MATHEMATICA

De 1910 a 1913, Bertrand Russell e o colega da Cambridge Alfred North Whitehead escreveram uma obra pioneira em três volumes intitulada *Principia Mathematica*. Parcialmente baseada em ideias de Cantor e Frege, visava a deduzir toda a matemática de um pequeno número de princípios básicos. Acima, a prova da proposição "1 + 1 = 2".

EINSTEIN E MINKOWSKI

Albert Einstein (1879-1955), personagem simbólico do século XX, foi o maior físico matemático desde Isaac Newton. Ele revolucionou a física com as teorias da relatividade especial e geral, baseadas em ideias matemáticas não usadas antes na física, como algumas das desenvolvidas por Riemann e por Hermann Minkowski (1864-1909).

Albert Einstein — uma placa em Ulm

Einstein nasceu em Ulm, no sul da Alemanha, e no ano seguinte se mudou para Munique. Demorou para aprender a falar e se mostrou pouco promissor nos primeiros anos de escola. Em 1896, na segunda tentativa de fazer um curso para professores de Ciência e Matemática, foi aceito na Politécnica de Zurique e se formou em 1900. Embora um dos seus professores fosse Minkowski, ele pouco aproveitou o ensino formal e preferia ler de forma independente e pensar profundamente sobre as ideias e os pressupostos fundamentais da física. Depois de formado, sustentou-se dando aulas em meio expediente até obter um cargo no Escritório Suíço de Patentes, em Bern.

Em 1905, Einstein apresentou à Universidade de Bern, como subsídio à candidatura ao doutorado, o seu artigo sobre relatividade especial — que foi rejeitado. No entanto, assim que a sua obra se tornou mais conhecida o reconhecimento não demorou a vir. Então ele ocupou cargos nas universidades de Zurique, Praga e Berlim e, em 1915, anunciou a teoria geral da relatividade. Ganhou o Prêmio Nobel de 1921 pelo trabalho com a teoria quântica, não pela relatividade. Em 1933, foi para os Estados Unidos e daí em diante trabalhou no Instituto de Estudos Avançados de Princeton.

O *ANNUS MIRABILIS* DE EINSTEIN

Em 1905, o seu "ano das maravilhas", Albert Einstein publicou quatro artigos pioneiros e importantíssimos. Primeiro, o que apresentava os quanta de energia: a luz pode ser absorvida ou emitida apenas em quantidades discretas, ideia central da teoria quântica. Em seguida, um artigo sobre o movimento browniano que explicava o movimento de pequenas partículas suspensas num líquido estacionário.

O terceiro artigo, que tratava da eletrodinâmica de corpos em movimento, apresentou uma nova teoria que interligava tempo, distância, massa e energia. Era coerente com o eletromagnetismo, mas omitia a força da gravidade. Essa teoria passou a se chamar *teoria especial da relatividade* e pressupunha que c, a velocidade da luz, é constante, não importa onde esteja nem como se mova o observador.

Em 21 de novembro de 1905, ele publicou *Does the Inertia of a Body Depend Upon Its Energy Content?* (A inércia de um corpo depende da energia que contém?). É nele que está a equação mais famosa de todas, $E = mc^2$, que afirma a equivalência entre massa e energia.

MINKOWSKI E A RELATIVIDADE ESPECIAL

Minkowski nasceu na Lituânia de pais alemães. Em 1902, foi para a Universidade de

Göttingen, onde se tornou colega de Hilbert. Desenvolveu uma nova visão do espaço e do tempo e lançou as bases matemáticas da teoria da relatividade. Eis como Minkowski descreveu a sua abordagem:

> De agora em diante, o espaço por si e o tempo por si estão fadados a desaparecer como meras sombras, e só um tipo de união dos dois preservará uma realidade independente.

O *tipo de união* que Minkowski menciona é conhecido hoje como espaço-tempo e é uma geometria não euclidiana quadridimensional que incorpora as três dimensões do espaço mais a do tempo. Com ela, vem um modo de medir a distância entre dois pontos diferentes do espaço-tempo. Agora tempo e espaço não são mais separados, como pensara Newton, mas sim interrelacionados. Sobre o seu trabalho, um comentador disse que

> Considerações puramente matemáticas, como a harmonia e a elegância das ideias, deveriam dominar a adoção de novos fatos físicos. A matemática, por assim dizer, deveria ser o mestre, e a teoria física obrigada a se curvar ao mestre.

Abaixo há um diagrama simplificado do espaço-tempo com apenas uma dimensão espacial na horizontal e o tempo na vertical. Na geometria euclidiana, a distância entre cada ponto (x, t) e a origem é $\sqrt{(x^2 + t^2)}$, mas as exigências da relatividade a substituem no espaço-tempo pela distância $\sqrt{(x^2 - c^2 t^2)}$. O sinal de menos indica que os eventos no espaço-tempo, como aquele rotulado de "aqui e agora", estão associados a dois cones. Com apenas uma dimensão espacial, esses cones agora são triângulos, sendo que um representa o futuro de "aqui e agora" e o outro, o seu passado.

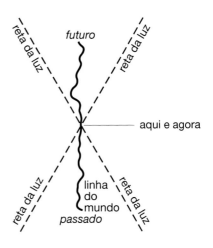

Hermann Minkowski

RELATIVIDADE GERAL

A princípio, Einstein viu com desdém a abordagem do espaço-tempo de Minkowski, mas depois, quando tentou ampliar a sua teoria para incluir a gravidade, considerou-a valiosíssima e até essencial. A *teoria geral da relatividade*, baseada também nas ideias geométricas de Riemann, apresentava um espaço-tempo curvo como resultado da presença de massa e energia. A curvatura aumentava perto de corpos grandes, e era a curvatura do espaço-tempo que controlava o movimento dos corpos.

A teoria previa que os raios de luz se curvariam com a curvatura do espaço-tempo produzida pelo Sol, efeito observado durante o eclipse solar de 1919.

HARDY, LITTLEWOOD E RAMANUJAN

A colaboração prolongada e frutífera de G. H. Hardy (1877-1947) e J. E. Littlewood (1885-1977) foi a mais produtiva da história da matemática. Os dois, que dominaram o ambiente matemático inglês na primeira metade do século XX, produziram cem artigos conjuntos de grande influência, mais notadamente sobre análise e teoria dos números. Srinivasa Ramanujan (1887-1920), um dos matemáticos mais brilhantes e intuitivos de todos os tempos, entrou no mundo dos dois depois de partir da Índia para trabalhar com eles em Cambridge até a sua morte precoce aos 32 anos.

Hardy nasceu em Cranleigh, no Surrey, Inglaterra, e teve uma criação esclarecida numa família vitoriana típica. Frequentou o Winchester College antes de ir para o Trinity College de Cambridge em 1896.

Littlewood nasceu em Rochester, em Kent, também na Inglaterra. Depois de passar oito anos na África do Sul, voltou para o seu país e, em 1903, conseguiu uma bolsa no Trinity College.

HARDY E LITTLEWOOD

O primeiro artigo de pesquisa de Hardy foi sobre integração, em 1900; mais tarde, ele escreveu mais 68 artigos sobre o mesmo tema. O seu livro didático *A Course in Pure Mathematics* (Curso de matemática pura) foi publicado em 1908. Modelo de clareza, apresentava aos alunos a análise elementar de maneira rigorosa e acessível e teve grande impacto sobre a análise inglesa. Também naquele ano, Hardy resolveu um problema de genética usando apenas álgebra simples e o mandou à revista *Science*: desde então, a "lei de Hardy" provou a sua importância no estudo dos grupos sanguíneos.

O primeiro artigo de pesquisa de Littlewood, de 1906, tratava de funções integrais. Depois de passar três anos na Universidade de Manchester, ele retornou ao Trinity College como professor.

Foi em 1912 que os dois iniciaram a sua extraordinária colaboração. Ambos eram gênios, mas provavelmente Littlewood era o mais original e imaginativo, enquanto Hardy era o artesão consumado, um mestre no estilo do texto. Como observou um dos seus admiradores, o matemático dinamarquês Harald Bohr:

> *Hoje em dia, só há três matemáticos ingleses realmente grandes: Hardy, Littlewood e Hardy-Littlewood.*

Hardy e Littlewood no Trinity College, em Cambridge

OS ANOS DE RAMANUJAN

Em 1913, Bertrand Russell escreveu a um amigo:

> *Em Hall encontrei Hardy e Littlewood num estado de louca empolgação porque acreditam ter encontrado um segundo Newton, um amanuense indiano de Madras que ganha 20 libras por ano.*

Esse "segundo Newton" era Srinivasa Ramanujan, que escrevera a Hardy apresentando as suas descobertas matemáticas sobre números primos, séries e integrais. Embora algumas estivessem incorretas, outras mostravam uma capacidade notável de percepção, e Hardy e Littlewood supuseram que deviam estar corretas porque ninguém teria imaginação para inventá-las. Ramanujan era claramente um gênio de primeira linha, mas sem instrução formal em matemática.

Hardy e Littlewood o convidaram a ir a Cambridge, onde colaboraram em vários artigos inovadores. Mas, em 1917, em consequência do clima e da má alimentação, Ramanujan contraiu tuberculose. Uma história bem conhecida conta a visita que Hardy lhe fez no hospital: sem saber o que dizer, Hardy recordou que o número do seu táxi era *1.729 — um número muito sem graça*. Ramanujan respondeu imediatamente:

> *Não, Hardy! É o menor número que pode ser escrito de duas maneiras diferentes como a soma de dois cubos.*

Ramanujan voltou à Índia em 1919 e morreu no ano seguinte. Hardy ficou arrasado: considerava a capacidade intelectual de Ramanujan equivalente à de um Euler ou Gauss.

DEPOIS DE RAMANUJAN

Em 1919, Hardy sentiu necessidade de se afastar de Cambridge e foi nomeado

Srinivasa Ramanujan

professor saviliano de Geometria em Oxford, onde passou onze anos. Lá, reformou o currículo de matemática e construiu uma impressionante escola de análise. A produção da sua pesquisa floresceu: nos seus anos de Oxford, escreveu cem artigos, mais da metade deles com Littlewood, que ainda estava em Cambridge. Sobre esse período, Hardy afirmou que:

> *Estive na minha melhor forma com pouco mais de 40 anos, quando era professor em Oxford.*

Em 1931, a cátedra sadleiriana de Cambridge, antes ocupada por Cayley, vagou. Hardy foi devidamente nomeado e passou o resto da vida no Trinity. Tanto Hardy quanto Littlewood escreveram livros bem conhecidos que explicam a natureza da matemática ao público em geral. *A Mathematician's Apology* (Desculpas de um matemático) (1940), de Hardy, é um relato pessoal do matemático que recorda o que fez vendo que seus poderes declinam, enquanto *A Mathematician's Miscellany* (Miscelânea de um matemático) (1953), de Littlewood, é uma obra mais alegre, cheia de preciosidades matemáticas, que leva os leitores a vivenciar a vida acadêmica do Trinity College por meio dos seus olhos perspicazes.

Hardy morreu no mesmo dia em que deveria receber a medalha Copley da Royal Society. O seu epitáfio poderia ser essa frase de *A Mathematician's Apology*:

> *Ainda digo a mim mesmo, quando estou deprimido e me vejo forçado a escutar gente pomposa e cansativa: "Ora, fiz uma coisa que vocês jamais poderiam ter feito, que foi colaborar com Littlewood e Ramanujan quase no mesmo nível."*

Littlewood sobreviveu trinta anos a ele.

NOETHER

Emmy Noether (1882-1935) foi matemática de destaque no século XX e deu contribuições à teoria dos invariantes, à teoria da relatividade e principalmente à álgebra. Mas, por ser mulher e judia, sofreu grande preconceito em vários estágios da carreira.

Emmy Noether nasceu em Erlangen, na Baviera, onde o pai, o algebrista Max Noether, era professor de Matemática. Na escola, brilhou no estudo de línguas e se preparou para ser professora de idiomas. Mas, em 1900, decidiu mudar de rumo e estudou Matemática na Universidade de Erlangen, na qual as mulheres podiam frequentar as aulas extraoficialmente desde que tivessem a permissão dos professores. Em 1903, ela passou nos exames finais universitários.

No inverno seguinte, Emmy frequentou a Universidade de Göttingen, onde assistiu a aulas de Hilbert, Klein e Minkowski, mas voltou a Erlangen, onde as mulheres passaram a ser aceitas como alunas formais. Matriculou-se oficialmente lá e três anos depois obteve o doutorado com uma tese sobre a teoria dos invariantes.

Nesse estágio, quis voltar a Göttingen, mas lá os regulamentos não permitiam que mulheres ocupassem cargos acadêmicos. Assim, ficou em Erlangen, ajudando o pai doente no trabalho de professor enquanto prosseguia com a sua pesquisa acadêmica e publicava vários artigos. A sua reputação acadêmica começou a se espalhar e ela foi convidada a dar palestras prestigiadas.

FÍSICA MATEMÁTICA EM GÖTTINGEN

Em 1915, ano da teoria geral da relatividade de Albert Einstein, Hilbert e Klein convidaram Emmy Noether a voltar a Göttingen. Hilbert também trabalhava na relatividade geral e Noether foi bem recebida devido ao profundo conhecimento da teoria dos invariantes.

Não demorou para ela provar o *teorema de Noether*, um pilar da relatividade geral e da física das partículas que relaciona todas as leis da conservação da física a propriedades de simetria ou invariância. Ao saber do seu resultado, Einstein escreveu a Hilbert:

> Estou impressionado ao ver que tais coisas podem ser compreendidas de maneira tão geral. A velha guarda de Göttingen deveria aprender alguma coisa com a Srta. Noether! Parece que ela sabe o que faz.

Emmy Noether quando jovem

Enquanto isso, Hilbert e Klein lutavam com as autoridades para permitir que ela desse aulas na universidade. Embora Hilbert lhe permitisse fazer isso anunciando as aulas dela sob o seu próprio nome, outros, como o corpo docente filosófico, se opunham veementemente e exclamavam:

> O que pensarão os nossos soldados quando retornarem à universidade e descobrirem que terão de aprender aos pés de uma mulher?

Irritado, Hilbert respondeu que o sexo da candidata não tinha importância e concluiu com a seguinte resposta memorável:

> Somos uma universidade, não uma casa de banhos.

A vitória nessa batalha veio finalmente em 1919.

ÁLGEBRA

Noether continuou a escrever artigos sobre relatividade e teoria dos invariantes até 1920, quando mudou de rumo e se interessou pela álgebra — especificamente, pelo estudo dos anéis comutativos. É pelo trabalho nessa área que é mais lembrada.

Já vimos a ideia de *grupo*, objeto algébrico que consiste de um conjunto de elementos e um modo único de combiná-los em pares para satisfazer determinadas regras específicas. Outro objeto algébrico interessante é o *anel*, que consiste de um conjunto de elementos e *dois* modos de combiná-los em pares para satisfazer determinadas regras específicas. São exemplos de anéis:
- somar e multiplicar inteiros para obter outros inteiros
- somar e multiplicar números complexos para obter outros números complexos
- somar e multiplicar polinômios para obter outros polinômios
- somar e multiplicar matrizes (arranjos retangulares de números) para obter outras matrizes.

Se, além disso, a multiplicação for comutativa — isto é, se $a \times b = b \times a$ para todos os elementos a e b do conjunto —, teremos um *anel comutativo*. Os três primeiros anéis anteriores são comutativos, mas não o último.

Em 1921, Emmy Noether escreveu um artigo clássico, *Idealtheorie in Ringbereichen* (Teoria dos ideais nos domínios em anel), no qual investigou a estrutura interna dos anéis comutativos em termos de determinados subconjuntos chamados *ideais*. Especificamente, estudou anéis nos quais uma propriedade particular desses ideais é verdadeira, e hoje esses anéis são conhecidos como *anéis noetherianos*. A sua pesquisa em álgebra continuou durante a década de 1920 e foi recompensada com convites para falar nos Congressos Internacionais de Matemáticos de Bolonha, em 1928, e de Zurique, em 1932.

PARTIDA DA ALEMANHA

Em 1933, com a chegada ao poder de Adolf Hitler, os nazistas tiraram dos judeus o direito de dar aulas em universidades, e ela foi forçada a sair da Alemanha para buscar emprego em outro lugar.

Finalmente, obteve um cargo no Bryn Mawr, faculdade feminina nos Estados Unidos, perto de Filadélfia, e foi também convidada a dar aulas no Instituto de Estudos Avançados, em Princeton. Ela se sentiu felicíssima em Bryn Mawr, com colegas agradáveis, mas menos de dois anos depois de lá chegar desenvolveu um grande cisto no ovário e morreu.

Bryn Mawr College

VON NEUMANN

A enorme variedade de interesses de John von Neumann (1903-1957) é extraordinária. Ele trabalhou com os fundamentos da teoria dos conjuntos e da mecânica quântica, desenvolveu a álgebra dos operadores num espaço de Hilbert e criou a disciplina da teoria dos jogos. O seu trabalho em física matemática, principalmente sobre turbulências, ondas de detonação e choques em fluidos, foi muito influente. Ele desenvolveu a teoria dos autômatos celulares e, com a criação do conceito de programa armazenado, costuma ser chamado de "pai da computação moderna".

Von Neumann nasceu em Budapeste, onde, em 1926, recebeu o doutorado com uma tese sobre a teoria dos conjuntos. Com vinte e poucos anos, tinha fama internacional na comunidade acadêmica. Deu aulas em Berlim e Hamburgo até 1930 e, durante parte desse período, também estudou com Hilbert em Göttingen. Em seguida, deu aulas durante três anos na Universidade de Princeton até que, como um dos fundadores, se tornou professor do recém-criado Instituto de Estudos Avançados de Princeton, cargo que ocupou pelo resto da vida.

Durante e após a Segunda Guerra Mundial, von Neumann foi assessor das forças armadas americanas no desenvolvimento de armamentos, principalmente na logística e nas armas atômicas. De 1943 a 1955, foi consultor do Laboratório Científico de Los Alamos. Foi sugerido que o câncer que lhe causou a morte pode ter sido causado pelos testes de bombas atômicas a que assistiu.

Oskar Morgenstern

TEORIA DOS JOGOS

O trabalho de von Neumann sobre jogos é característico de uma vida inteira usando a matemática em situações práticas. As consequências do seu trabalho vão muito além das aplicações em jogos de azar como o pôquer e tiveram importância na psicologia, na sociologia, na política e na estratégia militar. O seu livro publicado em 1944 com o colega de Princeton Oskar Morgenstern revolucionou o campo da economia.

O *jogo de soma zero* entre dois jogadores é aquele em que o ganho do que vence é exatamente igual à perda do outro, de modo que o ganho total dos dois jogadores é zero. Em 1928, von Neumann publicou o *teorema minimax* que, para um jogo de soma zero entre duas pessoas, prova que ambos os participantes têm estratégias (ou métodos de jogar) que minimizam a perda máxima. Como observou:

> *Até onde posso ver, não poderia haver teoria dos jogos [...] sem esse teorema [...] Achei que não havia nada que valesse a pena publicar até provar o "Teorema Minimax".*

Mais tarde, a sua teoria foi ampliada para incluir situações mais gerais.

COMPUTAÇÃO

Depois da guerra, von Neumann comandou em Princeton uma equipe para de-

John von Neumann (à direita) e Robert Oppenheimer com o computador EDVAC

senvolver um computador. Eles decidiram que a máquina precisaria de quatro componentes principais:
- Uma unidade lógico-aritmética, hoje chamada unidade central de processamento (CPU, na sigla em inglês), onde são realizadas as operações elementares básicas; seria análoga ao moinho de Babbage.
- Uma memória (análoga ao armazém de Babbage) para armazenar os números com os quais seriam realizados os cálculos e também as instruções para realizá-los. Como essas instruções poderiam ser codificadas como números, a máquina precisava ser capaz de distinguir números de instruções codificadas.
- Uma unidade de controle que decifrasse e executasse as instruções buscadas na memória.
- Dispositivos de entrada e saída para permitir o registro de dados e instruções no computador e a exibição do resultado dos cálculos. Von Neumann interessava-se especialmente por dispositivos de saída que pudessem exibir graficamente os resultados.

Por usar tecnologia eletrônica, os números da máquina foram representados na forma binária, para que qualquer dispositivo só precisasse ter dois estados para guardar algarismos.

A máquina ficou pronta em 1952. Tinha 3.600 válvulas e foi o primeiro computador com programa armazenado, ao contrário dos anteriores que eram programados com alterações dos circuitos. Embora tivesse os seus defeitos, o modelo do projeto de Neumann teve grande influência sobre o desenvolvimento subsequente dos computadores.

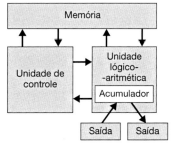

Arquitetura do projeto de von Neumann

TURING

Alan Turing (1912-1954) foi matemático, lógico, filósofo, decifrador de códigos e fundador da ciência da computação. É lembrado pela *máquina de Turing*, que formalizou as ideias de algoritmo e computação, e pelo *teste de Turing* para inteligência artificial ou das máquinas. A sua atividade de decifrador de códigos durante a Segunda Guerra Mundial foi usada para descobrir, com uma análise sutil da sua estrutura lógica, o funcionamento das máquinas codificadoras alemãs.

Turing nasceu em Londres e entrou no King's College, em Cambridge, em 1931; ao se formar, foi eleito *fellow*. Em 1936, ingressou no doutorado da Universidade de Princeton, mas voltou a Cambridge em 1938.

Quando a guerra foi declarada, Turing foi transferido para a Escola Governamental de Códigos e Cifras, em Bletchley Park. Com o fim da guerra, foi trabalhar no Laboratório Físico Nacional, em Londres, no projeto de um computador eletrônico, o Automatic Computing Engine (ACE, motor ou engenho de computação automática). O seu último cargo universitário foi de vice-diretor do Laboratório de Computação de Manchester.

Turing continuou a ser consultado pela GCHQ — Government Communications Headquarters, ou Diretoria de Comunicações do Reino Unido, que sucedeu Bletchley Park, mas perdeu a confiança do governo ao ser julgado por sua orientação sexual em 1952. Foi alvo de intensa investigação do serviço de espionagem, que o considerou um risco para a segurança. Morreu envenenado por cianureto: uma maçã meio comida foi achada ao lado da cama, e o inquérito decidiu que fora suicídio.

A MÁQUINA DE TURING

Turing ficou fascinado com o problema da decisão de Hilbert, um problema de lógica matemática:

> *Dada uma proposição matemática, é possível encontrar um algoritmo que decida se a proposição é verdadeira ou falsa?*

Para atacar o problema, Turing precisava de uma definição prática de algoritmo, e ele o identificou com a saída de uma máquina abstrata, mais tarde chamada de *máquina de Turing*, que consistia de uma fita infinita e um componente que pudesse ter um número finito de estados e assumir qualquer um deles. Esses estados poderiam mudar, dependendo do símbolo lido na fita naquele momento.

Então ele deu mais um passo e imaginou uma *máquina universal de Turing* que pudesse emular todas as outras máquinas de Turing — uma analogia é o computador moderno, que pode cumprir tarefas diferentes quando a sua programação é adequadamente alterada. Em 1936, Turing respondeu à pergunta negativamente: há proposições matemáticas que são *indecidíveis*: nenhum algoritmo pode decidir se são verdadeiras ou falsas. A ideia da máquina de Turing se tornou a base da teoria da computação.

BLETCHLEY PARK

Na Segunda Guerra Mundial, Bletchley Park foi a sede da iniciativa britânica para decifrar códigos. Lá, Turing e os seus colegas trabalharam com os códigos gerados pelas máquinas eletromecânicas alemãs *Enigma* e *Lorenz*, de codificação por rotor.

FORMA E CRESCIMENTO NA BIOLOGIA

Turing se interessou a vida inteira pelo desenvolvimento de formas e padrões em organismos vivos. No final da vida, aplicou ao tema várias técnicas matemáticas. Queria, principalmente, explicar o surgimento dos números de Fibonacci nas plantas — por exemplo, nos padrões em espiral do miolo dos girassóis.

Primeiro, ele examinou como sistemas biológicos que começam simétricos podem perder essa simetria e se perguntou se isso seria causado pela dinâmica com que as substâncias químicas se difundem e reagem. Com um computador, ele realizou um trabalho pioneiro de modelagem dessas reações químicas e, em 1952, publicou os seus resultados no artigo *The chemical basis of morphogenesis* (A base química da morfogênese).

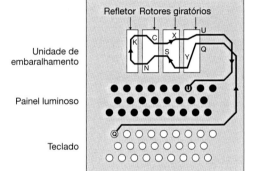

No exemplo acima, quando uma tecla é pressionada a corrente elétrica passa pelos três rotores, é refletida e volta pelos rotores para acender uma lâmpada que revela o código da tecla pressionada. Então o mais importante: um dos rotores gira e cria um novo caminho para os sinais. Quando o primeiro rotor completa uma rotação em consequência das teclas apertadas, o do meio começa a se mover e, quando termina a sua volta, é a vez do terceiro passar a girar.

Uma característica lógica dessa máquina é que, em qualquer posição dada dos rotores, o código é simétrico: por exemplo, se a letra Q for codificada como U, então U será codificada como Q; especificamente, uma letra nunca pode ser codificada como si mesma. Turing usou uma análise como essa da estrutura lógica da máquina para conseguir decifrar as mensagens.

O historiador oficial da espionagem britânica na Segunda Guerra Mundial disse que as informações oferecidas por Bletchley Park encurtaram a guerra "em dois anos, no mínimo, e provavelmente em quatro".

O TESTE DE TURING

Em *Computing Machinery and Intelligence* (Máquinas de computação e informações), artigo seu de 1950 publicado na revista *Mind*, Turing começa:

> Proponho considerarmos a seguinte questão: "As máquinas podem pensar?"

Ele refinou a pergunta com uma máquina, uma mulher e um interrogador, este último numa sala diferente das outras duas. O objetivo do jogo, chamado *teste de Turing*, é que o interrogador determine qual das duas outras é a máquina, qual é a mulher. Elas podem se comunicar com o interrogador, mas só de modo a não lhe dar pistas sobre a sua identidade.

No trabalho anterior com as máquinas de Turing, ele se concentrara no que as máquinas não podiam fazer. Agora o seu foco era o que podem fazer e, especificamente, se o comportamento do cérebro pode ser duplicado pelo computador. O teste de Turing continua importante na filosofia e na inteligência artificial.

Alan Turing

187

BOURBAKI

Charles Bourbaki foi um general francês do século XIX que de destacou nas guerras da Crimeia e Franco-prussiana, mas não se sabe se tinha algum interesse pela matemática. O seu xará Nicolas Bourbaki (nascido em 1934) foi um matemático francês que nunca existiu mas cujos textos influenciaram profundamente boa parte da matemática pura do século XX!

Dois bourbakistas: Henri Cartan e Jean--Pierre Serre

Bourbaki foi o pseudônimo de um grupo de matemáticos (principalmente franceses) que, num período de trinta anos, produziu uma série de livros influentes projetados para apresentar toda a matemática pura de maneira completamente estruturada e axiomática.

O NASCIMENTO DE "BOURBAKI"

No final de 1934, André Weil e Henry Cartan se queixaram de um livro didático de cálculo que tinham de usar para dar aulas. Como participantes regulares de uma série de seminários de matemática em Paris, costumavam almoçar com os colegas no Café Capoulade, no Quartier Latin de Paris, para discutir temas de interesse matemático. Foi num desses almoços que vários desses amigos concordaram em criar um grupo para escrever um texto de cálculo superior. O plano original era um único livro de 1000 páginas que começasse com os primeiros princípios e desenvolvesse o tema de forma sistemática, com cada resultado baseado nos anteriores e sem nenhum pressuposto.

Além de Weil e Cartan, foram fundadores do grupo Bourbaki Claude Chevalley, Jean Delsarte, Jean Dieudonné e René de Possel, com outros acrescentados pouco depois.

OS PRIMEIROS LIVROS

Enquanto discutiam como estruturar com coerência o livro de cálculo, eles perceberam a necessidade de voltar às bases e organizar os fundamentos da disciplina. Logo concordaram que era preciso uma série inteira de livros, e o projeto ficou ainda mais ambicioso quando buscaram estabelecer regras básicas para toda a matemática pura.

Como título da série, escolheram o abrangente *Éléments de Mathématique* (Elementos de matemática). O primeiro

> **OS PRIMEIROS SEIS LIVROS DE BOURBAKI**
> *Livro I:* Teoria dos conjuntos
> *Livro II:* Álgebra
> *Livro III:* Topologia
> *Livro IV:* Funções com uma variável real
> *Livro V:* Espaços vetoriais topológicos
> *Livro VI:* Integração

POR QUE "BOURBAKI"?

Por volta de 1918, Andre Weil e os outros alunos do primeiro ano da École Normale Supérieure de Paris foram convidados para uma aula de matemática na qual o "distinto professor" (na verdade, um aluno adiantado) apareceu com barba falsa, disfarçado de matemático famoso, e apresentou alguns "teoremas", cada um mais ridículo do que o outro e todos (por alguma razão) batizados com o nome de um general francês do século XIX. O professor chamou o último resultado de *teorema de Bourbaki* por causa do general de mesmo nome. Vários anos depois, ao recordar essa aula humorística, Weil fez ao grupo a proposta marota de adotarem o pseudônimo "Bourbaki" para o autor de todos os livros.

General Charles Bourbaki

livro a sair, em 1939, tratava da teoria dos conjuntos. Então a Segunda Guerra Mundial se intrometeu. Continuaram a ser escritos capítulos isolados dos vários livros, mas só em 1958 os cinco livros seguintes foram terminados.

Redigir os livros não foi tarefa fácil. Os membros do grupo Bourbaki se encontravam durante uma ou duas semanas de cada vez e as discussões eram frequentes enquanto brigavam pela melhor maneira de estruturar os fundamentos da matemática pura de modo a influenciar o seu futuro desenvolvimento. Apresentar o material de forma abstrata era importantíssimo, o que levou a um tratamento altamente abstrato em que o principal era o rigor e a estrutura; até o nosso sistema básico de numeração só apareceu depois que todos os fundamentos foram firmemente estabelecidos.

O "DECLÍNIO" DE BOURBAKI

Os seis primeiros livros se mostraram muito influentes, mas também tiveram muitos detratores. Não eram livros didáticos no sentido tradicional: o conteúdo não partia das ideias mais simples para avançar rumo às mais complicadas e era difícil ler o material altamente estruturado. Além disso, as aplicações eram ignoradas e a solução de problemas, desenfatizada.

(Fila de trás) Cartan, de Possel, Dieudonné, Weil, técnico de laboratório; (sentados da esquerda para a direita) Mirlès, Chevalley, Mandelbrojt

A época áurea dos livros de Bourbaki foram as décadas de 1950 e 1960, quando novos membros entraram no grupo para continuar o projeto: entre eles, Pierre Samuel, Jean-Pierre Serre e Laurent Schwarz e, mais tarde, Armand Borel, Serge Lang, Alexandre Grothendieck e John Tate, todos com carreiras próprias e importantes na pesquisa.

Finalmente, o projeto começou a soçobrar quando a matemática se expandiu e seguiu rumos diversos que a equipe não conseguiu acompanhar. Mas, apesar de todos os problemas, o grupo Bourbaki se recusa a desistir e novas edições dos livros continuam a sair.

ROBINSON E MATIASSEVITCH

O décimo dos 23 problemas de Hilbert perguntava se há algum procedimento sistemático para decidir se determinado tipo de equação tem alguma solução inteira. A chave da solução desse problema foi um artigo de Julia Robinson (1919-1985), dos Estados Unidos, e a resposta foi dada por um jovem matemático russo, Iuri Matiassevitch (nascido em 1947). A colaboração frutífera entre eles foi realizada através de dois continentes.

Julia Robinson (nascida Bowman) teve uma infância complicada. A mãe morreu quando estava com 2 anos e, junto com a irmã, ela foi morar numa pequena comunidade no deserto do Arizona. Quando o pai voltou a se casar, a família se mudou para San Diego, mas a menina adoeceu com escarlatina e febre reumática e perdeu dois anos de escola — e, a partir daí, a sua saúde nunca foi boa. Depois de se recuperar nos estudos, interessou-se por matemática e física, que estudou no San Diego State College, e depois se transferiu para o *campus* de Berkeley da Universidade da Califórnia.

Em Berkeley, ela teve aulas sobre história da matemática e foi muito influenciada por *Men of Mathematics* (Homens da matemática), de E. T. Bell, e, na teoria dos números, por Raphael Robinson, que mais tarde se tornou seu marido. Depois de formada, ela fez o doutorado em lógica matemática com o lógico Alfred Tarski. Embora escrevesse um artigo importante sobre os jogos de soma zero com duas pessoas (enquanto trabalhava durante um ano na RAND Corporation) e outro sobre estatística, quase todas as suas publicações subsequentes estiveram ligadas ao Décimo Problema de Hilbert.

O DÉCIMO PROBLEMA DE HILBERT

Vimos que as equações diofantinas são aquelas para as quais buscamos soluções inteiras; entre os exemplos, temos o teorema de Pitágoras $x^2 + y^2 = z^2$ (do qual uma das soluções inteiras é $x = 3$, $y = 4$, $z = 5$), a equação de Pell $3x^2 + 1 = y^2$ (da qual uma das soluções inteiras é $x = 1$, $y = 2$) e o teorema de Fermat $x^4 + y^4 = z^4$ (que não tem solução inteira positiva).

O Décimo Problema de Hilbert pretendia determinar se as equações diofantinas têm soluções inteiras, como as duas primeiras acima.

> Dada uma equação diofantina com coeficientes inteiros, existe um procedimento finito passo a passo para decidir se a equação tem soluções inteiras?

Esse problema é inteiramente existencial; ele não pede que se encontrem as soluções, caso existam.

Se a resposta do problema de Hilbert for *sim*, então a decisão poderá ser tomada com a produção de um procedimento específico (chamado *algoritmo*). Mas, se a resposta for *não*, o problema fica muito mais difícil, já que se terá de provar que não é possível existir nenhum desses algoritmos.

Julia Robinson

POLINÔMIOS GERADORES DE SEQUÊNCIAS

Uma das consequências dos resultados de Robinson e Matiassevitch é que se pode provar a existência de polinômios (com muitas variáveis) que podem assumir valores específicos quando se substituem as variáveis por inteiros não negativos. Por exemplo, consideremos o polinômio

$$2xy^4 + x^2y^3 - 2x^3y^2 - y^5 - x^4y + 2y.$$

Conforme x e y passam por todos os inteiros não negativos, essa expressão gera valores positivos e negativos. Mas *todos os positivos são números de Fibonacci e todo número de Fibonacci pode ser assim obtido*; por exemplo, ao escolher $x = 5$ e $y = 8$, obtém-se o número de Fibonacci 8.

Do mesmo modo, consideremos o seguinte polinômio com 26 variáveis $a, b, ..., z$.

$$(k + 2)\{1 - [wz + h + j - g]^2 + [(gk + 2g + k + 1)(h + j) + h - z]^2$$
$$- [16(k + 1)^3(k + 2)(n + 1)^2 + 1 - f^2]^2 - [2n + p + q + z - e]^2$$
$$- [e^3(e + 2)(a + 1)^2 + 1 - o^2]^2 - [(a^2 - 1)y^2 + 1 - x^2]^2 - [16r^2y^4(a^2 - 1) + 1 - u^2]^2$$
$$- [((a + u^2(u^2 - a))^2 - 1)(n + 4dy)^2 + 1 - (x + cu)^2]^2 - [(a^2 - 1)l^2 + 1 - m^2]^2$$
$$- [ai + k + 1 - l - i]^2 - [n + l + v - y]^2$$
$$- [p + l(a - n - 1) + b(2an + 2a - n^2 - 2n - 2) - m]^2$$
$$- [q + y(a - p - 1) + s(2ap + 2a - p^2 - 2p - 2) - x]^2$$
$$- [z + pl(a - p) + t(2ap - p^2 - 1) - pm]^2\}.$$

Conforme $a, b, c, ...$ passam por todos os inteiros não negativos, essa expressão gera valores positivos e negativos. Mas *todos os positivos são números primos e todos os números primos podem ser obtidos dessa maneira.*

IURI MATIASSEVITCH

A principal contribuição de Robinson ao problema ficaria conhecida como "*hipótese de Robinson*": para mostrar que esse algoritmo não existe, encontre-se (nas palavras dela)

> *Alguma relação diofantina que cresça mais depressa do que um polinômio, mas não terrivelmente depressa*

— por exemplo, as potências de 2.

Outro matemático que se interessou pelo Décimo Problema de Hilbert foi o jovem russo Iuri Matiassevitch, de São Petersburgo. Enquanto ainda estava na graduação, deram-lhe o problema como projeto para trabalhar. Em 1970, aos 22 anos, ele usou a hipótese de Robinson para resolver o problema de Hilbert na negativa — não existe esse algoritmo —, mas em vez das potências de 2 empregou os números de Fibonacci.

Robinson e Matiassevitch acabaram desenvolvendo as suas ideias em vários artigos conjuntos. Mas, sem fotocopiadoras e com as longas cartas manuscritas levando três semanas para chegar (e às vezes se perdendo no correio), a comunicação era difícil. A dificuldade de conseguir vistos impedia Matiassevitch de viajar, mas eles acabaram se encontrando em 1971 numa conferência em Bucareste, na Romênia, e outra vez em Calgary, no Canadá, em 1982.

Depois do seu importante papel na solução do problema de Hilbert, Julia Robinson foi muito procurada e recebeu vários convites de prestígio. Fez palestras em colóquios da Sociedade Matemática Americana e foi a primeira mulher a ser nomeada para a Academia Nacional de Ciências dos Estados Unidos e a se tornar presidente da Sociedade Matemática Americana.

Iuri Matiassevitch

APPEL E HAKEN

Quantas cores são necessárias para colorir um mapa no plano de modo que países vizinhos tenham cores diferentes? Esse problema foi proposto pela primeira vez em 1852 mas só teve solução em 1976. O método de solução de Kenneth Appel (nascido em 1932) e Wolfgang Haken (nascido em 1928) foi controvertido, já que o uso intenso do computador provocou questões filosóficas sobre a natureza da prova matemática.

Em 23 de outubro de 1852, Augustus De Morgan, professor de matemática do University College, Londres, escreveu a William Rowan Hamilton:

> *Um aluno meu me pediu hoje que lhe desse uma razão para um fato que eu não sabia que era um fato — e ainda não sei. Ele diz que, se uma figura for dividida de qualquer maneira e os compartimentos forem coloridos de forma diferente para que as figuras com alguma porção do bordo em comum tenham cores diferentes — quatro cores podem ser necessárias, mas não mais [...] Pergunta: a necessidade de cinco ou mais não pode ser inventada [...] O meu aluno diz que adivinhou ao colorir um mapa da Inglaterra [...]*

Mas De Morgan não conseguiu provar o chamado *teorema das quatro cores*:

> *Todo mapa pode ser colorido com no máximo quatro cores.*

Um mapa da Grã-Bretanha com quatro cores

Depois da morte de De Morgan, o problema foi praticamente esquecido até que Arthur Cayley o recordou numa reunião da Sociedade Matemática de Londres, em junho de 1878. No ano seguinte, Alfred Kempe, seu ex-aluno de Cambridge, apresentou uma "prova" amplamente aceita até Percy Heawood, de Durham, encontrar nela um erro fatal em 1890 mas resgatar o suficiente da prova de Kempe para deduzir que *todo mapa pode ser colorido com no máximo cinco cores*.

DUAS IDEIAS IMPORTANTES

Embora tivesse falhas, a prova de Kempe continha duas ideias úteis que apareceriam com destaque em tentativas posteriores e na solução final de Appel e Haken.

- **Conjuntos inevitáveis:** Kempe provou que *todo mapa tem de conter pelo menos um país cercado por duas, três, quatro ou cinco linhas de fronteira* — isto é, um dígono, triângulo, quadrilátero ou pentágono. Esse conjunto de quatro configurações é dito *inevitável* porque nenhum mapa pode evitar pelo menos um deles.

- **Configurações redutíveis:** Ele também provou que todo mapa que contenha um dígono, triângulo ou quadrilátero pode ser colorido com quatro cores, e assim nenhum deles pode aparecer num contraexemplo: chamamos essas configurações de *redutíveis*. Kempe acreditava também ter provado que os pentágonos eram redutíveis, mas o seu argumento tinha falhas; se estivesse correto, o teorema das quatro cores teria sido provado.

Em 1904, provou-se que, se um mapa não contiver nenhum dígono, triângulo nem quadrilátero, não só terá de conter um pentágono como terá de conter dois pentágonos adjacentes ou um pentágono adjacente a um hexágono. Portanto, o conjunto composto de dígono, triângulo, quadrilátero e essas duas configurações também é um conjunto inevitável.

Em outra direção, o importante matemático americano George Birkhoff, fascinado com o problema das quatro cores, provou que o "diamante de Birkhoff", com quatro pentágonos adjacentes, também é redutível (ver abaixo).

A partir desse ponto, buscaram-se conjuntos inevitáveis e configurações redutíveis. Um colorista de mapas que encontrou vários dos primeiros foi Henri Lebesgue, mais conhecido entre os matemáticos pela "integral de Lebesgue", e com o passar dos anos muitos milhares dos últimos foram descobertos.

A meta dessa busca, como ressaltado pelo matemático alemão Heinrich Heesch, que resolveu um dos problemas de Hilbert e que chegou perto de provar o teorema das quatro cores, era produzir *um conjunto inevitável de configurações redutíveis*. Encontrar esse conjunto prova o teorema: como o conjunto de configurações é inevitável, todo mapa tem de conter pelo menos uma delas, mas como toda configuração do conjunto é

Kenneth Appel e Wolfgang Haken

redutível, o colorido do mapa pode ser terminado em todos os casos.

SOLUÇÃO DE APPEL E HAKEN

O teorema das quatro cores acabou sendo provado por Kenneth Appel e Wolfgang Haken, da Universidade de Illinois. Eles anunciaram a prova em 24 de julho de 1976.

Haken fora apresentado ao problema por Heesch, que acreditava que havia um conjunto inevitável finito (embora muito grande) de configurações redutíveis. Mas, embora a maioria dos investigadores gerasse grande número de configurações redutíveis e depois tentasse embalá-las num conjunto inevitável, a abordagem de Appel e Haken foi buscar conjuntos inevitáveis de configurações "provavelmente redutíveis" e depois usar o computador para testar a sua redutibilidade, modificando o conjunto quando necessário. Essa tarefa imensa que envolveu cerca de mil e duzentas horas de computação e um diálogo de três anos entre homem e computador acabou levando a um conjunto inevitável de 1.936 configurações redutíveis, mais tarde reduzidas a 1.482.

 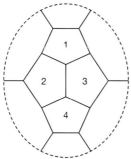

George David Birkhoff e o seu "diamante"

Três configurações de Appel e Haken

193

MANDELBROT

Uma área empolgante da matemática que surgiu no século XX, embora se possa datar a sua origem desde Bolzano e Poincaré, é a geometria fractal. Esse tópico foi adotado e muito desenvolvido por Benoît Mandelbrot (1924-2010) e está intimamente associado à moderna área da teoria do caos.

Mandelbrot nasceu na Polônia e passou a maior parte da vida profissional na empresa de computadores IBM, nos EUA. Entrou para a Universidade de Yale aos 75 anos e se aposentou em 2005.

Que extensão tem o litoral da Grã-Bretanha? Se tentarmos medir com uma régua ou se olharmos o país de cima, bem longe da Terra, podemos estimar o comprimento do litoral. Mas se medirmos com mais exatidão ou nos aproximarmos da Terra, tomamos consciência de cada vez mais baías e enseadas, e assim o comprimento aumenta. Quanto mais perto se chega, mais comprido parece ficar o litoral. Na verdade, o litoral da Grã-Bretanha tem um comprimento infinito, muito embora circunde uma área finita.

Benoît Mandelbrot

CURVA DO FLOCO DE NEVE DE VON KOCH

Uma situação semelhante ocorre com a *curva do floco de neve*, descrita em 1906 pelo matemático sueco Helge von Koch. Para construí-la, tomamos um triângulo equilátero e substituímos o terço médio de cada lado (que podemos considerar como a base de um triângulo equilátero menor) pelos outros dois lados do triângulo, criando um "pico" em cada lado do triângulo original. Agora repetimos o processo em cada uma das linhas da figura resultante. Continuar esse processo para sempre resulta na curva do floco de neve.

Assim como o litoral da Grã-Bretanha, ela tem um comprimento infinito, mas circunda uma área finita. Também é *autossemelhante*: partes dela têm o mesmo formato (embora menor) quando examinadas com mais detalhe. Essa autossemelhança é uma característica típica dos fractais, um tópico de grande interesse no século XX.

O CONJUNTO DE MANDELBROT

Um novo modo de obter padrões fractais foi descrito por Benoît Mandelbrot. Consideremos a transformação $z \rightarrow z^2 + c$, em que c é um número complexo fixo. Para cada valor inicial, eleve-o ao quadrado e some c para obter um novo número; repita continuamente o processo. Por exemplo, quando $c = 0$ e $z \rightarrow z^2$:

- o valor inicial 2 gera 4, 16, 256, ..., até o infinito;
- o valor inicial $1/2$ gera $1/4$, $1/16$, $1/256$, que tende a 0.

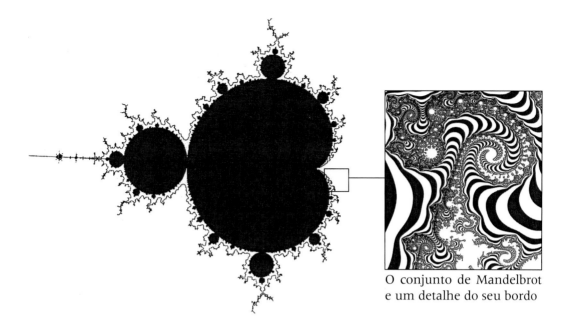

O conjunto de Mandelbrot e um detalhe do seu bordo

Aqui, todos os pontos internos ao círculo de centro 0 e raio 1 ficam dentro do círculo, todos os pontos do círculo permanecem no círculo e todos os pontos fora do círculo vão até o infinito.

forma que lembra um coelho. Os conjuntos de Julia para alguns valores de c formam uma peça só enquanto outros têm várias peças.

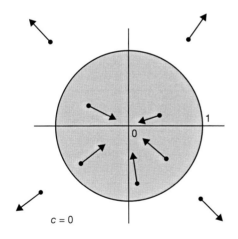

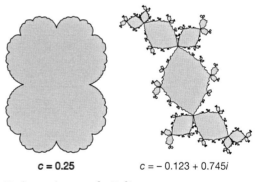

$c = 0.25$ $c = -0.123 + 0.745i$

Dois conjuntos de Julia

Chamamos o bordo desse círculo de *conjunto de Julia para $c = 0$* (o nome vem do matemático francês Gaston Julia) e a região interior contém os pontos internos à curva.

Valores diferentes de c geram uma grande variedade de bordos diferentes (conjuntos de Julia): por exemplo, $c = 0{,}25$ resulta numa forma de "couve-flor" enquanto $c = -0{,}123 + 0{,}745i$ nos dá uma

Mandelbrot desenhou uma imagem de todos os números complexos c para os quais o conjunto de Julia tem uma peça só e obteve uma figura fascinante que hoje se chama *conjunto de Mandelbrot*. Esse conjunto surge no estudo da teoria do caos, na qual mostra como o comportamento da transformação pode ser sensível à escolha do número c, e deu origem a uma grande variedade de belos desenhos sob o título de *arte fractal*.

WILES

Nem todo mundo consegue realizar o sonho da infância, mas isso aconteceu com Sir Andrew Wiles (nascido em 1953), que conheceu o último teorema de Fermat quando menino, trabalhou com ele obstinadamente durante muitos anos e conseguiu prová-lo depois de uma luta difícil e prolongada e um momento mágico.

Wiles se lembra de quando conheceu o último teorema de Fermat:

> Certo dia, fui à biblioteca pública e, por acaso, encontrei um livro sobre matemática: falava um pouco da história desse problema e eu, um menino de 10 anos, consegui entender. A partir daquele momento, tentei eu mesmo resolvê-lo; era um desafio tamanho, um problema tão belo; esse problema era o último teorema de Fermat.

Wiles estudou na Universidade de Oxford e depois fez o doutorado em Cambridge. Passou algum tempo na Universidade de Harvard e na Alemanha antes de aceitar a nomeação para o Instituto de Estudos Avançados de Princeton, onde ficou quase vinte anos. Agora, está de volta à Universidade de Oxford.

O ÚLTIMO TEOREMA DE FERMAT

Já vimos que Fermat provou que a equação $x^4 + y^4 = z^4$ não tem soluções inteiras positivas x, y e z e que Euler provou resultado semelhante para a equação $x^3 + y^3 = z^3$. Mas o "último teorema de Fermat", que afirma que

> Para qualquer inteiro n (> 2), não existem inteiros positivos x, y e z para os quais $x^n + y^n = z^n$,

continuava sem prova para todos os valores maiores de n.

Para provar o último teorema de Fermat em geral, basta prová-lo quando n for um número primo; por exemplo, podemos reduzir o caso $n = 20$ ao caso $n = 5$ escrevendo

$$x^{20} + y^{20} = z^{20} \text{ como } X^5 + Y^5 = Z^5,$$

em que $X = x^4$, $Y = y^4$ e $Z = z^4$.

No século XIX, encontraram-se provas para $n = 5$ e $n = 7$, e Ernst Kummer, teórico alemão dos números, provou-o também para uma grande classe de números primos chamados "primos regulares". Muito depois, com base nesse trabalho e com uso extenso de computadores modernos, a lista foi ampliada para todos os primos menores do que 4.000.000.

A REVIRAVOLTA

Duas ideias centrais à prova final de Wiles são a "curva elíptica" e a "forma modular". Em essência, uma *curva elíptica* é aquela cuja equação tem a forma

$$y^2 = x^3 + rx^2 + sx + t,$$

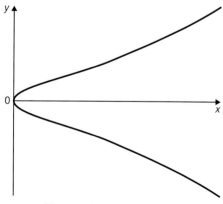

A curva elíptica $y^2 = x^3 + x$

para alguns inteiros r, s e t. Em termos gerais, pode-se considerar a *forma modular* como um modo de generalizar a transformação de Möbius

$f(z) = (az + b) / (cz + d)$.

Yutaka Taniyama e Goro Shimura conjeturaram que *toda curva elíptica está associada a uma forma modular*, e logo se percebeu que a prova dessa conjetura (ou pelo menos de um caso especial dela) implicaria a verdade do último teorema de Fermat.

Por volta de 1984, houve grande progresso quando Gerhard Frey, de Saarbrücken, percebeu que, se o teorema de Fermat fosse falso, de modo que a equação $a^p + b^p = c^p$ fosse verdadeira para alguns inteiros positivos a, b e c e para o número primo p, então a curva elíptica

$y^2 = x^3 + (b^p - a^p) x^2 - a^p b^p x$

teria propriedades tão esquisitas que não poderia ser modular, contradizendo portanto a conjetura de Taniyama-Shimura.

Andrew Wiles dá uma aula sobre curvas elípticas

A PROVA

Nesse estágio, Andrew Wiles entrou na dança. Empolgado com as observações de Frey, dedicou-se à tarefa de provar o caso especial da conjetura de Taniyama-Shimura que implicaria a verdade do último teorema de Fermat. Durante sete anos, afastou-se de outras distrações enquanto se concentrava em atacar o problema.

> Ninguém consegue se concentrar durante anos se não tiver esse tipo de concentração indivisa que espectadores demais destruiriam.

Em 1993, convenceu-se de ter completado a prova e a apresentou numa conferência importante na Universidade de Cambridge, com entusiasmo e aplauso mundiais.

Mas, durante a verificação detalhada da prova pelos grandes e melhores, descobriu-se uma lacuna grave. Durante mais de um ano, com Richard Taylor, seu ex-aluno de doutorado, Wiles lutou para preencher a lacuna. Estava prestes a desistir quando

> De repente, inesperadamente, tive essa revelação incrível. Foi o momento mais importante da minha vida profissional.
> Nada que eu fizer [...] foi tão indescritivelmente belo, tão simples e elegante, e fiquei apenas fitando com descrença durante vinte minutos, depois durante o dia dei voltas pelo departamento. Não parava de voltar à escrivaninha para ver que ainda estava lá... ainda estava lá.

A prova estava realmente completa, e Andrew Wiles foi capaz de contemplar com orgulho e prazer a sua monumental realização:

> Não há outro problema que signifique o mesmo para mim. Tive esse privilégio raríssimo de ser capaz de buscar na vida adulta o que foi o meu sonho de infância. Sei que é um raro privilégio, mas sei que, quando se consegue, é mais compensador do que tudo o que se possa imaginar.

197

PERELMAN

Em agosto de 2000, um século depois de Hilbert apresentar os seus 23 problemas em Paris, anunciaram-se sete "problemas do milênio" para comemorar a matemática do milênio que começava. Esses "himalaias da matemática", com uma recompensa de um milhão de dólares pela solução de cada um deles, foram considerados pela comunidade matemática os mais difíceis e importantes da disciplina. Um deles é a hipótese de Riemann, que continua sem solução. Outro foi a *conjetura de Poincaré*, proposta por Poincaré em 1904 e recentemente resolvida pelo matemático russo Grigori Perelman (nascido em 1966).

A topologia, às vezes chamada de "geometria da borracha", é o ramo da geometria no qual duas formas são consideradas as mesmas sempre que podemos entortar ou deformar uma delas para chegar à outra. Por exemplo, esfera e toro não são os mesmos, porque não podemos deformar um deles para formar o outro, mas podemos deformar uma esfera num cubo ou um toro numa caneca. Na verdade, já se disse que o topólogo é aquele que não sabe a diferença entre a xícara e a rosquinha!

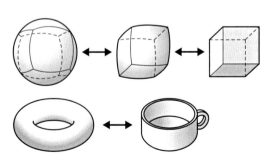

Outra maneira de explicar por que a esfera e o toro não são os mesmos é pôr uma curva fechada de linha na superfície e tentar encolhê-la num ponto. Na esfera, pode-se pôr a curva em qualquer lugar e ela sempre se encolherá num ponto. No toro, às vezes se consegue — mas nem sempre, porque o furo pode atrapalhar.

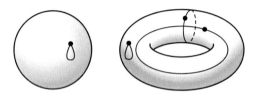

Agora restringiremos a nossa atenção à superfície das esferas, mas variando as dimensões.

- Consideremos o círculo unidimensional, embora exista no espaço bidimensional, porque é uma "linha entortada": a equação dessa "esfera unidimensional" é $x^2 + y^2 = r^2$, em que r é o raio.

- Se agora preenchermos dois círculos, os deformarmos e colarmos as pontas correspondentes, obtemos uma esfera (ver abaixo). Consideremos essa esfera bidimensional, embora exista no espaço tridimensional; pense que está

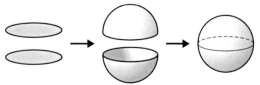

na superfície da Terra olhando o mundo bidimensional à sua volta: a equação dessa "esfera bidimensional" é $x^2 + y^2 + z^2 = r^2$.
- Podemos continuar dessa maneira. Para obter uma esfera tridimensional, tomamos duas esferas sólidas e colamos os pontos correspondentes: embora isso não possa ser feito nem visualizado no nosso mundo tridimensional, ainda pode ser matematicamente estudado e nos dar um objeto que existe no espaço quadridimensional: a equação dessa "esfera tridimensional" é $x^2 + y^2 + z^2 + w^2 = r^2$.
- Da mesma maneira, podemos considerar esferas de quatro, cinco ou mais dimensões.

A CONJETURA DE POINCARÉ

Em duas dimensões, pode-se provar que

> A superfície de uma esfera (ou de qualquer superfície que possa ser deformada numa esfera) é a única superfície com a propriedade de encolhimento da curva.

— o toro não tem essa propriedade, como vimos, nem nenhum outro tipo de superfície. Mas o que acontece com mais dimensões?

> A superfície de uma esfera com mais dimensões é a única superfície com a propriedade de encolhimento da curva?

Poincaré conjeturou que a resposta à última pergunta é *sim*, e essa passou a ser conhecida como *conjetura de Poincaré*. Na esfera bidimensional a resposta é *sim*, como já vimos, e na década de 1960 o matemático americano Stephen Smale provou que a resposta também é *sim* em superfícies com cinco ou mais dimensões.

Então, em 1982, Michael Freedman, outro matemático americano, a provou para superfícies de quatro dimensões.

Mas e as superfícies tridimensionais? Esse parecia ser o caso mais difícil. Ninguém conseguia prová-lo e, dessa forma, ele passou a ser um dos sete problemas do milênio.

SOLUÇÃO DE PERELMAN

Perelman era um prodígio matemático. Nos seus tempos de estudante, participou da equipe da URSS na Olimpíada Internacional de Matemática e obteve pontuação perfeita.

Em 2002 e 2003, publicou vários artigos nos quais conseguiu provar a conjetura de Poincaré. A sua solução foi muito difícil de entender, mesmo para especialistas. Em essência, para analisar as superfícies pertinentes ele examinou as várias maneiras de um líquido fluir sobre elas e estudou a dinâmica desses chamados "fluxos de Ricci"; eles se parecem com o fluxo de calor num objeto sólido.

Os seus artigos causaram sensação em todo o mundo matemático. Mas Perelman não gosta de publicidade e acredita com paixão que a matemática deve ser estudada por si e não em troca de recompensas financeiras. Smale e Freedman receberam Medalhas de Fields pelas contribuições para a solução da conjetura de Poincaré, mas quando a ofereceram a Perelman no Congresso Internacional de Matemáticos de 2006, ele a recusou. Quatro anos depois, ele abriu mão do prêmio de um milhão de dólares oferecido pela solução de um dos problemas do milênio.

Grigori Perelman

MEDALHISTAS DE FIELDS

Uma característica especial dos Congressos Internacionais de Matemáticos realizados de quatro em quatro anos é a distribuição de medalhas de Fields entre os jovens matemáticos de maior destaque. Durante muitos anos, elas foram consideradas o equivalente matemático dos prêmios Nobel, mas criou-se recentemente o prêmio Abel, conferido todo ano.

Programação do primeiro Congresso Internacional de 1897, em Zurique

Como parte das comemorações do 400° aniversário da viagem de Colombo à América, houve em 1893 um "Congresso Mundial" de matemáticos na Exposição Colombina Mundial de Chicago. Quarenta e cinco matemáticos compareceram e o discurso inaugural sobre "O estado atual da matemática" foi de Felix Klein, de Göttingen, um dos quatro participantes de fora dos Estados Unidos.

O primeiro Congresso oficial aconteceu em Zurique, em 1897, e nele ficou decidida a realização desses encontros internacionais a intervalos de três a cinco anos. Foi no seguinte, em 1900, em Paris, que Hilbert deu a famosa palestra sobre os futuros problemas da matemática. Desde essas primeiras reuniões, já se realizaram mais de vinte congressos pelo mundo, geralmente de quatro em quatro anos.

Esses encontros costumam acontecer sem incidentes, mas houve algumas dificuldades pelo caminho. Os congressos de 1920 e 1924 foram boicotados por muitos matemáticos devido à exclusão de alemães e austríacos, e o Congresso de Varsóvia, em 1982, teve de ser adiado um ano devido à decretação do estado de sítio na Polônia.

Dois medalhistas não conseguiram comparecer devido a problemas com vistos e outro recusou o prêmio.

A MEDALHA DE FIELDS

John Charles Fields foi um professor de Matemática da Universidade de Toronto e presidente do Congresso de Toronto, em 1924. O lucro desse encontro, juntamente com recursos posteriores do seu patrimônio, financiou as "Medalhas Internacionais para Descobertas Extraordinárias na Matemática", hoje chamadas Medalhas de Fields. Conferidas pela primeira vez em 1936, as medalhas de ouro são produzidas pela Real Casa da Moeda Canadense e mostram Arquimedes de um lado e uma inscrição do outro.

200

CONGRESSOS INTERNACIONAIS E GANHADORES DA MEDALHA DE FIELDS

Na tabela, mostramos o país com o qual cada medalhista é mais associado.

1897: Zurique, Suíça —
1900: Paris, França —
1904: Heidelberg, Alemanha —
1908: Roma, Itália —
1912: Cambridge, Reino Unido —
1920: Estrasburgo, Alemanha —
1924: Toronto, Canadá —
1928: Bolonha, Itália —
1932: Zurique, Suíça —
1936: Oslo, Noruega — Lars Ahlfors (Finlândia); Jesse Douglas (EUA)
1950: Cambridge, EUA — Laurent Schwartz (França), Atle Selberg (Noruega)
1954: Amsterdam, Países Baixos — Kunihiko Kodaira (Japão/EUA), Jean-Pierre Serre (França)
1958: Edimburgo, Reino Unido — Klaus Roth (Reino Unido), René Thom (França)
1962: Estocolmo, Suécia — Lars Hörmander (Suécia), John Milnor (EUA)
1966: Moscou, URSS — Michael Atiyah (Reino Unido), Paul Cohen e Stephen Smale (EUA), Alexander Grothendieck (Alemanha)
1970: Nice, França — Alan Baker (Reino Unido), Heisume Hironaka (Japão), Serguei Novikov (URSS), John Thompson (EUA)
1974: Vancouver, Canadá — Enrico Bombieri (Itália), David Mumford (EUA)
1978: Helsinque, Finlândia — Pierre Deligne (Bélgica), Grigory Margulis (URSS), Charles Fefferman e Daniel Quillen (EUA)
1983: Varsóvia, Polônia — Alain Connes (França), William Thurston (EUA), Shing-Tung Yau (China)
1986: Berkeley, EUA — Simon Donaldson (Reino Unido), Gerd Faltings (Alemanha), Michael Freedman (EUA)
1990: Quioto, Japão — Vladimir Drinfeld (URSS), Shigefumi Mori (Japão), Vaughan Jones (Nova Zelândia), Edward Witten (EUA)
1994: Zurique, Suíça — Jean Bourgain (Bélgica), Pierre-Louis Lions e Jean-Christophe Yoccoz (França), Efim Zelmanov (Rússia)
1998: Berlim, Alemanha — Richard Borcherds e Timothy Gowers (Reino Unido), Maxim Kontsevich (França/Rússia), Curtis McMullen (EUA)
2002: Pequim, China — Laurent Lafforgue (França), Vladimir Voievodski (Rússia)
2006: Madri, Espanha — Andrei Okounkov e Grigori Perelman (Rússia), Terence Tao (Austrália/EUA), Wendelin Werner (França)
2010: Hiderabad, Índia — Elon Lindenstrauss (Israel), Ngô Bao Châu (Vietnã), Stanislav Smirnov (Rússia), Cédric Villani (França)

GANHADORES DO PRÊMIO ABEL

Em junho de 2002, para comemorar o bicentenário do nascimento de Abel, a Academia Norueguesa de Ciências e Letras lançou o Prêmio Abel, a ser conferido anualmente pelo rei da Noruega a obras científicas extraordinárias no campo da matemática.

2003: Jean Pierre Serre (França)
2004: Michael Atiyah (Reino Unido) e Isadore Singer (EUA)
2005: Peter Lax (Hungria/EUA)
2006: Lennart Carleson (Suécia)
2007: Srinivasa Varadhan (Índia/EUA)
2008: John Thompson (EUA) e Jacques Tits (França)
2009: Mikhail Gromov (Rússia)
2010: John Tate (EUA)
2011: John Milnor (EUA)

LEITURAS ADICIONAIS

Eis uma seleção de fontes que os autores acharam úteis e interessantes:

LIVROS

Livros de interesse geral sobre matemática e a sua história

D. Acheson, *1089 and all that,* Oxford, 2010.

M. Anderson, V. Katz e R. Wilson, *Sherlock Holmes in Babylon, and Other Tales of Mathematical History*, Mathematical Association of America, 2004.

M. Anderson, V. Katz e R. Wilson, *Who Gave You The Epsilon?, and Other Tales of Mathematical History*, Mathematical Association of America, 2004.

E. Behrends, *Five-Minute Mathematics*, American Mathematical Society, 2008.

W. P Berlinghoff e F. Q. Gouvêa, *Math through the Ages: A Gentle History for Teachers and Others*, Oxton House e Mathematical Association of America, 2004.

R. Courant e H. Robbins, *What is Mathematics?*, Oxford, 1996.

T. Crilly, *50 Mathematical Ideas You Really Need to Know*, Quercus, 2008.

K. Devlin, *Mathematics: The New Golden Age*, Columbia, 1999.

K. Devlin, *The Millennium Problems: The Seven Greatest Unsolved Mathematical Puzzles of Our Time*, Basic Books, 2003.

J. Farndon, *The Great Scientists*, Arcturus, 2005.

L. Hodgkin, *A History of Mathematics: Mesopotamia to Modernity*, Oxford, 2005.

S. Hollingdale, *Makers of Mathematics*, Penguin, 1989.

C. A. Pickover, *The Math Book: From Pythagoras to the 57th Dimension, 250 Milestones in the History of Mathematics*, Sterling, 2009.

A. Rooney, *The Story of Mathematics*, Arcturus, 2009.

G. Simmons, *Calculus Gems: Brief Lives and Memorable Mathematics*, McGraw-Hill, 1992.

I. Stewart, *From Here to Infinity*, Oxford, 1996.

I. Stewart, *Taming the Infinite,* Quercus, 2008.

S. M. Stigler, *The History of Statistics*, Harvard, 1986.

História de textos matemáticos

C. B. Boyer e U. C. Merzbach, *A History of Mathematics*, Wiley, 1991.

C. Burton, *The History of Mathematics: An Introduction*, McGraw-Hill, 2010.

H. Eves, *An Introduction to the History of Mathematics*, Thomson Brooks/Cole, 1990.

I. Grattan-Guinness, *The Fontana History of the Mathematical Sciences*, Fontana, 1997.

V. J. Katz, *A History of Mathematics*, Pearson, 2008.

M. Kline, *Mathematical Thought from Ancient to Modern Times*, Oxford, 1990.

J. Stillwell, *Mathematics and its History*, Springer, 2010.

D. Struik, *A Concise History of Mathematics*, Dover, 1987.

Livros que contêm trechos traduzidos para o inglês quando necessário

L. Berggren, J. Borwein e P Borwein, *Pi: A Source Book*, Springer, 1999.

R. Calinger, *Classics of Mathematics*, Prentice Hall, 1999.

J. Fauvel e J. Gray, *The History of Mathematics — a Reader*, Mathematical Association of America, 1997.

V. J. Katz, *The Mathematics of Egypt, Mesopotamia, China, India, and Islam: A Sourcebook*, Princeton, 2007

D. Smith, *A Source Book in Mathematics*, Dover, 1959.

J. Stedall, *Mathematics Emerging: A Sourcebook 1540-1900*, Oxford, 2008.

Tópicos mais especializados

A. D. Aczel, *The Artist and the Mathematician: The Story of Nicolas Bourbaki, The Genius Mathematician who Never Existed*, High Stakes, 2007.

B. Artmann, *Euclid: The Creation of Mathematics*, Springer, 1999.

L. Berggren, Episodes in the Mathematics of Ancient Islam, Springer, 2003.

B. Collier e J. MacLachlan, *Charles Babbage and the Engines of Perfection*, Oxford, 1998.

J. Fauvel, R. Flood e R. Wilson (org.), *Oxford Figures: 800 Years of the Mathematical Sciences*, Oxford, 2000.

R. Flood, A. Rice, e R. Wilson (org.), *Mathematics in Victorian Britain*, Oxford, 2011.

J. V. Field, *The Invention of Infinity: Mathematics and Art in the Renaissance*, Oxford, 1997.

D. H. Fowler, *The Mathematics of Plato's Academy*, Oxford, 1998.

J. Gray, *Worlds Out of Nothing: A Course in the History of Geometry in the 19th Century*, Springer, 2007.

J. J. Gray, *Janos Bolyai, Non-Euclidean Geometry and the Nature of Space*, MIT Press, 2004.

G. G. Joseph, *The Crest of the Peacock; The Non-European Roots of Mathematics*, Princeton, 2011.

W. R. Knorr, *The Ancient Tradition of Geometric Problems*, Dover, 1986.

O. Ore, *Number Theory and its History*, Dover, 1988.

D. O'Shea, *The Poincaré Conjecture*, Walker and Co., 2007.

P. Pesic, *Abel's proof, An Essay on the Sources and meaning of Mathematical Unsolvability*, M.I.T. Press, 2003.

K. Plofker, *Mathematics in India,* Princeton, 2008.

E. Robson, *Mathematics in Ancient Iraq: A Social History*, Princeton, 2008.

S. Singh, *Fermat's Last Theorem*, Fourth Estate, 1997.

J. Stedall, *A Discourse Concerning Algebra: English Algebra to 1685*, Oxford, 2002.

T. Körner, *The Pleasures of Counting*, Cambridge, 1996.

G. Van Brummelen, *The Mathematics of the Heavens and the Earth: The Early History of Trigonometry*, Princeton, 2009.

R. Wilson, *Four Colours Suffice: How the Map Problem was Solved*, Penguin, 2003.

R. Wilson, *Lewis Carroll in Numberland: His Fantastical Mathematical Logical Life*, Penguin, 2009.

B. Yandell, *The Honors Class: Hilbert's Problems and Their Solvers*, A. K. Peters, 2002.

Biografias

W. K. Bühler, *Gauss: A Biographical Study*, Springer, 1987.

Crilly, *Arthur Cayley: Mathematician Laureate of the Victorian Age*, Johns Hopkins University Press, 2006.

W. Dunham, *The Genius of Euler: Reflections on his Life and Work*, Mathematical Association of America, 2007.

R. Flood, M. McCartney e A. Whitaker (org.), *Kelvin, Life, Labours and Legacy*, Oxford, 2008.

R. Kanigel, *The Man Who Knew Infinity: A Life of the Genius Ramanujan*, Washington Square Press, 1992.

K. Parshall, *James Joseph Sylvester; Life and Work in Letters*, Oxford, 1998.

C. Reid, *Hilbert*, Springer, 1996.

C. Reid, *Julia* [Robinson], *A Life in Mathematics*, Mathematical Association of America, 1996.

S. Stein, *Archimedes: What Did He Do Besides Cry Eureka?*, Mathematical Association of America, 1999.

B. A. Toole, *Ada, The Enchantress of Numbers: A Selection from the Letters of Lord Byron's Daughter and Her description of the First Computer*, Critical Connection, 1998.

R. S. Westfall, *Never at Rest: A Biography of Isaac Newton*, Cambridge, 1980.

Livros de referência geral

F. Cajori, *A History of Mathematical Notations*, Dover, 1993.

T. Gowers (org.), *The Princeton Companion to Mathematics*, Princeton, 2008.

D. Nelson, *The Penguin Dictionary of Mathematics*, Penguin, 2008.

E. Robson e J. Stedall (org.), *The Oxford Handbook of the History of Mathematics*, Oxford, 2009.

Internet

A Digital Mathematics Library (Biblioteca Digital de Matemática) dá acesso a muitas obras originais: *www.mathematik.uni-bielefeld.de/~rehmann/DML/dml—links.html*

O arquivo matemático MacTutor é uma fonte útil de dados biográficos e outros artigos sobre vários temas: *www.history.mcs.stand.ac.uk/*

Wolfram Mathworld tem informações sobre vários tópicos matemáticos: *mathworld.wolfram.com/*

Informações sobre a Sociedade Britânica de História da Matemática: *www.dcs.warwick.ac.uk/bshm/*

Informações sobre história da matemática para matemáticos jovens: *www.mathsisgoodforyou.com/*

Informações sobre um curso introdutório de história da Open University, *TM190, The Story of Maths* (A história da matemática), com base na série televisiva de Marcus du Sautoy para a BBC: *www3.open.ac.uk/study/undergraduate/course/tm190.htm*

Informações sobre um curso de dissertação de mestrado da Open University, *M840, The History of Modern Geometry Maths* (A história da moderna matemática geométrica): *www3.open.ac.uk/study/postgraduate/course/m840.htm*

Informações sobre um curso baseado em *Number Mysteries* (Mistérios dos números), de Marcus du Sautoy (Fourth Estate, 2011), no Departamento de Educação Continuada da Universidade de Oxford: *www.conted.ox.ac.uk*

CRÉDITOS DAS IMAGENS

Corbis: 9, 20, 24, 32, 33 (esq.), 39, 49, 54, 56 (alto), 72, 78 (pé), 96, 103 (alto), 108, 114 (pé), 139, 141, 144, 154 (esq.), 162, 164, 166, 174, 176, 184, 185, 197, 199

Science Photo Library: 37, 46 (alto), 62 (alto), 65 (alto), 74, 87, 88 (alto), 142 (esq.), 156 (alto), 172, 182, 194

Getty: 102 (alto), 110, 125

Topfoto: 38, 41, 105 (pé), 116, 134 (x2), 150 (pé), 154 (dir.), 181, 187

Museu Britânico: 57

RIA Novosti: 42

Mary Evans: 60

Bridgeman: 66 (alto), 84, 119, 126, 189

(Cortesia de) The American Mathematical Society: 190

Bill Stoneham: 145

Science and Society: 149

Trinity College, Cambridge Archive: 180

Biblioteca Ambrosiana: 65 (pé)

Clipart: 27, 28, 33, 150 (alto)

Shutterstock: 29, 73 (pé), 123, 129 (alto)

Diagramas e mapas: David Woodroffe

Tentamos entrar em contato com os detentores dos direitos de todas as imagens usadas neste livro. Quaisquer falhas nesse aspecto serão corrigidas em edições futuras

ÍNDICE REMISSIVO

Os nomes em **negrito** referem-se aos matemáticos apresentados neste livro.

Ábaco, 53
Abel, Niels Henrik, 134-135
Abelhas, sagacidade das, 36
Abstração, 171
Academia de Platão, 24
Acoplamentos, 156
Ada, condessa de Lovelace, 140-141
Alberti, Leon Battista, 62
Alexandria, 10, 26, 30, 32, 34, 36-37
Algarismos indo-arábicos, 42, 46, 50
Álgebra, 46, 47, 68-71, 122-123, 135, 143, 144, 163, 183
Álgebra booleana, 144
Alhazen (al-Haitham), **48-49**
Al-Karismi, 46-47
Almagesto, 33, 60
Análise, 122
Análise complexa, 131
Analysis Situs, 175
Anel, 183
Ângulo num semicírculo, 21
Apolônio, 30-31
Appel, Kenneth, 192-193
Aproximação, 156
Área do círculo, 17
Ariabata, o Velho, 42
Aristipo, 31
Aristóteles, 24-25, 58, 77
Arithmetica Infinitorum, 100-101
Aritmética, 27, 35, 47, 125
Aritmética binária, 106
Aritmética modular, 125
Arquimedes, 28-29
Ars Conjectandi, 109
Astrolábio, 53, 57
Astronomia, 74-77, 99, 125
Atenas, 10, 24
Atlas, 72
Aurillac, 52-53
Axioma (ou postulado), 20
Azulejos, 36, 52

Babbage, Charles, 140-141
Bacon, Roger, 56
Bagdá, 10, 46
Basileia, 11, 108, 110, 116
Belfast, 148
Berkeley, 11, 190

Berlim, 11, 118, 134, 166
Bernoulli, Jacob, 108-109
Bernoulli, Johann, 110-111
Biologia, 187
Birkhoff, George David, 193
Bissetor perpendicular de uma reta, 26
Bletchley Park, 186-187
Boécio, 38-39
Bola de futebol, 29
Bolonha, 11, 50, 68, 96
Bolyai, János, 138-139,173
Bolzano, Bernard, 130
Bombelli, Rafael, 70-71
Boole, George, 144-145
Bourbaki, General Charles, 188-189
Bourbaki, Nicolas, 188-189
Bradwardine, Thomas, 57
Brahe, Tycho, 76
Brahmagupta, 43
Braquistócrona, problema da, 111
Briggs, Henry, 88-89
Brunelleschi, Filipo, 62
Bryn Mawr College, 11, 183

Cálculo, *77,* 86-87, 97, 103, 110, 122, 131
Calendário, 45, 49
Cambridge (Inglaterra), 11, 102, 105, 146, 150, 154, 176, 180-181, 186, 196-197
Caminho fechado, 131
Cantor, Georg, 164-165
Caos, teoria do, 195
Cardano, Gerolamo, 68-69, 70
Cartan, Henri, 188
Cartwright, Mary, 171
Catenária, 108
Cauchy, Augustin-Louis, 130-131
Cavalieri, Bonaventura, 96-97
Cayley, Arthur, 154-155
Chaucer, Geoffrey, 57
Chicago, 200
Chladni, padrões de, 127
Cicloide, 97, 98, 111
Cifra, 43
Cinco príncipes, 136
Círculo, 21, 26, 30-31, 43

Círculo de Apolônio, 31
Circunferência, 17
Clairaut, Alexis Claude, 113
Códice, 45
Códice de Dresden, 44
Coeficientes binomiais, 95
Cohen, Paul, 177
Combinações, 95
Completar o quadrado, 19, 47
Computação, 184-185, 193
Condução do calor, 132
Configuração redutível, 192-193
Congresso Internacional de Matemáticos, 200-201
Cônicas, 30
Conjetura de Poincaré, 174, 199
Conjunto contável, 165
Conjunto inevitável, 192-193
Conjunto de Julia, 195
Conjunto de Mandelbrot, 195
Conjuntos equivalentes, 164
Construções com régua e compasso, 135
Contagem nos dedos, 64
Contagem de grãos de areia, 29
Contagem, sistemas de, 15, 16, 40, 42, 44
Contradição, 21
Coordenadas baricêntricas, 136-137
Coordenadas cartesianas, 93
Copérnico, Nicolau, 74-75
Corda vibratória, 115
Córdoba, 11, 52
Cork, 144
Cosseno, 32
Cours d'Analyse, 130
Croft-with-Southworth, 152
Crotona, 10, 22
Cubo, 24
Curva do floco de neve, 194
Curvas cúbicas, 102
Curva elíptica, 196

Da Vinci, Leonardo, 64-65

D'Alembert, Jean le Rond, 114-115
De la Condamine, Charles-Marie, 112
Declaração indecidível, 177
Della Francesca, Piero, 62-63
De Morgan, Augustus, 192
Derivada parcial, 87
Desargues, Girard, 84-85
Descartes, René, 92-93
Determinismo, 121
Diagramas de Venn, 145
Diferenciação, 86-87, 97, 107
Dimensão, 160
Diofanto, 34-35,91
Diretriz, 30
Disco de Poincaré, 175
Distribuição normal, 125, 159
Dobrar um cubo, 135
Dodecaedro, 24
Dodgson, Charles (Lewis Carroll), **162-163**
Du Châtelet, Emily, 112
Dublin, 11, 142-143
Dürer, Albrecht, 63

e, 117
École Polytechnique, 118-120, 128, 130-134
Edimburgo, 11, 88, 148, 150
Einstein, Albert, 176, **178-179**
Elasticidade, 127
Elementos de Euclides, 21, 26-27, 38, 48, 138
Eletromagnetismo, 150-151
Elipse, 30
Empilhamento de esferas, 173
Encyclopédie, 114
Engenho analítico, 141
Epiciclo, 33
Época das descobertas, 51
Equação cúbica, 49, 68-71
Equação diferencial, 86-87, 110, 145
Equação diferencial parcial, 87
Equação diofantina, 34, 43, 87, 110

Equação da onda, 115
Equação de Pell, 43, 91
Equação polinomial, 119
Equação quadrática, 19, 47
Equação quártica, 69
Equação do quinto grau, 119, 134
Equações de Maxwell, 151
Erlangen, 11, 168-169, 182
Escrita cuneiforme, 18
Esfera, 198
Esfera armilar, 52
Espaço-tempo, 179
Espiral, 29, 55, 81, 109
Estatística, 125, 159
Estocolmo, 11, 92, 167
Estruturas em árvore, 155
Euclides, 26-27
Euler, Leonhard, 116-117

Faixa / reta crítica, 161
Famílias de curvas ortogonais, 111
Faraday, Michael, 150-151
Fatorial, 83
Fatorial de n, 83, 95
Fermat, Pierre de, 90-91
Fibonacci (Leonardo de Pisa), **54-55**
Fields, John Charles, 200
Fita de Möbius, 137
Florença, 11, 62
Foco, 30
Fólio de Descartes, 93
Fontes, 14, 20
Forma modular, 197
Formato da Terra, 112
Fourier, Joseph, 132-133
Frações, 17, 25, 165
Frações unitárias, 16
Função, 118, 132
Função exponencial, 117
Função zeta, 161
Fundamentos, 172

Galileu Galilei, 74-75
Galois, Évariste, 134-135
Garrafa de Klein, 169
Gauss, Carl Friedrich, 124-125,139
Generalização, 171
Geometria, 20-21, 26, 29, 92, 123, 129, 160, 168-169, 172
Geometria analítica, 90
Geometria coordenada, 93
Geometria euclidiana, 26-27, 162
Geometria não euclidiana, 139
Geometria plana, 26
Geometria projetiva, 84-85, 129
Geometria dos sólidos, 27
Gerbert de Aurillac, 52-53

Germain, Sophie, 123, **126-127**
Girassol, 55
Gödel, Kurt, 176-177
Gottingen, 11, 122, 124, 160, 167, 168, 172, 178, 182
Gou-gu, 40
Gráfico de área polar, 159
Gráfico contínuo, 130
Gráfico de tempo e distância, 59
Green, George, 146-147
Grenoble, 132
Gresham College, Londres, 89, 104
Groningen, 110
Grosseteste, Bispo Robert, 56
Ground of Artes, 66
Grupos, 135, 153
Guerra da Crimeia, 158

Haken, Wolfgang, 192-193
Halle, 164
Halley, Edmond, 31, **104-105**
Hamilton, Sir William Rowan, 142-143
Hanover, 106, 127
Hardy, Godfrey Harold, 171, **180-181**
Harriot, Thomas, 73, **80-81**
Heidelberg, 166
Hidrodinâmica, 147
Hieróglifos, 16
Hilbert, David, 172-173
Hipácia, 36-37
Hiparco, 32-33
Hipérbole, 30
Hipotenusa, 32
Hipótese do contínuo, 164, 177
Hipótese de Riemann, 161
Hooke, Robert, 104-105
Huygens, Christiaan, 98-99

Icosaedro, 24
Icosaedro truncado, 29
Illinois, Universidade de, 11, 193
Impressão, 50, 64
Infinito, 100, 165
Inteiro, 15
Integração, 77, 80, 97, 101
Integral de Riemann, 161
Interpolação, 101

Jogo Icosiano, 153
Jogo de soma zero, 184
Johns Hopkins, Universidade, Baltimore, 11, 155

Kelvin, Lord **(William Thomson), 148-149**

Kepler, Johannes, 76-77
Kircher, Athanasius, 82-83
Kirkman, Thomas Penyngton, 152-153
Klein, Felix, 168-169
Königsberg, 11
Kovalevskaia, Sonia, 123, **166-167**

Lagrange, Joseph-Louis, 118-119
Laplace, Pierre-Simon, 120-121
Lei da alavanca, 28
Lei dos grandes números, 109, 133
Lei do inverso do quadrado, 103
Leibniz, Gottfried, 106-107
Leipzig, 136
Leis do movimento, 103
Leonardo de Pisa (Fibonacci), 54-55
L'Hôpital, 110
Liber Abaci, 54-55
Limite, 115, 120, 130-131
Littlewood, John Edensor, 180-181
Lobatchevski, Nikolai, 138-139
Logaritmo, 88-89
Lógica, 163
Londres, 11, 66, 86, 89, 102, 104-105, 112, 154-155, 158, 192
Lovelace, Ada, 140-141
Lull, Ramon, 82-83
Lyon, 84

Mandelbrot, Benoît, 194-195
Mapa, 33, 72-73
Mapa colorido, 192-193
Máquina de calcular, 94, 140, 149
Máquina diferencial, 140
Máquina de prever marés, 149
Máquina de Turing, 186
Matemática chinesa, 40-41
Matemáticos egípcios, 16-17
Matemáticos europeus, 50-51
Matemáticos gregos, 11, 20-37
Matemáticos indianos, 42-43
Matemáticos islâmicos, 46-49, 52
Matemáticos maias, 44-45
Matemáticos mesopotâmios, 18-19
Matemáticos de Oxford, 56-57
Matiassevitch, Iuri, 190-191

Maupertuis, Pierre de, 113
Maxwell, James Clerk, 150-151
Mecânica, 75, 117, 119-121, 143
Medalhistas de Fields, 200-201
Medição do círculo, 17, 29, 41, 79
Mercator, Gerardus, 72-73
Mersenne, Marin, 82-83
Milão, 68-69
Mileto, 10, 20
Minkowski, Hermann, 178-179
Möbius, August, 136-137
Moinho de Green, 146
Monge, Gaspard, 128-129
Movimento, 59, 103
Movimento da Lua, 113, 120
Movimento planetário, 76-77, 103, 112, 120
Multiplicação, 38, 67
Música, 23, 82-83

Napier, John, 88-89
Napoleão, 120, 128
Navegação, 81
Newton, Sir Isaac, 102-103
Nicômaco, 38-39
Nightingale, Florence, 123, **158-159**
Noether, Emmy, 182-183
Nós, 153
Notação, 35, 79, 80, 100
Nove capítulos, 41
Número complexo, 71, 143
Número natural, 15
Número de ouro, 55
Número perfeito, 38, 83
Número positivo, 165
Número primo, 27, 83, 157, 191
Número quadrado, 22
Número real, 165
Número triangular, 22
Números de Fibonacci, 55, 191

Octaedro, 24
Omar Khayam, 48-49
Óptica, 142
Óptica geométrica, 142
Oresme, Nicole, 58-59
Oscar II, 174
Oxford, 11, 56-57, 100, 104-105, 162-163, 181, 196

Pacioli, Luca, 64-65
Padrão geométrico de azulejos no plano, 36
Padrões de Chladni, 127
Padrões numéricos, 22, 95
Pádua, 75
Papiro, 16-17

207

Papiro de Rhind, 16
Papus, 36-37
Parábola, 30
Paradoxo de Russell, 176
Paradoxos, 170, 176
Paris, 11, 58, 78, 82, 86, 112, 114, 118-120, 126, 128, 130, 134-135, 172, 174, 188
Parte imaginária, 71
Parte real, 71
Pascal, Blaise, 94-95
Pathway to Knowledge, 67
Perelman, Grigori, 198-199
Perspectiva, 62-64
Pi (π), 17, 29, 41, 79, 101
Pintores de perspectiva, 62-63
Pintura, 62-64
Pirâmides de Guizé, 16
Pisa, 11, 54
Pitágoras, 22-23
Placa de argila, 14, 18-19
Plano complexo, 71
Platão, 24-25
Poincaré Henri, 174-175
Poisson, Siméon Denis, 132-133
Poliedros, 24, 77, 153
Polígonos, 124
Polígono regular, 124
Polinômio, 80, 191
Polinômio gerador de sequências, 191
Poncelet, Jean Victor, 128-129
Pons asinorum, 21
Postulado, 20, 48-49, 138
Postulado das paralelas, 48-49, 138
Praga, 11, 76, 130
Primos de Mersenne, 83
Princeton, 11, 170, 176, 178, 183, 184, 196
Principia Mathematica, 102-103, 112-113, 177
Probabilidade, 94, 98-99, 109, 121, 157
Problema do bambu, 41
Problema de Basileia, 116
Problema da braquistócrona, 111
Problema dos coelhos, 55
Problema da distribuição, 17
Problema dos dois corpos, 102, 174
Problema Máximo, 61
Problema das meninas, 152
Problema das pontes de Königsberg, 117

Problema dos três corpos, 120, 175
Problemas de Hilbert, 172, 173, 177, 190, 191
Proclo, 20-21
Programa de Erlanger, 168-169
Propriedade de encolhimento da curva, 198-199
Prova por contradição, 21, 25
Ptolomeu, 32-33, 60, 75

Quadrado mágico, 40
Quadratura do círculo, 135
Quadrilátero, 27, 43
Quadrivium, 23, 39
Quatérnios, 143
Quetelet, Adolphe, 159
Química, 155

Raiz quadrada de –1 ($\sqrt{-1}$), 70
Raiz quadrada de 2, 19, 25
Ralegh, Sir Walter, 80-81
Ramanujan, Srinivasa, 180-181
Reciprocidade quadrática, 125
Recorde, Robert, 66-67
Regiomontanus, 60-61
Régua de cálculo, 89
Regra dos sinais, 93
Régua articulada, 51
Rei Oscar II, 174
Relatividade, 178-179
Relógio, 99
Relógio de pêndulo, 98
Representação gráfica, 58
Reta / faixa crítica, 161
Richard de Wallingford, 57
Riemann, Bernhard, 160-161
Roberval, Gilles Personne de, 96-97
Robinson, Julia, 190-191
Royal Society de Londres, 104-105
Russell, Bertrand, 176-177

Saccheri, Gerolamo, 138
Sagacidade das abelhas, 36
Samos, 10, 22
San Diego State College, 11, 190
São Petersburgo, 11, 86, 116, 156, 191
Seno, 32
Série de Fourier, 132-133
Série harmônica, 59, 108

Série infinita, 59, 102, 116, 161
Serre, Jean-Pierre, 189
Silogismo, 25, 163
Sinal de igual, 67
Sinal de integral, 107
Siracusa, 10, 28
Sistema coerente, 172, 177
Sistema de contagem grego, 35
Sistema coperniciano, 74-75
Sistema decimal, 16, 40
Sistema de numeração maia, 15, 44-45
Sistema posicional, 15, 18
Sistema ptolomaico, 33
Sistema sexagesimal, 18
Sistemas triplos, 152-153
Sistemas triplos de Steiner, 153
Sistemas de votação, 163
Sócrates e o escravo, 25
Sólido regular, 24, 27
Sólidos platônicos, 24
Solução de equações, 19, 47, 49, 69, 119
Stokes, George Gabriel, 146-147
Sylvester, James Joseph, 154-155

Tait, Peter Guthrie, 148-149
Tales, 20-21
Tangente, 32
Tartaglia, Niccolò, 68-69
Tchebyshev, Pafnuti, 156-157
Teorema de Desargues, 85
Teorema fundamental da álgebra, 125
Teorema fundamental do cálculo, 147
"Teorema do hexágono" de Papus, 37
"Teorema do hexágono" de Pascal, 85
Teorema da incompletude, 177
Teorema da intercessão, 21
Teorema Minimax, 184
Teorema dos números primos, 157
Teorema de Pitágoras, 23, 40, 162
Teorema das quatro cores, 192-193
Teorema da soma dos ângulos, 26, 138
Teorema do valor intermediário, 130

Teoria do caos, 195
Teoria dos conjuntos, 144-145, 164-165
Teoria dos jogos, 184
Teoria dos invariantes, 154
Teoria dos números, 91
Teoria dos vórtices, 93
Teste de Turing, 187
Tetraedro, 24
Thomson, William (Lord Kelvin), 148-149, 151
Topologia, 198
Topologia algébrica, 175
Toro, 198
Torun, 74
Toulouse, 90
Transformação de Möbius, 136
Treatise on Natural Philosophy, 148-149
Triângulo, 61
Triângulo aritmético, 94-95
Triângulo equilátero, 26
Triângulo isósceles, 21
Triângulo de Pascal, 95
Triângulo retângulo, 23
Trigonometria, 32, 61
Trissecção de um ângulo, 135
Turim, 118
Turing, Alan, 186-187

Último teorema de Fermat, 91, 127, 196-197
Universidades, 50, 56-57
Uraniborg, 76

Van Roomen, Adriaan, 79
Velocidade, 59
Venn, John, 145
Viena, 60, 176
Viète, Francois, 78-79
Virgínia, 81
Von Koch, Helge, 194
Von Neumann, John, 184-185

Wallis, John, 100-101
Weierstrass, Karl, 164-165
Weil, André, 188
Whetstone of Witte, 67
Wiles, Sir Andrew, 91, 196-197
Wren, Sir Christopher, 104-105
Wright, Edward, 73

Yale, Universidade, 11, 194

Zero, 15, 43
Zurique, 178, 200